渔业安全生产管理

YUYE ANQUAN SHENGCHAN GUANLI

黄应邦　吴洽儿　主编

U0239010

中国农业出版社

北　京

图书在版编目（CIP）数据

渔业安全生产管理 / 黄应邦，吴洽儿主编 . —北京：
中国农业出版社，2020.8
ISBN 978 - 7 - 109 - 26944 - 6

Ⅰ.①渔…　Ⅱ.①黄…　②吴…　Ⅲ.①渔业－安全生
产－生产管理　Ⅳ.①X954

中国版本图书馆 CIP 数据核字（2020）第 100130 号

中国农业出版社出版

地址：北京市朝阳区麦子店街 18 号楼
邮编：100125
责任编辑：王金环　郑　珂　　文字编辑：丁晓六
版式设计：王　晨　　责任校对：赵　硕
印刷：中农印务有限公司
版次：2020 年 8 月第 1 版
印次：2020 年 8 月北京第 1 次印刷
发行：新华书店北京发行所
开本：787mm×1092mm　1/16
印张：17
字数：475 千字
定价：98.00 元

编　委　会

序
PREFACE

安全生产事关人民福祉，事关经济社会发展大局。全面做好渔业安全生产工作，是贯彻习近平总书记关于安全生产工作重要论述和指示精神的要求，是"平安中国"建设的重要组成部分，也是渔业高质量发展的前提和保障。近年来，我国渔业安全形势总体稳定，为保障国家粮食安全、促进渔民增收和经济社会发展作出了突出贡献。

当前，随着我国渔业供给侧结构性改革的深入推进，渔业安全生产工作也面临新的挑战。渔民安全生产意识薄弱、技能不足等一些影响和制约渔业安全生产的问题仍然突出，涉外渔业突发事件时有发生，渔业生产管理工作依然存在一些薄弱环节，渔业安全生产形势依然严峻。国内外大量的实践经验表明，有效的监督与管理是保障安全生产的关键所在。为加强渔业安全生产管理，构建和谐的渔业安全生产秩序，农业农村部渔业渔政管理局调集相关省渔业管理部门、涉渔科研单位及高等院校等各方力量组织编写了此书。

此书基于渔业生产管理基本理论，重点介绍了渔业安全生产管理法律体系、渔业安全生产责任与监督管理，以及渔业安全通信管理、渔业安全检查、突发事件应急管理、渔船水上安全事故调查处理、渔业海洋气象服务、渔业安全生产管理技术、渔业保险和渔业安全文化教育与宣传等渔业安全生产管理的主要内容和环节。全书内容侧重于对我国渔业安全生产和管理实践的指导，详细阐述了我国渔业安全生产管理的基本原则、主要内容、方式方法和规则程序，并结合当前国内外有关渔业安全生产管理的理论研究成果，有针对性地分析了我国渔业安全生产存在的主要问题，也对进一步强化管理、完善制度、促进发展提出了思路和措施。相信此书的出版对于进一步完善我国渔业安全生产管理制度，提升渔业安全管理水平和促进渔业现代化建设，确保渔业安全生产形势持续稳定好转，将发挥积极的作用。

农业农村部渔业渔政管理局副局长：

2020 年 1 月

前言
FOREWORD

我国是渔业大国，漫长的海岸线、广阔的海域和丰富的水域资源为发展渔业提供了极为有利的物质基础。但随着社会经济的飞速发展，以及庞大基数上的人口增长，人们对水产品的需求与日俱增，为缓解供求关系的矛盾，越来越多的人加入渔业生产中。目前，我国渔业规模和渔船数量均居世界第一，大规模的渔业生产带来了可观的经济效益、社会效益和生态效益，但由于渔业生产的高风险性，导致渔业生产事故频发，给人民的生命财产安全造成重大损失，破坏了渔业生产秩序，阻碍了渔业的高质量发展。因此，渔业安全生产对维护渔业生产秩序、防止渔业生产事故的发生、保障渔业生产者的人身和财产安全具有重要意义，渔业安全生产管理是实现渔业安全生产的重要保障。

近年来，各级政府高度重视渔业安全生产工作。2008年国务院办公厅下发了《国务院办公厅关于加强渔业安全生产工作的通知》（国办发〔2008〕113号），各地加大了渔港、渔船安全和通信设施建设力度，使渔业安全生产管理和防灾减灾能力有了明显的提高。2013年国务院印发了《国务院关于促进海洋渔业持续健康发展的若干意见》（国发〔2013〕11号），指出要加强渔业资源保护，强化渔业执法，严格控制近海捕捞强度，完善海洋渔船管理制度。2019年农业农村部办公厅下发了《农业农村部办公厅关于加强渔业安全生产工作的通知》（农办渔〔2019〕25号），明确指出要加强渔业安全隐患排查和执法，强化渔业安全风险防控，推进渔业安全科技进步，做好渔业安全生产保障工作。但由于我国渔船数量多，从业人员综合技能水平不高，生产方式分散，管理基础薄弱，监管力量不足，极端天气事件频发，特别是我国正处于经济社会发展的转型阶段，渔业安全生产管理制度和机制还有待完善，管理能力还有待提高。当前，渔业安全生产形势仍然十分严峻。加强渔业安全生产管理，进一步创新体制机制，健全落实责任制，完善政策措施，成为新时期渔业安全生产管理的重要任务之一。

本书以我国渔业安全生产和管理实践为基础，以海洋渔业安全生产管理为重点，结合当前国内外有关渔业安全生产管理的理论研究成果，研究总结了我国渔业安全生产管理的基本原则、主要内容、方式方法和规则程序，系统介绍了我国渔业生产发展历史和管理现状，全面阐述了现行的各项渔业安全生产基本制度，是对我国和国际渔业安全生产管理制度和工作的系统总结。出版本书的目的，一是为广大渔业工作者和渔民群众了解渔业安全生产管理知识、渔业管理和执法人员查阅渔业安全生产管理政策和规章制度提供方便，二是为科研和教学单位研究渔业安全生产管理理论提供参考，三是为进一步完善我国渔业安全生产管理制度、提升管理水平提供科学依据。

　　本书是在农业农村部渔业渔政管理局的指导和支持下，由中国水产科学研究院南海水产研究所牵头，组织浙江海洋大学、广东海洋大学、大连海洋大学、上海海洋大学、中国水产科学研究院黄海水产研究所、中国水产科学研究院东海水产研究所、中国渔业互保协会和渔业主管部门等有关单位专家共同编写。本书参考《渔业安全管理概论》的有关内容，对此表示感谢！

　　由于我国渔业安全生产管理领域的研究起步较晚，受编者水平和时间所限，本书内容难免有疏漏或不妥之处，请读者谅解并提出宝贵意见。

编　者

2020 年 1 月

目 录
CONTENTS

序
前言

第一章

渔业安全生产管理概述

第一节　安全生产管理基本知识

一、安全生产管理的概念

安全生产管理是指对安全生产工作进行的管理和控制，是安全、安全生产理论、生产管理理论在实践中的具体应用，因此安全生产管理的概念中包含安全、安全生产和生产管理等内容。

1. 安全的概念　安全通常是指人没有受到威胁、危险、危害、损失，是在人类生产过程中，将系统的运行状态对人类的生命、财产、环境可能产生的损害控制在人类能接受水平范围内的状态。因此，安全通常可以理解为不产生危害、不导致危险、不造成损失、不发生事故，或运行正常、进展顺利等。安全是人类生存和发展的最基本要求，是生命与健康的基本保障。

安全有狭义、广义之分，狭义的安全是指某一领域或系统中的安全，具有技术安全的含义，即人们通常所说的某一领域或系统中的技术安全。广义安全是以某一系统或领域为主的技术安全扩展到生活安全与生存安全领域，形成了生产、生活、生存领域的大安全，是全民、全社会的安全。

安全是人类生存、生产、生活和发展过程中永恒的主题，也是人类发展的根本性问题。人类在发展中不断地探索，有探索就有盲区、就有无知，在人类社会发展进程中，安全的含义不是固有的、一成不变的，而是在不断地发展变化。而且人类对安全的认识长期落后于对生产的认识。对安全认识的历史，大致可分4个阶段。

第一阶段为"无知"的安全认识阶段。在石器时代，人类的祖先挖穴而居，栖树而息，完全是大自然的一部分，是一种纯粹的"自然存在物"，完全依附于自然。人们想到、遇到的安全问题，只是不要被森林大火烧掉、不要被野兽吃掉，认为命运是老天的安排，神灵是人类的主宰，对于事故与灾害只能听天由命，无能为力。

跨入农业社会后，人类开始逐渐摆脱大自然的桎梏，但在人类改造自然，创造人类文明的过程中，人为灾害也越来越多。进入铁器时代，人们遇到的安全问题开始有了工具伤害、生产伤害。但这一时期由于人类对客观世界的认识还十分肤浅；与大自然抗争的手段也十分简单、有限；利用大自然的资源也是最基本的水和土。安全问题也比较简单，主要表现为自然灾害和人为灾害。人类虽然有意识地开始了对保全生命的追求，但对自然因素所带来的突发灾害无能为力，对生产劳动中发生的事故也只能被动地承受（方法论称为被动承受型），对自身的安全问题还未能自觉地去认识和主动采取专门的安全技术措施，仍属于"无知"或称之为不自觉的安全认识阶段。

第二阶段为局部安全认识阶段。17世纪至20世纪初，人类从农牧业社会进入了早期工业化时代，尤其工业革命之后，随着生产方式的变更，技术给人类带来了文明和财富，同时也伴随着新的灾难。首先应用锅炉技术的航海、纺织等领域事故不断出现，之后的100年间，成千上万的船只因为锅炉爆炸而沉没在大海之中，成千上万的航海者葬送在大洋之中；随着机器工业的发展，机械伤害成了主要危险；汽车的发明，导致交通事故的急剧增长，成了人类意外事故的主因。人们开始意识到，人类自己创造的财富其结果反过来可以毁灭自己。生产过程中的伤害和事故成了人类生产活动中主要的、最大的一种威胁。由于事故与灾害类型的复杂多样和事故严重性的扩大，人类对安全有了更多的追求，有了与事故抗争的意识。在总结事故教训基础上有了"事后弥补"，安全认识提高到了经验论水平，即人类进入了局部安全认识阶段。

第三阶段为系统的安全认识阶段。从20世纪初至50年代开始，随着电、有机合成物质和放射性物质等的出现，人类在生产、科研活动中的危险变得复杂起来。除了机器伤害之外，还要遇到电的、化学物质的、燃烧的、爆炸的、毒害的、辐射的、腐蚀性的等危险。尤其因军事、航空、航天、原子能等工业技术发展而形成的大系统及机器系统，其危险不再是单一的因素，生产科研过程中的安全成了安全问题的核心。局部的安全认识和单一的安全技术措施已无法解决生产制造和设备运行系统中的安全问题，必须发展与生产力相适应的系统安全工程技术措施，用系统工程的方法对事故进行综合防治，于是相应地发展了生产系统安全工程技术，由此，人类进入了系统的安全认识阶段。但还是处于静态的系统安全技术。

第四阶段为动态的安全认识阶段。当今生产和科学技术发展迅速，伴随现代科技发展带来的风险也随之增多。人类在20世纪所创造的成就多于19世纪前人类所创造的全部，但是人类所经受的灾害事故比历史上任何一个时期都更惨重，已从根本上危及人类的生存。人类为了自身的生存安全，就必须要求高新技术与产品本身具有高安全可靠性，人类在安全认识论上有了超前预防的认识，有了本质安全化的认识，而且静态的安全系统、安全技术措施和系统的安全认识即系统安全工程理论，已不能满足动态过程中发生的具有随机性的安全问题（如塞浦路斯航空飞机空难事故），人们必须更深入地采取动态的安全系统工程技术措施。由此，人类对安全的认识进入了动态的安全认识阶段。

安全具有如下特征：

（1）安全具有必要性和普遍性。安全是人类生存和发展的最基本要求，是生命与健康的基本保障，如果人们失去了生命，也就失去了一切，安全就是生命。人类活动中的安全问题，是伴随着人类的诞生而产生的，安全极为普遍地存在于人类生产和生活的所有时间和空间领域，人类的一切生活、生产活动都离不开安全。

（2）安全具有法律性。国家需要维护人民安全利益，就必须使安全工作法制化、制度化。安全工作法制化、制度化，是现代国家运用政权力量、维护经济基础、提供公共服务、调节社会矛盾、促进社会稳定和经济发展的重要活动。安全涉及广大人民群众的切身利益，是广大人民群众生命健康权、劳动权和人格尊严权的体现，自然也就成为事关民主与法治的问题。安全涉及众多利益关系，有维护生产关系的，有保证经济社会生活正常运转的。由于不同利益主体的价值取向存在差别，对安全条件的水平也会有不同看法。这就需要国家从维护人民生命安全的要求出发，兼顾各方面利益，提出社会允许的安全水平，作为共同遵守的规范，并通过国家法规明确各方的安全职责、权利和义务，形成由法律所规范的安全工作秩序。安全还是国家行政管理的重要职责，表现为政府机构依法对安全工作的规划指导、组织管理、监督执法和信息服务。此外，安全的法制性，还表现在人民群众对安全工作享有的知情权和参与权，国家支持和保护其争取和维护自身安全权益的活动。

（3）安全具有相对性。安全的相对性表现在3个方面：首先，绝对安全的状态是不存在的，系统的安全是相对于危险而言的。其次，安全标准是相对于人的认识和社会经济的承受能力而言，抛开社会环境讨论安全是不现实的，人类不可能为了追求绝对的安全放弃生产活动，如果衣食住行等基本需求都得不到满足，安全又有什么意义。在实践中，人们或社会在客观上自觉或不自觉地认可或接受某一安全水平，当实际状况达到这一水平，人们就认为是安全的，低于这一水平，则认为是危险的。最后，人的认识是无限发展的，对安全机理和运行机制的认识也在不断深化，也就是说，安全对于人的认识而言具有相对性。而危险是绝对的，其绝对性表现在事物一诞生危险就存在，中间过程中，危险可能变大或变小，但不会消失，危险存在于一切系统的任何时间和空间中。不论人们的认识多么深刻、技术多么先进、设施多么完善，危险始终不会消失，人、机和环境综合功能的残缺始终存在。

（4）安全具有运动性。安全系统中各个要素都是处于运动中的，而不是处于稳定的状态。安全系统中的要素互相联系，当安全系统中的某个或某些要素发生变化时，由于链式反应，安全系统也随之发生变化。另外，安全只是一种相对的概念，当安全系统各要素的变化向有利于安全的方向发展时，就会出现安全度提高，危险度降低；反之，则安全度降低，这时应该通过管理的手段来改变安全系统要素的运动方向。因此，合理的管理手段也是影响安全的重要因素，安全的运动性有利于安全系统达到相对稳定的状态，这也是事故（损害）和安全博弈的一种动态过程，而安全可以理解为这一过程的发展趋向于人们所希望的状态。

（5）安全具有系统性。安全是一个复杂的系统工程，要从系统的整体来解决问题，解决安全问题要用系统工程的理论和方法。因此从系统的观点看，安全包含3个重要的要素：人——安全行为主体；物（包括自然物、人造物，如场所、设施、设备、原材料、产品等）——安全条件；人与物的关系——安全状态。这三者的有机结合构成了一个动态的安全系统。人和物是安全系统中的直接要素，人与物的关系是安全系统的核心。人与物的关系具有两面性，人离不开物，又得益于物，也可能受害于物，其关键是人与物的关系是否处于有利于安全的状态。

（6）安全具有抽象性。在安全科学界对安全状态描述的主要特征未达成共识。从技术的角度提出并应用的安全失效率、安全度、安全系数等定量化的计算方法、判别标准，以及其表征的安全技术状态和安全与否的结论是科学而严谨的。但由于影响安全的各种因素具有高度的复杂性和极强的时间、空间上的依赖性，这些量化的计算方法、判别标准都需要有一个特定的前置条件，适用于一种相对稳定的环境状态。这和通常讲的一般意义上的安全概念相比，其范围显然狭窄得多。人们在使用安全这个词语时，更容易接受和理解诸如"没有危险，不受威胁，不出事故"等抽象化的描述，带有很大的理想化色彩。因此，人们平时所说的安全往往是代表一种企盼，是一种理想化的抽象概念。

（7）安全具有复杂性。生产中安全与否的实质，是人、机、环境及其相互关系的协调。安全活动也包括人的思维、心理、生理及与社会的关系等。这是一个自然与社会结合的开放性的巨型系统，系统中包含无穷多层次的安全和不安全矛盾，相互间形成极为复杂的结构和功能，同时与外部世界又有多种多样的联系，存在多种相互作用，使构成安全系统的安全元素和与安全有关的因素也纷繁交错，所以安全具有复杂性。

（8）安全具有潜隐性。客观安全包括明显的和潜隐的两种安全因素，现今人们认为安全的概念，基本都是宏观的，许多潜隐性安全还未被人们完全认识。如化学品、人工合成品、医药、放射性物质等具有的潜在危害，事故对人的心理和精神带来的伤害等。安全的潜隐性是指控制多因素、多媒介、多时空交混的综合效应而产生的潜隐性安全程度。人们当然希望通过努力能使安全的潜隐性转变为明显性，以便于预防事故，实现安全。

安全主要具有两种属性，既具有自然属性，也具有社会属性。

安全的自然属性，是指安全要素与自然界物质及其运动规律相联系的现象和过程。一方面，人类本身是自然界演化出来的高智慧生物，人类的种种行为都会受自然规律所控制，人在生产生活中的体力、智力支出及其安全健康存在的条件，受到生物学自然规律的支配；另一方面，人在生产生活过程中所使用的能量、设备、原材料和人工或自然环境等物质因素发生机械的、物理的、化学的、生物的运动变化和由此带来对人的不利影响，以及人们为控制危险因素所使用的物质、采取的技术措施，都遵循自然界物质运动规律。安全的自然属性，反映了人与自然关系中的这种物质属性和自然规律。

安全的社会属性是指安全要素与人的社会结合关系及其运动规律相联系的现象和过程。人类是群居动物，孤立的人类无法完成任何事，人类生产活动是在一定社会关系的条件下进行的社会活动。作为社会主体的人，不仅是生物，更是社会上的人，即一定劳动生产力的承担者、一定生产关系的承载者、一定政治关系和意识形态的体现者。正如马克思所说，人是"一切社会关系的总和"。因此，人的安全需要不是出于动物求生的本能，而是人在生产和社会活动中一种具有意识和目的的行为，是人们的社会地位、利益需求、思想观念和政治关系的体现。从物的方面来看，生产和安全活动中的物质因素虽然遵循自然规律，但是也受人类支配而改变，依存于一定社会因素和社会条件。例如，采用某种工艺、设备及安全投入水平，都是由一定社会条件下的人所决定的。安全的社会属性，反映了人类生产活动中人与人的社会关系及其对安全的作用和影响，遵循社会运动规律。

2. 安全生产的概念　安全生产是指在生产经营活动中，为了避免造成人员伤害和财产损失的事故而采取相应的事故预防和控制措施，使生产过程在符合规定的条件下进行，以保证从业人员的人身安全与健康，设备和设施免受损坏，环境免遭破坏，保证生产经营活动得以顺利进行的相关活动。《辞海》中将"安全生产"解释为：为预防生产过程中发生人身、设备事故，形成良好劳动环境和工作秩序而采取的一系列措施和活动。

安全生产是国家的一项长期基本国策，是保护劳动者的安全、健康和国家财产，促进社会生产力发展的基本保证，也是保证社会主义经济发展，实行改革开放的基本条件，同时也是党和国家在生产建设中一贯坚持的基本原则和工作方针，是发展中国特色社会主义经济全面实现小康社会目标的基础和条件，也是企业现代化管理的一项基本要求，是社会主义物质文明和精神文明建设的重要内容。

安全与生产的统一成为安全生产，二者缺一不可，其宗旨是安全促进生产，生产必须安全。搞好安全工作，改善劳动条件，可以调动职工的生产积极性；减少职工伤亡，可以减少劳动力的损失；减少财产损失，可以增加企业效益，无疑会促进生产的发展。而生产必须安全，则是因为安全是生产的前提条件，没有安全就无法生产。

安全生产是指不发生危险事故的生产活动，其本质是防止在生产过程中发生各种事故，确保人和物的安全。含义可以概括为以下几个方面：

第一，安全生产是社会生产活动中的一种要求。这里所指的社会生产活动，既包括物品生产，如采矿、发电、汽车制造、渔业生产、钢铁生产等；也包括服务性生产，如运输、餐饮服务等。一般来说，一切生产、经营、科研活动、经济活动和社会活动都涉及安全生产。

第二，安全生产是指社会生产活动中为预防、控制和消除各种危险，防止和减少事故发生而采取的一系列措施和活动。这些措施和活动是综合性的，涉及人的行为、物的安排，以及相关制度、机制等，包括行政、法律、经济、技术等方面措施。

第三，安全生产的目的是在社会生产活动中确保人和物的安全，实现生产活动的正常运转。

3. 安全管理的概念　国家或企事业单位安全部门的一项基本职能就是安全管理。安全管理运用行政、法律、经济、教育和科学技术等手段，协调社会经济发展与安全生产的关系，处理国民经济各部门、各社会集团和个人有关安全问题的相互关系，使社会经济发展在满足人们的物质和文化生活需要的同时，满足社会和个人的安全方面的要求，保证社会经济活动和生产、科研活动顺利进行、有效发展。也是为了达到安全生产目标，对安全生产工作进行的计划、组织、指挥、协调和控制的一系列管理活动。

安全管理是生产管理的重要组成部分，是一门综合性的系统科学。安全管理的对象是生产中一切人、物、环境的状态管理与控制，是一种动态管理。安全管理主要是组织实施企业安全管理规划、指导、检查和决策，同时，又是保证生产处于最佳安全状态的根本环节。施工现场安全管理的内容，大体可归纳为安全组织管理、场地与设施管理、行为控制和安全技术管理4个方面，分别对生产中的人、物、环境的行为与状态进行具体的管理与控制。

安全管理的范围非常广泛，包括对社会安全、生产安全、经济安全、文化安全、政治安全、军事安全及环境安全、生态安全、信息安全等方面的管理。安全生产管理只是安全管理的一个小小的分支，应遵循管理的一般规律和基本原理；同时，安全生产管理作为《中华人民共和国安全生产法》等安全生产法律法规的重要内容之一，应严格按照法律要求的内容和程序依法进行，违者须承担相应的法律责任。为有效控制生产因素的状态，实施安全管理过程中，必须正确处理五种关系，坚持六项基本管理原则。

五种关系为：

第一，安全与危险并存。安全与危险在同一事物的运动中是相互对立的，相互依赖而存在的。因为有危险，才要进行安全管理，以防止危险。安全与危险并非是等量并存、平静相处。随着事物的运动变化，安全与危险每时每刻都在变化着，进行着此消彼长的斗争。事物的状态将向斗争的胜方倾斜。可见，在事物的运动中，都不会存在绝对的安全或危险。保持生产的安全状态，必须采取多种措施，以预防为主，危险因素是完全可以控制的。危险因素客观地存在于事物运动之中，既是可知的，也是可控的。

第二，安全与生产的统一。生产是人类社会存在和发展的基础。如果生产中人、物、环境都处于危险状态，则生产无法顺利进行。因此，安全是生产的客观要求，当生产完全停止，安全也就失去意义。就生产的目的性来说，组织好安全生产就是对国家、人民和社会最大的负责。生产有了安全保障，才能持续、稳定发展。生产活动中事故层出不穷，生产势必陷于混乱甚至瘫痪状态。当生产与安全发生矛盾、危及职工生命或国家财产时，生产活动停下来，整治、消除危险因素以后，生产形势会变得更好。"安全第一"的提法，绝非是把安全摆到生产之上，只是强调安全对于生产的重要性。忽视安全，一味追求生产是一种错误的行为。

第三，安全与质量的包涵。从广义上看，质量包含安全工作质量，安全概念也包含着质量，交互作用，互为因果。安全第一，质量第一，两个第一并不矛盾。安全第一是从保护生产因素的角度提出的，而质量第一则是从关心产品成果的角度而强调的。安全为质量服务，质量需要安全保证。生产过程中丢掉哪一头，都要陷于失控状态。

第四，安全与速度互保。生产的蛮干、乱干，不按照规律干，只是一味地追求速度，在侥幸中求快，缺乏真实与可靠，一旦酿成不幸，非但无速度可言，反而会延误时间。速度应以安全作保障，安全就是速度。我们应追求安全加速度，竭力避免安全减速度。安全与速度成正比例关系。一味强调速度，置安全于不顾的做法是极其有害的。当速度与安全发生矛盾时，暂时减缓速度，保证安全才是正确的做法。

第五，安全与效益的兼顾。安全技术措施的实施，定会改善劳动条件，调动职工的积极性，焕发劳动热情，带来经济效益，足以使原来的投入得以补偿。从这个意义上说，安全与效益完全是一致的，安全促进了效益的增长。在安全管理中，投入要适度、适当，精打细算，统筹安排。既要保证安全生产，又要经济合理，还要考虑力所能及。单纯为了省钱而忽视安全生产，或单纯追求不惜资金的盲目高标准，都不可取。

六项基本管理原则为：

第一，管生产同时管安全原则。安全寓于生产之中，并对生产发挥促进与保证作用。安全与生产虽有时会出现矛盾，但从安全、生产管理的目标、目的来看，两者却表现出高度的一致和完全的统一。安全管理是生产管理的重要组成部分，安全与生产在实施过程中，两者存在着密切的联系，存在着进行共同管理的基础。国务院在《关于加强企业生产中安全工作的几项规定》中明确指出："各级领导人员在管理生产的同时，必须负责管理安全工作。""企业单位中的生产、技术设计、供销、运输、财务等各有关专职机构，都应该在各自业务范围内，对实现安全生产的要求负责。"管生产同时管安全，不仅是对各级领导人员明确安全管理责任，同时，也对一切与生产有关的机构、人员明确了业务范围内的安全管理责任。由此可见，一切与生产有关的机构、人员，都必须参与安全管理并在管理中承担责任。认为安全管理只是安全部门的事，是一种片面的、错误的认识。各级安全生产责任制度的建立，管理责任的落实，体现了管生产同时管安全。

第二，坚持安全管理的目的性原则。安全管理的内容是对生产中的人、物、环境因素状态的管理，有效地控制人的不安全行为和物质不安全状态，消除或避免事故，达到保护劳动者的安全与健康的目的。没有明确目的的安全管理是一种盲目行为。盲目的安全管理，充其量只能算作"花架子"，劳民伤财，危险因素依然存在。在一定意义上，盲目的安全管理，只能纵容威胁人的安全与健康的状态，向更为严重的方向发展或转化。

第三，贯彻预防为主的原则。安全生产的方针是"安全第一，预防为主"。安全第一是从保护生产力的角度和高度，表明在生产范围内安全与生产的关系，肯定安全在生产活动中的位置和重要性。进行安全管理不是处理事故，而是在生产活动中，针对生产的特点，对生产因素采取管理措施，有效地控制不安全因素的发展与扩大，把可能发生的事故消灭在萌芽状态，以保证生产活动中人的安全与健康。追求安全，主要还是预防为主，首先要端正态度，对生产中不安全因素的认识，端正消除不安全因素的态度，选准消除不安全因素的时机。在安排与布置生产内容的时候，针对施工生产中可能出现的危险因素，采取措施予以消除是最佳选择。在生产活动过程中，经常检查、及时发现不安全因素，采取措施，明确责任，尽快地、坚决地予以消除，是安全管理应有的鲜明态度。

第四，坚持"四全"动态管理原则。安全管理不是少数人和安全机构的事，而是一切与生产有关的人共同的事。缺乏全员的参与，安全管理不会有生气、不会出现好的管理效果。当然，这并非否定安全管理第一责任人和安全机构的作用。生产组织者在安全管理中的作用固然重要，全员性参与管理也十分重要。安全管理涉及生产活动的方方面面，涉及从开工到竣工交付的全部生产过程，涉及全部的生产时间，涉及一切变化着的生产因素。因此，生产活动中必须坚持全员、全过程、全方位、全天候的动态安全管理。不提倡的安全管理作风是只抓住一时一事、一点一滴，简单草率、一阵风式的安全管理，这是走过场形式主义。

第五，安全管理重在控制原则。进行安全管理的目的是预防、消灭事故，防止或消除事故伤害，保护劳动者的安全与健康。在安全管理的 4 项主要内容中，虽然都是为了达到安全管理的目的，但是对生产因素状态的控制，与安全管理目的关系更直接，显得更为突出。因此，对生产中人的不安全行为和物质的安全状态的控制，必须看作是动态的安全管理的重点。事故的发生，是由于人的不安全行为运动轨迹与物的不安全状态运动轨迹的交叉。从事故发生的原理，也说明了对生产因素状态的控制，应该当作安全管理重点，而不能把约束当作安全管理的重点，是因为约束缺乏强制性的手段。

第六，在管理中发展、提高原则。既然安全管理是在变化着的生产活动中的管理，是一种动态，其管理就意味着是不断发展的、不断变化的，以适应变化的生产活动，消除新的危险因素。然而更为需要的是不间断地摸索新的规律，总结管理、控制的办法与经验，指导新的变化后的管理，从而使安全管理不断地上升到新的高度。

从管理主体来看，安全管理包括国家行政管理机关对生产经营单位的安全生产工作进行的管理，以及生产经营单位自身进行的安全生产管理。国家行政管理机关对生产经营单位的安全生产工作进行的管理，其管理权来自法律授权，是行使安全生产行政管理权的体现，其内容往往与安全生产监督、监察、行政服务密不可分。生产经营单位自身进行的安全生产管理，是其内部管理工作的组成部分，其管理权既有法律的一般授权，也有来自生产经营单位的内部管理制度和章程规定，往往体现为生产经营单位在实际生产过程中所建立的一套行之有效的安全生产管理方法。

从管理学角度区分，分为宏观安全管理和微观安全管理两种。宏观安全管理是建立在大局观上的安全概念，凡是为实现安全生产而进行的一切管理措施和活动都属于安全管理的范畴，如国家的安全立法、国家行政管理机关对安全生产的监督执法、企业所采取的安全生产管理措施等。微观安全管理则主要是指从事生产经营的单位所进行的具体安全管理活动。

为了更好地实施安全管理，根据安全管理所属的生产行业的不同，对安全管理进行分类，如煤矿生产安全管理、交通运输安全管理、建筑施工安全管理、渔业生产安全管理等。几乎所有的生产、服务等经济活动都存在区别于其他行业的具有自身特点的安全管理。当然，各种生产行业的安全管理都要遵守安全管理的基本方针、原则、法律、制度，运用安全管理的基本理论和方法，但在具体管理中，管理的方式、方法、内容因行业不同又存在差别。

安全管理的作用在《中华人民共和国安全生产法》第一条可以体现："为了加强安全生产工作，防止和减少生产安全事故，保障人民群众生命和财产安全，促进经济社会持续健康发展，制定本法。"可见，安全管理的作用和目的就是要防止和减少生产安全事故，保障人民群众生命和财产安全，促进经济发展。

（1）保障生命财产安全和社会生产活动正常进行。安全管理的最基本任务就是防止和减少安全生产事故的发生，由此可以起到保障人民群众生命和财产安全、社会生产活动正常进行的作用。在社会生产活动中，人和物是生产系统中最基本的要素，只有确保其安全，生产活动才能得以正常开展。因此，安全是组织生产活动、实现计划任务必须具备的基础和前提条件，安全管理是生产、经营活动正常进行，生产要素不受意外伤害的基本保证。"安全为了生产、生产必须安全"，只有安全，生产才能顺利进行，否则生产活动就会遭到破坏，甚至停顿。

（2）促进经济发展，维护社会稳定。经济发展的首要条件是提高生产力。生产力主要由人和物两个方面构成。在生产力中，人是最活跃的、起决定性的因素，生产工具要由人去创造和使用，物质资料的生产必须经过人的劳动才能实现。发挥人的作用，充分调动劳动者的积极性，是提高生产力的重要基础。因此，保护和发展生产力，最基本的就是保护劳动者的安全。一方面安全保护了生产者，并使其健康和身心得以维护，从而提高人员的劳动生产力。另一方面，安全也保障了生产力中的物的因素，使各种物质资源、技术功能得以正常发挥，从而保证生产活动得以顺利进行，直接促进经济发展。

做好安全管理不仅可以保障劳动者的劳动热情和安全生产积极性，使劳动者心理和生理需求获得满足，还可以直接保护生产力，提高劳动生产率，促进经济发展，还可以产生安定、舒适乃至幸福的感觉效果，使人们更加热爱社会、热爱工作和自己所从事的事业，充分调动生产者的劳动积极性，从而有利于保持社会稳定。否则，一旦发生安全事故，不仅劳动者生命和财产安全遭到危害，经济发展受到影响，还会引发社会安定问题，甚至成为社会不稳定的诱发因素。

二、安全生产管理的对象

安全管理的对象分为主体对象和客体对象。

1. 安全管理主体　能够承担安全管理责任，掌握安全管理权力，落实安全管理目标和进程的有关组织及其人员就是安全管理主体。安全管理主体是在安全管理过程中具有主动支配和影响作用的要素，主要是由安全管理者群体组成的机构。

安全管理主体作为安全管理权力和责任的承担者可以根据管理性质、管理对象、管理责任、管理范围和管理层次等的不同进行分类。例如，以管理范围和管理层次为标准，可以分为国家安全管理主体、各级地方安全管理主体等；以管理性质为标准，可以分为安全管理行政主体和安全管理非行政主体；以管理对象为标准，安全管理主体可以分为煤矿安全管理主体、交通安全管理主体、渔业安全管理主体等。以下主要介绍安全管理行政主体和非行政主体。

我国现行的安全生产管理体制是"企业负责，行业管理，国家监察，群众监督"，它体现了"安全第一，预防为主"的安全生产方针，强调了"管生产必须管安全"的原则，明确了生产经营单位和企业在安全生产管理中的职责。从行政管理角度讲，安全管理的行政主体是各级政府及其行政主管部门以国家行政管理者的身份承担相应的领导和依法监督责任；安全管理非行政主体是生产经营单位全面负责生产活动内部的安全管理，是安全管理主体的重要组成部分，但不具有国家行政管理的性质。

安全管理主体具有以下特性：

（1）管理性。安全管理主体必须具备依法取得的安全管理权力，否则就不具备安全管理主体资格，安全管理主体必须具备相应的职权。安全管理权力具有公益性，安全管理主体在依法取得相应的安全管理权力的同时，必须承担执行和遵守有关法律、正确行使安全管理权力、履行相应责任的义务。

（2）适应性。安全管理主体除了要有一定的安全管理职权外，还必须具有与之相适应的管理能力。安全管理主体具备的相适应的管理能力主要包括：安全管理的计划、组织、指挥、监督、检查、协调、控制、技术、服务等方面，管理人员的素质和能力，以及管理主体的影响力、号召力等。在职权不变的情况下，想要管理效果越好、效率越高，安全管理能力就要越强；实现管理能力的途径主要是依靠行政手段，并以国家强制力来予以保证。

安全管理非行政主体的管理能力可灵活运用多种手段予以实现，相对更为广泛，尤其是在行业组织、村委会等群众团体的安全管理活动中，多种管理手段的灵活运用具有特别的效果。在安全管理实践中，有关安全管理的科学理论、管理制度、先进技术、设施设备等，对提高安全管理能力具有极其重要的作用，无论是安全管理行政主体还是非行政主体，都应积极地运用和发展。

（3）行政管理性。安全管理主体决定安全管理的性质，安全管理主体不同，所实施的安全管理的性质就不同。安全管理行政主体实施的安全管理活动，属于国家行政管理的范围，具有行政管理的性质。对于违反国家有关安全生产法律、法规、规章，以及国家标准和行业标准的被管理者，安全管理行政主体可以根据违法行为的性质和情节，依法追究行政法律责任，构成犯罪的，移交司法机关追究刑事法律责任。对于安全事故引发的民事责任纠纷，安全管理行政主体可以进行行政调解。

安全管理非行政主体实施的安全管理活动，主要是生产经营单位的内部管理行为或群众组织的自治管理行为，不具有行政管理的性质。这种管理活动主要以生产单位或组织内部的管理章程、制度和操作规程为依据，以内部奖惩机制为手段实施管理。

2. 安全管理客体 安全管理客体是构成安全管理活动的基本要素之一，对管理过程具有客观的决定性意义。一般能够被安全管理主体预测、协调和控制的客观事物称为安全管理客体（又称为安全管理对象）。客体作为一个哲学概念，是指与主体相对的客观事物、外部世界，是主体认识和改造的对象。安全管理主体可以影响或控制安全管理客体，这是因为只有与一定安全管理主体构成管理与被管理关系的客观事物，才能成为安全管理客体。同时，安全管理客体又是客观事物，具有客观存在的属性，有自身的不以人的主观意志为转移的客观运行规律。

长期以来，对安全管理客体构成的要素存在着不同的认识。较早的管理理论认为，管理的对象是人、物、财三大要素；后来有人加上了信息和时间，成了五大要素；近些年来又有人加上了士气和方法，发展为七大要素。此外，还有更多的管理客体要素的提法。这种对管理客体的要素不断增加的认识，反映了现代管理的内容更加丰富、更加复杂，也反映了人们对管理的认识在逐步加深。通常认为安全管理系统中管理客体的要素主要是人、物、财要素和信息要素，其他要素是这些要素的表现形式，以这些要素为物质载体。

人是安全管理客体系统中的核心。没有人，物、财就失去管理客体的属性，因为管理是相对的，物和财不具有自我意识，它们只能是一种被动的客观存在，是由人所创造或筹集、使用，并被人用之于组织活动之中。安全管理过程中的指挥、调节、控制等活动，首先是对人的指挥调节和控制，否则就难以实现对物和财的管理，达到预想的管理目标。因此，安全管理是以人为主体、以人为核心客体的活动。从安全管理中管理和被管理的关系来看，作为安全管理客体的人虽然具有行使安全管理职能或参与安全管理的一面，但与作为安全管理主体的人相比，则处于被管理的地位，虽然不等于完全处于被动地位，但要有特殊的服从性和约束性，否则就难以在安全生产管理中统一思想与行动。

物是安全管理活动的客观物质基础，是指在安全管理客体系统中能被人所利用、操作、改造的物质实体。如果缺乏物质资源，一切管理活动就无法进行，其他管理因素也将无从发挥作用。安全管理者对物的管理必须依据物自身的性质和运动的规律来进行，才能取得良好的管理效果。对物管理的中心思想是根据管理目标和管理对象的实际情况，对各种物质资源进行最优配置和最佳利用，使安全管理客体系统中的人与物合理地结合起来，以建立一个优化的安全生产结构，从而有效地、合理地利用物质资源，充分发挥物质要素在安全管理中的作用。

财是安全管理活动正常运行的基本条件。在市场经济条件下，任何管理如果缺乏财力，其管理机器就难以运转。财力的使用和分配是否合理，直接决定着人力资源、物质资源的使用和分配是否合理；对财力资源的认识和运用，决定着其他资源应用的效率。对财的管理，应根据财力的基本情况进行正确的、有效的组织和协调，合理分配和使用，以提高安全管理的效果。

信息是安全管理活动有效控制的基础。在科学技术迅速发展的今天，安全管理中信息的收集、整理、分析、存储、传输、反馈是非常重要的管理内容，信息在管理中的地位越来越重要。要想发现安全生产规律、控制安全生产趋向、保障安全目标实现，必须对安全信息完全掌握和正确运用。在安全管理中，安全信息可以分为一次安全信息和二次安全信息。一次安全信息是原始的安全信息，是指生产过程中人、机、环境的客观安全性，以及发生事故后的各种有关的事故信息；二次安全信息是经过加工处理的安全信息，包括安全政策、法规、规划、标准、技术文献、总结、数据统计、事故档案、分析报告等。

安全管理客体同时具有如下特征：

（1）可控性。也称可管理性，是指安全管理客体能够对安全管理主体发出的信息做出反应，安全管理主体能够通过一系列的管理手段影响和控制安全管理客体依照既定的目标运行，并取得良好的安全管理效果。

安全管理客体之所以具有可控性，首先，在于其本身具有可控机制和一定的发展变化规律，这就使安全管理主体有可能运用一定的手段，遵循其发展变化规律进行有效安全控制。其次，取决于安全管理主体对安全管理客体自身发展变化规律的认识程度和把握能力，如果安全管理主体对安全管理客体的发展规律缺乏认识，就不能构成有效的控制和管理。最后，安全管理客体的可控性还必须以安全管理主体与安全管理客体之间存在着管理和被管理关系为前提，没有这一关系，既不会使安全管理主体表现出控制的能动性，也不会使安全管理客体具有可控的感应性。

（2）规律性。作为安全管理客体，无论表现为何种存在方式和运动状态，都具有自身发展变化的特定规律。这既是安全管理客体的特征，也是一切管理活动的基本依据。与安全管理客体的系统性相对应，如果安全管理客体系统的构成和性质不同，其运行规律也必然不同。以经济领域为例，矿产开采、交通运输、渔业生产等活动有着不同的运行规律，这就决定了其安全管理客体也必然具有不同的规律。

认识安全管理客体的发展变化规律这一特征，对于提高实际安全管理水平和搞好安全管理科学研究都具有重大意义。安全管理必须承认和遵循这些客观规律，才能实现安全管理的预期目的。

（3）客观性。安全管理客体属于客观存在的事物，必然具有客观性。但是安全管理客体的这种客观性是相对安全管理主体的主观性而言的。也就是说，客观性表现为独立于安全管理主体主观意识之外的客观存在，具有不以安全管理主体的主观意志为转移的自身的客观运行规律。因此，安全管理活动必须从客观实际出发，承认并尊重安全管理客体的客观性。如果脱离了客观实际，仅凭安全管理主体的主观想象，往往会导致安全管理的失败。

对于物质形态的安全管理客体的客观性是比较好理解的。但是，对于作为管理客体的人的客观性，则要具体分析。人的思想意识、价值观念和目标追求都属于主观范畴，当人作为安全管理客体时，这些属于主观范畴的意识会呈现出两种情况：当被管理者发挥了参与管理的主观能动性，那么他们的某些思想意识和行为就和安全管理主体一样属于有意识的管理行为的组成部分；而当被管理者只是作为纯粹的安全管理客体，那么他们的思想意识、价值观念和目标追求等也属于安全管理客体的范畴，或者也可以说是安全管理客体的组成部分。必须对作为安全管理客体的人的主观意识予以特殊对待，使这些主观意识朝着有利于安全管理的方向发展，并使其发挥参与安全管理的积极作用。

（4）系统性。在安全管理活动中，安全管理客体的人、物、财、信息表现为各种不同的存在形式和运动状态，可以作为相对独立的要素分别与安全管理主体发生相互作用，但是它们的存在和运动都不是孤立的，而是作为一个有机联系的整体与安全管理主体发生管理关系。各种客体要素既自成系统，又相互联系构成更大的系统，这就是安全管理客体的系统性特征。

安全管理客体具有系统的整体性、相关性、目的性、开放性或环境性、动态性等一般特征。安全管理客体的系统性特征，要求在安全管理中树立系统观念，运用系统方法进行系统安全管理。安全管理者虽然可以根据特定的目的和需要，对其中某一要素进行重点管理，但同时也必须兼顾其他要素的影响和制约作用，不能对安全管理客体各个要素进行孤立、割裂地机械分析。否则，就不能从总体上把握管理客体、揭示各要素之间的联系，管理活动就难以取得预期的效果。

三、安全生产管理的方针、原则与方法

1. 安全生产管理方针 《中华人民共和国安全生产法》第三条明确了我国推行的安全生产管理坚持"安全第一，预防为主"的方针。

（1）安全第一。安全既是各项工作（技术、效益、生产等）的基础，也是生产经营的基本目标之一。做好安全生产和安全管理工作的前提是坚持"安全第一"的基本方针，处理好安全与生产、安全与效益的关系。安全第一的内涵是要求正确认识安全与生产辩证统一的关系，在安全与生产发生矛盾时，坚持"安全第一"的方针。"安全第一"的方针表现的基本形式：

① 在思想认识上，安全工作高于其他工作。

② 当安全与生产、经济、效益发生矛盾时，安全优先。

③ 在组织机构上，安全部门的权威大于其他组织或部门。

④ 在资金安排上，安全保障资金应优先于其他工作所需的资金。

⑤ 在知识更新上，安全知识学习先于其他知识培训和学习。

⑥ 在检查考评上，安全的检查评比严于其他考核工作。

（2）预防为主。预防是带有规律性的认识，减少和杜绝事故发生的最有效方法，也是预防事故的最有效措施。预防为主主要表现为：

① 积极主动。在安全生产过程中，不能等着危险来临，要预测危险，主动预防，预防事故是安全生产日常监管的重要内容。如果出了问题再抓一阵检查，事故就可能防不胜防，堵不胜堵，这种消极保护、被动保护一时兴起的做法是不可取的。坚持积极主动，首先要搞好宣传教育。实现安全生产状况的根本好转，既要依靠必要的物质条件，更有待于全民的安全素质和安全文化水平的提高。加强宣传教育，筑起思想上的安全防线，在防范事故中有时会起决定性的作用。要大力开展安全生产宣传教育，学习、宣传、贯彻《中华

人民共和国安全生产法》，全面落实国务院"关于进一步加强安全生产工作的决定"，充分利用各种新闻媒介、宣传手段，广泛深入宣传国家的安全生产方针、政策、法规、典型事故案例，倡导安全文化，引导人们逐步形成科学行为准则和生活方式。其次，要落实责任制。明确各级政府、安全生产监督管理部门和企业各级领导、从业人员的责任，是做好安全生产工作，保障人民群众生命、财产安全的保证。要建立严格的安全生产责任制，把安全生产责任落实到各级领导、每个管理岗位、每个从业人员，从上到下要认真落实下去，一直落实到个人。

② 探索规律。要运用科学方法来进行安全生产，在安全生产中要重视经验积累和科学分析，积极探索安全事故的相关因素、因果关系，掌握其内在规律，判断不安全因素及其发展变化趋势、后果，从而采取有效的预防对策。采用现代化的安全管理技术，变纵向单因素管理为横向综合管理；变事后处理为事前分析；变事故管理为隐患管理；变管理的对象为管理的动力；变静态被动管理为动态主动管理，实现本质安全化。只有努力促使生产实践符合安全规律，消除违反规律的异常运行，才可能预防事故的发生。

③ 依靠群众。群众的眼睛是雪亮的，一些事故的苗头和隐患，不管多么细微、隐蔽，往往是群众首先发现；各项安全制度、措施，没有群众的实践将会落空。一是要形成人人参与的局面。经常对生产经营单位从业人员进行预防事故工作的教育，把预防工作的任务、要求、方法及法律法规交给群众，把安全生产的意图变成群众的集体荣誉感，增强群众预防事故的行为和能力，形成"人人关心预防工作，人人都做预防工作"的良好氛围。二是要建立信息网络。要采取切实有效的措施、建立广泛而灵敏的安全信息网络，全方位多角度地及时获取深层次、预警性信息。做到早发现、早报告、早处置、早整改，对发现安全生产事故的企业，要记录在案，并公布其名单。三是要积极推行企业注册安全责任制度。要从根本上改变安全生产"有组织、无专职"或"无人管、不会管"的现状，要积极推行企业注册安全责任制度，形成具有一定规模的高素质安全管理队伍，逐步建立安全生产的自我激励和自我约束机制，提高企业安全生产管理水平。企业注册安全责任作用发挥得好，企业主要领导就会保持清醒的头脑，就会增强预防工作的针对性和有效性。四是要严明奖惩。分析一些单位预防工作不落实的主要原因，就是各级领导对安全事故没有压力，从业人员的积极性没有得到充分的发挥，安全投入不到位，通过建立事故预防工作行政责任追究制度，实行安全工作"一票否决权"，把预防工作的好坏与各级领导的升迁挂起钩来，对预防工作尽职尽责，对成绩突出者要激励，对工作失职、造成事故者要处理。以此激励干群，使各级领导干部和从业人员既有压力又有动力，从而保持持久的工作热情。

④ 转变作风。一是要端正指导思想。预防工作是立足长远的基础性工作，必须着眼加强基础建设。在衡量一个单位预防工作好坏时，不能只看开了多少会，检查了多少遍，而要看实际工作效果，看生产经营单位安全生产意识和基础建设。做到生产服从安全，不安全就不能生产，在安全的环境中促进发展，进而达到生产必须安全的要求。二是要加大安全投入。安全生产预防工作特别要求各个单位安全投入必须到位，舍得花钱买平安，加大安全投入，该配备的安全设施要配备，所有的生产项目必须执行安全设施和主体工程同时设计、同时施工、同时投入使用的"三同时"原则，绝不能以节省投资为由，削减安全投入。三是要知实情、办实事。各级干部要树立为官一任、保一方平安的意识，坚决摒弃

和克服不知实情、不办实事的不良作风，切实做到勤检查、常监督、多指导。

安全是保证生产顺利实施的必要前提，根据"安全第一，预防为主"方针的要求，在安全管理中，应该把安全放在第一位，确保生产安全，即生产必须安全。而积极预防和主动预防是实现安全生产的最有效措施。在每一项生产活动中都应首先考虑安全因素，查隐患，找问题，堵漏洞，自觉形成一套预防事故、保证安全的制度。同时，还要正确处理安全生产中安全与生产的对立统一关系，克服思想认识上的片面性。安全与生产是互相联系、相互依存、互为条件的。生产过程中的不安全因素会妨碍生产的顺利进行，当对这些不安全因素采取措施时，有时可能会影响生产进度，也会增加生产成本。但从整体和长远来看，生产中的不安全因素通过采取安全措施被控制后，可以转化为安全因素，安全条件改善了，事故发生的可能性降低了，劳动生产率必将得到极大的提高。反之，一旦发生事故，损失的价值往往远大于预防事故所需要的投入。而且，事故造成的人身伤害和财产损失又是难以弥补的。因此，必须正确认识安全与生产的矛盾，正确处理二者之间的关系。

2006年，在中共中央政治局第三十次集体学习时，胡锦涛总书记在讲话中将我国安全生产管理方针由"安全第一，预防为主"进一步深化、完善为"安全第一，预防为主，综合治理"。党的十六届五中全会通过了《中华人民共和国国民经济和社会发展第十一个五年规划纲要》，明确要求坚持安全发展，并提出了坚持"安全第一，预防为主，综合治理"的安全生产管理工作方针。这是随着我国政治体制、经济体制改革的不断深入，企业所有制结构、生产经营方式不断转变，社会、企业、职工安全生产意识和需要不断增强，安全监管体系不断发展、完善，对我国安全生产监督管理发展方向和目标提出的新要求。

2. 安全生产管理的原则 安全生产管理原则是指在生产管理原理的基础上，指导安全生产活动的通用规则，人们从各种角度提出了一些安全生产管理的基本原则，同时在安全生产理论研究和安全生产实践活动中，形成了很多安全管理科学理论。安全管理在坚持"安全第一，预防为主"基本方针的前提下，还应遵循以下基本原则。

（1）系统原则。系统原则是所有管理活动的一项基本原则，是指人们从事管理工作时，运用系统理论、观点和方法，对管理活动进行充分的系统分析，以达到管理的优化目标，即用系统的管理、理论和方法来认识和处理管理中出现的问题。安全管理是一项系统工程，是全系统、全员、全方位、全过程、全天候的管理，需要在生产的各个环节中，综合运用法制、行政、技术、经济、文化等各种手段，促进各方面协调合作，达到保障安全的目的。所谓系统是由相互作用和相互依赖的若干要素组成的具有特定功能的有机整体。任何管理对象都可以作为一个系统。系统可以分为若干个子系统，子系统可以分为若干要素，即系统是由要素组成的，按照系统的观点，管理系统有6个特征，即集合性、相关性、目的性、整体性、层次性和适应性。安全生产管理系统是安全管理系统的一个子系统，包括各级安全管理人员、安全防护设备与设施、安全管理规章制度、安全生产操作规范和规程以及安全生产管理信息等。安全贯穿于生产活动的方方面面，安全生产管理是全方位、全天候且涉及全体人员的管理。

在安全管理对象的各个要素中，重点和难点都是对人的管理，安全管理强调不能突出人的个性，而是要约束个性，使个性之间彼此适应对方，以达到一种协调和谐的状态。在安全管理对策上，系统原则要求综合、灵活运用工程、教育、强制等 3 类主要安全对策来防止事故发生。工程技术措施是从物质的安全保障角度，消除物质上的不安全状态，创造安全的物质技术条件；教育则是提高人的安全意识、知识和技能；强制是通过法规、行政、标准、规章制度等，强制性规范人的行为，防止不安全行为产生的危险因素。

（2）人本原则。在管理中必须把人的因素放在首位，体现以人为本的指导思想，这就是人本原理，以人为本有两个含义：一是一切管理活动都是以人为本展开，人既是管理的主体，又是管理的客体，人本原则强调以人为本，人是核心，把管理活动中人的因素摆在中心地位，认为一切管理都是为了人的利益的管理、本质上靠人进行的管理、主要对人的管理，每个人都处于一定的管理层面上，离开了人就谈不上管理；二是管理活动中，作为管理对象的要素和管理系统各环节，都是需要人掌管、运作、推动和实施。人本原则要求管理必须按照人性的要求，实行科学的人性化管理；实行管理者和被管理者相互为本的交互式管理、民主化管理，特别是管理者要以被管理者为本；强调充分开发人的潜能，调动、发挥人的主动性、积极性、创造性。

以人为本的原则更体现在以保障生命、财产安全为目标的安全管理中。在安全管理中，必须把保护人身安全作为生产管理的首要任务，把人文关怀贯穿于安全管理的全过程，人是最重要的安全保护对象。一方面，一旦发生事故灾害，应把人放在最优先的位置，坚持"救人第一"的原则。另一方面，人又是实施安全管理的第一要素。因为人是事故的受害者，又可能是肇事者，人的行为导致事故发生在事故原因中所占的比例很大。即使是物的原因，其背后也往往与管理缺陷导致的人的行为失误有关。因此，安全管理的关键是控制人的行为，必须强化人的行为管理，规范人的行为。

人本原则还要求在安全管理中必须保障所有从业人员依法获得安全生产保障的权利，包括安全生产知情权、建议权、批评权、检举控告权、拒绝违章指挥或强令冒险作业权、紧急避险权、受损求偿权，使现代文明社会"尊重和保障人权"的宗旨得到落实和体现。

（3）依法管理原则。依法管理是所有管理活动都必须遵守的基本原则。依法管理原则要求一切组织（包括国家行政管理机关、企事业单位和社会团体）和个人都必须严格执行和遵守国家安全法律，在宪法和法律规定的范围内活动。这里既包括国家安全机关、其他国家机关和公职人员实现国家职能时的合法性原则，也包括一切社会关系参与者的普遍守法原则。

安全生产法律、法规、规章以及技术标准，是国家安全生产方针、政策的集中表现，是上升为国家和政府意志的一种行为准则。它以法律的形式协调人与人之间、人与自然之间的关系，建立人们在生产过程中的行为规则，用国家强制力来维护企业安全生产的正常秩序，为生产经营者和劳动者提供切实可行、安全可靠的生产技术和条件。有了各种安全生产法规，就可以使安全生产工作做到有法可依、有章可循。

社会主义法治的基本要求是"有法可依，有法必依，执法必严，违法必究"，安全行政管理机关以及生产经营者和劳动者都必须遵守安全生产法规。对于安全行政管理来讲，安全管理行政机关必须是依法成立的，必须根据法律的原则，按照法律规定的内容，依据法定的程序实施安全生产行政监督管理行为；对于生产单位的内部安全管理来讲，生产经营者和劳动者在生产经营决策、技术、装备生产行为上都必须依据法律、遵守法律。无论是谁，只要违反了安全生产法规，都要承担相应的法律责任。

（4）强制原则。所谓强制，表现在对人的意愿和行为的控制上，采取强制管理的手段控制人的意愿和行为，要求被管理者必须无条件地服从管理者，使个人的活动、行为等受到安全生产管理要求的约束，从而实现有效的安全生产管理，即不需要取得被管理者的认同或一致，便可采取控制行为，包括法律强制和行政命令强制。

所有的管理一般都带有一定的强制性，而安全管理更需要强制。因为风险往往具有隐蔽性，难以准确测定，容易使人产生侥幸、冒险心理。例如，热带气旋是海上渔业生产最大的安全威胁之一，但是热带气旋预报在时间上和空间上都无法做到绝对准确，一些船长在生产中存在侥幸心理，不及时避风，极易导致灾害性事故的发生。在安全问题上，经验是间接的，不允许人们通过亲身犯错误来积累经验、提高认识。事故一旦发生，造成的损失（包括经济损失和社会影响）往往无法挽回。如果不强制就不能有效地抑制被管理者不同的无拘束个性，就无法将其调整到符合整体管理利益和目标的轨道上来。当然，这种强制绝非独裁专制，必须建立在科学化、规范化、法制化、透明化、民主化的基础之上，应通过教育，在理解的基础上，由强制的非理性行为转变为自觉的理性行为，努力实现和谐化管理。

强制原则包括国家行政机关实施安全管理的强制和生产单位内部管理的强制两个部分。国家行政机关的安全管理本身就具有行政强制性，如在责任制度、安全监督、技术检验、人员技能资格条件等方面的行政管理都具有强制性。生产单位内部安全管理的强制性，可通过单位内部规章制度来实现。

（5）监督与服务相结合原则。监督与服务相结合的原则是在"安全第一，预防为主"的基本方针指引下，围绕共同的安全管理目标，在加强安全监督的同时，还要加强安全服务。安全管理必须实施强有力的监督，这是生产安全保障的重要措施之一，也是国家安全生产法制得以落实的基本手段。监督原则是指在安全工作中，为了使安全生产法律法规得到落实，必须明确安全生产监督职责，对企业生产中的守法和执法情况进行监督。政府有关部门必须对生产经营单位及其生产者在遵守安全生产法律法规和国家安全生产标准等各方面情况进行监督检查，判断生产经营单位及从业人员的行为是否出现偏差、有关设施设备是否处于安全运行状态，及时地控制、制止违法活动和不当行为，消除事故隐患，防止和减少事故发生。

在加强监督管理的同时，还必须加强安全服务，提高安全生产能力、改善安全生产条件和环境，包括通过宣传、教育等安全文化建设提高生产经营者和劳动者的安全素质；通过专业培训提高生产者的安全技能；通过信息管理改善安全信息环境；通过制度安排促进安全投资和保险等。

（6）本质安全化原则。本质安全化就是通过设计、管理实现人、物、系统以及管理本身的本质安全。一是人的本质安全化，不论在何种作业环境和条件下，都能按规程操作，杜绝"三违"（即违章指挥、违章操作、违反劳动纪律），实现个体安全。二是物质的本质安全化，不论在动态过程中，还是静态过程中，物质始终处于能够安全运行的状态，即使在发生故障、损坏或人的行为失误的情况下，仍能自动地保证安全。三是系统的本质安全化，在日常安全生产中，不因人的不安全行为或物质的不安全状况而发生重大事故，形成"人机互补，人机制约"的安全系统。四是管理的本质安全化，通过规范制度、科学管理，杜绝管理上的失误，在生产中实现零缺陷、零事故。本质安全化是安全管理的最高目标，也是安全管理的基本原则。

3. 安全生产管理的方法　法制、行政、经济、技术和文化等手段是现代安全管理主要采用的手段。在安全管理实践中，对这些手段进行综合灵活的运用有利于安全管理效率的提高。

（1）法制手段。建立和实施安全生产的法律、法规、标准等法制体系是安全管理的法制手段，对安全生产的建设、实施、组织以及目标、过程、结果等进行监督与管理。健全的法制是解决安全生产问题的根本，严格地执法监督是安全管理最直接和有效的手段。通过法律的强制性和权威性来实现监督管理，对提高安全生产水平、预防事故发生具有无可替代的重要作用。由于技术是在不断发展变化的，法律是相对稳定的，法律永远不可能跟上技术发展变化的速度，两者的差距就必须由技术标准和规章来填补。生产安全的立法准备、监察和其他管理工作都是由政府部门和其代表机构完成的，法规的安全目标必须通过安全管理机构的工作去实现。

如今，我国法制建设越来越完善，依法管理应贯穿于安全管理的各个环节。一般来讲，法制管理包括立法、守法、执法、法律责任追究。具体来讲，就是要做到有法可依、有法必依、执法必严、违法必究。

（2）行政手段。政府安全管理机关为实现安全管理目标，依靠行政权力，通过采取强制性的行政命令、指示、规定等措施，调节和管理安全生产活动的各项措施就是安全管理的行政手段。行政手段是安全管理最重要也是最常用的手段之一。安全生产法律制度的遵守和执行，主要依靠行政手段来实现。

在安全管理中，行政手段具有极为丰富的表现形式，包括建立安全生产责任制、安全检查、行政审批、行政命令、行政处罚、行政调查、行政奖励、行政指导、安全生产规划等。行政手段具有法定的权威性、强制性、执行性、公益性，在管理活动中又具有主动性、操作性、相对封闭性的特点，是政府实施安全管理的基本手段。

（3）经济手段。运用价值规律和物质利益的影响，调节和控制安全生产活动的手段就是安全管理的经济手段。如今，在社会主义市场经济条件下，适当、合理地运用经济手段，是实现安全管理目标、提高安全生产水平的重要途径之一。

安全管理的经济手段主要涉及投资、保险、奖惩等方面，政府实施安全管理和生产经营单位内部安全管理都可以运用。具体来讲，主要包括安全投资、安全保险、安全项目、经济奖惩等。

（4）技术手段。安全管理的技术手段，着重解决物、环境、信息的不安全状态问题。现代安全管理技术方法包括安全行为抽样技术、安全经济技术、安全评价技术、安全信息技术、安全决策技术、事故判定技术、本质安全技术、危险分析技术和危险控制技术等。

在科学技术越发成熟的今天，科学技术在安全生产中发挥着巨大的作用。实现安全生产的重要手段就是指在安全管理中充分利用技术手段，鼓励安全技术研究和促进先进安全技术的应用。

（5）文化手段。在安全生产过程，想要减少危险，保障安全，解决人的安全素质问题也是安全管理的一项重要选项。根据安全原理，在安全事故相关的人、机、环境、管理四要素中，人是最为重要的。人的安全意识、态度、知识、技能等在安全生产中是起决定作用的因素。安全文化建设就是从人的深层的、基本的安全素质入手，通过其自身的规律和运行机制，创造其特殊形象及活动模式，形成宜人和谐的安全文化氛围，教育、引导、培养、塑造人的安全人生观、安全价值观，树立科学的安全态度，制定安全行为准则和养成正确规范的安全生产、生活方式，从而全面提高人的基本安全素质。

第二节　渔业安全生产管理

一、渔业安全生产概述

1. 渔业安全生产的基本内容

（1）渔业生产的基本内容。为获取水生经济动植物而进行的渔业捕捞、水产养殖等活动的过程称为渔业生产。在管理上，通常把以渔业捕捞或水产养殖为基础的水产品加工业也作为渔业管理的对象。以生产活动的范围而言，单纯的水产品加工很难作为渔业生产活动。一个既从事捕捞生产，也对自捕水产品进行加工的一体化生产经营者，其水产品加工被视为渔业生产活动的一个组成部分。特别是大型捕捞加工渔船的生产活动，产品加工必然成为渔业生产活动的一个组成部分。因此，渔业安全生产所指的生产活动，主要是渔业捕捞、水产养殖，水产品加工是否涉及则要视具体情况而论。

（2）渔业安全的基本内容。渔业安全生产中的安全是指在渔业生产活动过程中，防止渔业船舶水上安全事故发生，确保渔业生产从业人员和渔业生产设施设备以及水产品的安全。简而言之，渔业安全生产就是在渔业生产的整个过程中，不发生渔业生产安全事故。渔业安全生产需要保障的是人和物的安全。首先，渔业安全生产所要保障的人的安全主要是渔业生产劳动者的安全。其次，渔业安全生产所要保障的物的安全，包括渔船及船上设备、渔具、养殖设施、渔港安全设施等渔业生产设施设备的安全。

（3）渔业安全生产的意义。渔业安全生产主要是从预防事故发生的角度来确保渔业生产正常进行，根据目前国内外渔业安全生产实践，人们所关注的主要是渔业生产活动中劳动者的人身安全和设施设备的安全。因此，渔业安全生产往往是与渔业安全事故相联系的，即预测事故、采取措施防范事故和在事故发生后减少损失，其核心是防止事故造成人员死亡、人身伤害和重大设施设备的损害；事故的类型主要是渔船碰撞、风损、触损、自沉、火灾、机械伤害、触电、急性工业中毒，以及其他引起财产损失或人身伤亡的渔业船舶水上安全事故。

相对而言，渔业捕捞生产发生安全事故的可能性远远大于水产养殖，而海洋捕捞生产的危险性又大大高于内陆水域的捕捞生产。因此，在渔业安全生产管理实践中，管理对象的重点是海洋捕捞生产作业活动。为此，本书所讲的渔业安全生产，主要是指海洋捕捞安全生产活动。由于水上渔业生产活动的相似性，本书内容也可供水产养殖安全生产管理和内陆水域捕捞安全生产管理参考。

2. 渔业安全生产的特点　渔业捕捞生产是以渔船和渔具为生产工具，以经济水生生物为对象的资源采捕性生产活动。渔业捕捞生产活动自身的特殊性，决定了渔业安全生产与其他社会生产活动的安全生产相比较具有以下特点。

（1）渔业从业人员安全素质不高。传统渔民因缺乏培训与管理，文化水平不高，长期从事海上作业生产，信息闭塞，出海捕鱼往往凭经验，对安全事故的发生存在侥幸心理。又因为近年来沿海经济快速发展，大量内陆农村非渔劳动力为了谋求生活加入渔业行业，人员流动性大，成分复杂，相当一部分人未取得渔业船员专业训练合格证书就擅自上岗作业，大大增加了安全隐患。

（2）渔业生产受自然环境因素影响大。渔业是一个受气候、海况等外界自然条件影响较大的高危行业，这是由渔业开发利用的对象主要是海洋和内陆水域的水生生物资源，其生产活动的特殊领域决定。与陆上其他行业不同，渔业海上生产与风浪为伍，与潮涌相伴，天气、海况等外部自然环境条件对安全生产的影响十分突出。天气、海况变化不受人为的控制，而且变化无常，渔业生产过程中时刻都要预防来自天气、海况等自然因素带来的危险，在大雾、大风、大浪、热带气旋等恶劣海况条件下渔船碰撞、搁浅、触礁事故发生率会提高很多。在任何情况下即使船舶停泊在港内，也要采取预防热带气旋等自然灾害的措施，"与天作战"贯穿渔业生产的全部过程。此外，自然灾害造成的渔业安全事故还往往具有难以预知、损失严重的特点。例如，2006年台风"桑美"正面袭击福建、浙江沿海，由于风力大、强度高、来势急、登陆快，给两省渔业造成巨大损失，共造成死亡（失踪）渔民366人、沉没渔船1977艘，直接经济损失约21.7亿元。因此，在渔业安全生产所采取的措施和活动中，预防、控制和消除来自大自然的危险因素是最主要的组成部分。

（3）渔业生产具有高危险性。渔业生产因在海上，远离陆地，以及其他导致渔业生产过程中的危险源多而复杂。首先，渔船在航行中很容易遭受来自大风大浪等恶劣天气和海况的威胁，面临船舶碰撞、触礁、搁浅等很多方面的危险。其次，渔业生产作业在水上进行，船舶处于动态中，使用的渔具为网、线、钢索等，在生产操作时容易造成人员伤害事故。最后，渔船的救援难度大，相比陆上的生产事故而言，一旦渔船在远离陆地的海上发生安全事故，救援很难在短时间内有效实施。因此，尽管安全对于所有社会生产活动都非常重要，但在渔业生产活动中，其重要性尤其突出。渔业船舶水上安全事故相对其他行业而言，具有发生率高、损失大的特点。国际劳工组织（ILO）测算的世界渔船船员平均死亡率为每年每10万人死亡（失踪）80人。

（4）渔业生产作业范围广且分散。我国经济发展迅速，海岸线长，人数众多，海洋捕捞渔船不仅数量众多，作业范围分布也较广，北起渤海，南至南沙海域，近至我国沿岸海域，远到他国管辖水域以及公海，都有我国渔船从事生产作业。此外，随着经济社会的发展，渔船所有制结构和生产经营方式发生改变，当前我国渔船多为个体承包或股份制经营，具有生产规模较小、组织化程度偏低、作业分散等特点，不仅给管理增加了难度，也使得渔船自身降低了海上抵御风险和自救互救的能力。同时，渔区社会保障体制尚不完善，分担风险的机制能力有限，使得大部分事故灾害尚需渔民个体独自承担，极易影响渔区的稳定和谐，影响渔业的发展。

二、渔业安全生产管理的概念与内容

渔业生产经营单位在实际生产过程中建立的一套行之有效的安全生产管理方法，是渔业生产经营单位自身进行的安全生产管理，是其内部管理工作的组成部分；渔业安全生产管理包括国家渔业行政管理机关对渔业生产经营单位（包括独立经营渔业生产的渔民个人，以下相同）安全生产工作进行的管理，以及渔业生产经营单位自身进行的安全生产管理。国家渔业行政管理部门对渔业生产经营单位的安全生产工作进行管理，是行使安全生产行政管理权的体现，其内容往往与安全生产监督、监察、行政服务（如预报、救助等）密不可分。

1. 渔业安全生产管理的特征　渔业安全生产管理是渔业生产领域的安全生产管理活动，因此具备安全生产管理的一般特征。综合安全生产管理和渔业安全生产的基本特点，渔业安全生产管理具有以下几个方面的特征。

（1）渔业安全生产管理的系统性。安全是由人、物以及人与物质的关系构成的动态系统，具有系统性，因此根据渔业安全生产管理的内容，渔业安全生产是渔民、渔船、渔业作业环境、渔业安全信息等要素构成的动态系统。渔业安全生产管理的本质就是控制渔民、渔船、渔业作业环境、渔业安全信息等要素以及协调这些要素之间的关系，对这些要素控制和协调的进行，需要从整体出发，实现对整个系统的控制和协调，不能仅从个别要素出发。从渔业安全生产管理的手段看，需要综合运用法律的、经济的、行政的、技术的手段，因此它是一项系统工程。从渔业安全生产管理的实施来看，需要建立有关各方密切配合、齐抓共管的工作格局，充分发挥政府及其渔业安全监管部门、渔业生产经营单位、渔业从业人员等各方面的作用。因此，渔业安全生产管理需要着眼于全局，把安全管理当中存在的问题和薄弱环节放到相互联系的整体中去研究解决，特别是要充分调动一切积极的因素，使渔业安全生产管理成果惠及全体渔民。

（2）渔业安全生产管理的专业性。渔业安全生产管理是现代安全管理在渔业领域中的具体运用，涉及诸多渔业领域工程的、技术的、科学的专业知识，如渔船船体结构和材料、船用设备、航行和作业技术、船位监控、灾害预报预警、事故救援、渔业保险和渔船水上事故分析等方面，因此具有专业性。在渔业安全生产管理实践中，想要提高渔业安全生产管理的效果，需要将现代安全管理通用的基本理论、方法与渔业安全领域的专业管理要求有机结合。

（3）渔业安全生产管理的二重性。渔业安全生产管理具有社会属性和自然属性两种属性。渔业安全生产管理的社会属性是指渔业安全生产管理是安全在渔业领域的运用，人是渔业安全生产管理的核心，充分发挥人的主观能动性，协调好渔业安全生产中人与人的关系是渔业安全生产管理的基本手段。渔业安全生产管理的自然属性是指渔业安全生产受自然因素影响较大，渔民生命财产易受到严重威胁，在渔业安全生产上显现突出。渔业安全生产管理必须以遵循渔业安全生产所固有的自然规律为前提，在此基础上调整人与人的关系，充分发挥人的主观能动性。对于海上渔业生产来讲，安全管理在很大程度上是协调渔业生产活动与天气、海况等自然活动之间的关系。例如，防热带气旋、防寒潮等是我国海洋渔业生产安全管理重要的内容之一。因此，渔业安全生产管理必须以掌握渔业安全生产的自然规律为基础，利用社会管理的基本手段，来确保渔业安全生产的实现。

（4）渔业安全生产管理的科学性。以科学理论为指导是现代安全管理的基本特征。安全生产有其内在的自身规律，安全管理实践必须尊重客观事实、尊重科学，按客观规律办事，否则就无法实现安全管理目标，并可能受到事故的惩罚。渔业安全生产管理与渔业科学、管理科学、安全科学都有着密切的关系，受其指导，又在实践中予以推动和发展。渔业安全生产管理是针对渔业生产活动的安全管理，必然离不开渔业科学的指导；渔业安全生产管理又属于管理范畴，也需要运用管理科学原理；伴随着安全生产实践和工农业科学技术的发展，安全科学诞生并逐步发展为一门独立学科，并广泛应用于安全生产实践，渔业安全生产管理在运用渔业科学、管理科学的同时，需要运用安全科学理论来指导。

（5）渔业安全生产管理的群众性。渔业安全生产与广大渔业从业人员的切身利益紧密相连。只有依靠广大渔民群众的积极参与，渔业安全生产才能有坚实的基础，仅靠政府渔业行政主管部门和少数渔业生产单位管理者难以实现渔业安全生产。渔业生产的高危险性特点，决定了在渔业生产过程中，必须强调安全生产是全员、全面、全过程、全天候的工作，只有广大渔业从业人员不断增强安全意识，不断提高安全技能，不断陶冶安全文化素质，自觉遵守各项安全规章制度，人人重视安全，渔业安全生产才会有一个坚实而可靠的基础。另外，渔业安全生产管理的群众性还需要渔民家属、渔区社会的广泛参与，才能真正建立起渔业安全生产坚实的基础保障。

长期以来，我国渔业从业人员的安全生产法制观念淡薄、安全风险防范意识不强、海上自我保障能力较差的情况普遍存在。还有一些渔业生产者不能自觉履行安全生产责任，不能正确处理好安全与生产、安全与效益的关系，重生产、轻安全现象普遍存在，违章现象屡禁不止。在此现实条件下，渔业安全生产管理注重群众性有其特别重要的现实意义。

2. 渔业安全生产管理的基本内容

（1）渔业安全生产责任管理。渔业安全生产责任管理就是以合理划分责任、强化责任落实、提高管理效能为目的，科学合理地界定、落实各级政府安全管理领导责任、渔业行政主管部门及其渔政渔港监督管理机构的安全监管职责、渔业生产经营单位的安全主体责任，确保渔业安全生产各项制度得以有效实施，实现渔业安全生产目标。

（2）渔业安全通信管理。渔业通信尤为重要，是渔业现代化的重要标志之一，渔业通信是渔船与陆地进行信息交流的唯一途径，它是渔业安全生产的重要组成部分。渔业通信主要包括：安全通信、渔业管理通信和渔业船舶日常通信。其中，安全通信是最重要的海洋渔业通信业务，如渔业船舶遇险报警、海洋气象预报及紧急警报和搜救协调信息的指令发送与接收。因其涉及人员和财产安全，时效性和可靠性要求高。渔业安全生产管理事前、事中和事后都离不开通信保障，为提高我国渔业安全生产保障能力的重要途径，应以现代信息和通信技术为基础，加强海洋渔业安全通信能力建设。

（3）渔业安全检查。渔业安全检查是渔业安全监督管理部门依法对渔业船舶或渔业生产经营单位执行渔业安全生产的法律法规和国家标准、行业标准及其他安全管理和制度、措施的情况进行的监督检查。渔业安全检查主要由渔政渔港监督管理机构在渔港码头或水上对渔业船舶进行检查，检查内容包括渔业船舶的适航状况（安全设备配备、人员持证状况等）、安全生产条件等；检查方法包括对船体及其设施设备的现场检查、证书证件的核查等。对渔业安全检查中所发现的违法行为和事故隐患，应立即依法处理，防患于未然。

（4）渔业船舶水上安全突发事件应急管理。每个行业都有应急管理，渔业更是必不可少，渔业船舶水上安全突发事件应急管理就是通过事前计划和应急措施，充分利用一切可能的力量，在安全事故发生后迅速控制事故发展并尽可能排除事故，将事故对人员、财产和环境造成的损害降低至最低程度。安全突发事件应急管理一般包括预防、预备、响应和恢复4个阶段。事故预防是从应急管理的角度，防止紧急事件或事故的发生，包括制定安全规划、安全技术标准和规范，强化安全管理措施，开展应急宣传与教育等。应急预备是在应急发生前建立应急管理体制，完善应急操作计划及系统。应急响应也称应急反应，是在事故发生之前以及事故期间和事故后立即采取行动，通过预警、疏散、搜寻、营救以及提供避难所和医疗服务等紧急事务功能，使人员伤亡及财产损失减少到最小。恢复在事故发生后进行，使事故影响对象尽可能地恢复到事故前的正常状态。

（5）渔业船舶水上安全事故调查处理。渔业船舶水上安全事故调查处理是渔业船舶水上安全事故发生后，由渔政渔港监督管理机构查明事故原因、判明事故责任、做出处理决定的过程。渔业船舶水上安全调查处理是渔业安全生产管理的重要内容之一。

在渔政渔港监督管理机构接到事故报告后，依据《中华人民共和国渔港水域交通安全管理条例》《渔业船舶水上安全事故报告和调查处理规定》等规定，进行事故调查，分析事故原因，认定事故责任。对于违反渔业安全生产管理法律法规的行为，根据《中华人民共和国渔业港航监督行政处罚规定》依法进行行政处罚。对于因渔业船舶水上安全事故引起的民事纠纷，当事人可以申请渔政渔港监督管理机构调解，也可以申请海事仲裁机构仲裁，或向海事法院提起诉讼。

（6）渔业气象服务。渔业养殖受自然环境条件影响明显，特别是气象条件，对渔业安全生产影响更为显著。从事渔业养殖生产时，从养殖场的选择到养殖对象的繁殖、育前、放养、管理、捕捞或采集以及途中运输等，无不与外界气象条件相关。如果为上述生产环节提供渔业气象服务，就可以有效地指导渔民更好地进行渔业生产。渔业气象服务是为满足渔业养殖资源的开发、布局、规划和渔业养殖区划建设中对气象服务的需求以及渔业养殖过程中防灾减灾的需求，规避渔业生产过程中因气象因素带来的安全风险，同时包括对使用和了解气象及有关渔业养殖情报的指导，从而达到科学养殖、安全生产、提高效益的目的。

（7）渔业安全生产管理技术。渔业安全生产管理是管理技术在渔业安全生产领域的应用，管理科学理论和安全科学理论均构成了渔业安全生产管理的技术基础，因此渔业安全生产管理技术由管理理论和安全科学理论综合而成。渔业安全生产管理技术建立在安全管理理论的基础上，随着社会经济和渔业生产技术的发展不断得到完善，包括安全隐患排查，消除事故隐患，创造良好的渔业安全生产环境；渔业安全风险管理可以对渔业生产和经营过程中出现的风险和不利因素采取防范措施，避免和减少经济损失，最大限度地发挥效益的潜力；渔业安全风险评估通过危险辨识、风险评估，可以提出降低风险的措施和降低风险措施的成本效益评估方案等。

（8）渔业保险。当今社会，保险是每个行业必须存在的保障途径。特别是渔业生产从业者，危险性大，在市场经济条件下，渔业特别是海洋渔业生产作为高危行业，经营者应从保护渔业生产者生命财产安全，对家庭、对社会负责出发，通过社会风险保障机制来降低风险。渔业保险具有促进渔业安全生产的作用：一是可为渔船安全管理提供相对系统、完整、翔实、专业的事故统计数据，为渔船安全管理决策提供具有参考价值的资料。同时，可避免对渔业船舶水上安全事故隐瞒不报的情况发生。二是为了减少事故发生、降低赔付率，保险组织和机构会通过对被保险渔船在维修保养、生产活动等方面提出要求的保证条款，督促被保险人或会员采取各种措施预防事故发生。此外，还可以通过防损服务，向船东提出改进意见，以减少或避免危险的发生。

（9）渔业安全文化教育与宣传。想要保障渔业人员的安全，必须推动渔业从业人员安全素质达到新的水平，建立安全至上的观念。渔业安全宣传是渔业安全文化的一种体现方式，是实现渔业安全、防范渔业船舶水上安全事故发生的主要对策之一，也是渔业安全活动的重要形式，因此以渔业安全文化建设为基础，开展渔业安全宣传教育是渔业安全生产中的一项重要活动。

第三节　我国渔业安全生产管理现状

一、我国渔业产业概况

我国拥有海岸线 18 000 千米，岛屿岸线 14 000 千米，渤、黄、东、南海四大海域总面积超过 350 万千米²，其中，水深 200 米以内的大陆架面积 150 万千米²，渔场面积 82 万千米²，浅海、滩涂面积 14 万千米²。我国内陆从南到北、从东到西江河纵横交错，湖泊、水库、池塘遍地分布，水域面积达 18 万千米²。其中，河流面积近 5 万千米²，湖泊面积 7 万余千米²，池塘面积近 3 万千米²，水库面积 2 万余千米²，我国拥有丰富的水域资源，为发展渔业提供了极为有利的物质基础。

改革开放以来，特别是 1985 年中共中央、国务院《关于放宽政策，加速发展水产业的指示》发布后，我国水产品率先放开价格，全面走向市场，渔业经济发生了历史性的变化，全国渔业经济呈现出良好的运行态势，特别是近几年，渔业产业结构调整取得了新的进展，养殖业持续稳定增长，捕捞业"零增长"目标顺利实现，水产品国内外贸易增势强劲，渔业经济增长的质量和效益得到提高，渔业在农业乃至国民经济中的地位和作用正日益增强。

据统计，至 2018 年末，全社会渔业经济总产值 25 864.47 亿元，其中渔业产值 12 815.41 亿元，渔业工业和建筑业产值 5 675.9 亿元，渔业流通和服务业产值 7 373.97 亿元。其中，渔业流通和服务业中休闲渔业产值 902.25 亿元，同比增长 18.03%。三个产业产值的比例为 49.6：21.9：28.5。

渔业产值中，海洋捕捞产值 2 228.76 亿元，海水养殖产值 3 572.00 亿元，淡水捕捞产值 465.77 亿元，淡水养殖产值 5 884.27 亿元，水产苗种产值 664.62 亿元。

渔业产值中（不含苗种），海水产品与淡水产品的产值比例为 47.7：52.3，养殖产品与捕捞产品的产值比例为 77.8：22.2。

据对全国 1 万户渔民家庭当年收支情况调查，全国渔民人均纯收入 19 885.00 元，比上年增加 1 432.22 元、增长 7.76%。

全国水产品总产量 6 457.66 万吨，比上年增长 0.19%。其中，养殖产量 4 991.06 万吨，同比增长 1.73%；捕捞产量 1 466.60 万吨，同比降低 4.73%；养殖产品与捕捞产品的产量比例为 77.3∶22.7。海水产品产量 3 301.43 万吨，同比下降 0.61%；淡水产品产量 3 156.23 万吨，同比增长 1.04%；海水产品与淡水产品的产量比例为 51.1∶48.9。

二、渔业安全生产管理的法律依据

对渔业安全生产进行有效的监督与管理主要依据涉及渔业安全生产的法律法规。目前我国颁布的与渔业安全生产有关的法律法规主要有《中华人民共和国渔业法》《中华人民共和国渔业法实施细则》《中华人民共和国安全生产法》《渔业航标管理办法》《中华人民共和国生产安全事故报告和调查处理条例》《中华人民共和国海上安全交通法》《中华人民共和国渔港水域交通安全管理条例》《中华人民共和国渔业船舶水上安全事故报告和调查处理规定》《中华人民共和国渔业船员管理办法》《渔业行政处罚规定》《中华人民共和国渔业港航监督行政处罚规定》《渔业捕捞许可管理规定》《中华人民共和国远洋渔业船舶检验管理办法》《中华人民共和国渔业船舶登记办法》等。

渔业安全生产法律法规是渔业法律法规体系的主要内容，也是国家安全生产法制建设的重要组成部分。随着我国社会主义法制进程的加快和市场经济体制建设的不断完善，我国渔业安全生产管理制度逐步走上法制化轨道，已形成较为完善的渔业安全法律法规体系，对我国的渔业安全生产和管理发挥了重要的作用。

同时，各地区为了加强渔业安全生产管理，维护渔业生产秩序，保障渔业职工、渔民生命安全和国家、集体、个人财产不受损失，促进渔业生产发展，根据《中华人民共和国渔业法》和《中华人民共和国渔港水域交通安全管理条例》等法律法规，结合各省市实际，制定《渔业安全生产管理规定》。

三、渔业安全生产管理体制建设

1. 渔政渔港监督管理机构变迁　中华人民共和国成立后，为大力开发利用渔业资源，加强对渔业资源的繁殖保护，从中央到地方都设立了专门的渔业资源及生产管理的机构。1953 年农业部水产管理总局下设渔政科，此后各级渔政管理机构也相继建立起来。当时渔政管理机构的主要工作任务是组织生产、发放渔业贷款、供应渔盐、防风救灾等。20世纪 50 年代中期，渔业资源过度开发的状况日趋严重，沿海国有渔船与群众渔船、拖网作业与定置网作业的矛盾也日益突出，日本渔船大批涌入我国近海捕鱼，挤占我国传统渔场。面对这些情况，为保护渔业资源，维护正常的渔业秩序和国家的渔业权益，1956 年水产部设立了渔政司，其职能是专司保护渔业资源、加强渔船管理、解决重大渔事纠纷、发放涉渔贷款、征收渔业税费、研究渔区收益分配经济政策等，我国的渔政管理自此起步，并初步显露成效。1958 年至 20 世纪 70 年代中期，在当时的社会环境影响下，盲目追求高产，违反利用渔业资源的客观规律，过大的捕捞强度对渔业资源造成了巨大的损害。特别是由于历史原因，渔业法规的执行被视为"管、卡、压"受到批判。渔政管理机构被撤销，渔业资源保护和渔船、渔港安全管理等工作都处于无序状态。

在认真总结经验教训的基础上，根据渔业生产的特点，1978 年开始恢复建立各级渔政管理机构，同时启动了渔业法制建设，明确了渔政管理机构的执法职能，使渔政管理工作得到迅速恢复和发展。1978 年国家水产总局设置渔政局，主管渔业资源繁殖保护、渔业电讯、港航安全和渔船检验工作。1979 年国务院颁布《中华人民共和国水产资源繁殖保护条例》后，沿海各省（区、市）渔业主管部门先后设立了渔政处、渔港监督处、渔船检验处和电信处等机构，全国重点港口建立了 247 个渔港监督站，在渔船比较集中的渔港设立了 43 个渔船检验站。1982 年 7 月，农牧渔业部设渔政渔港监督管理局，对外称"中华人民共和国渔政渔港监督管理局"，下设渔政管理处、渔港监督安全处、渔船检验处、渔业电讯处、渔业环境保护处和办公室。1983 年 9 月，黄渤海、东海和南海 3 个海区渔业指挥部划归农牧渔业部，对外同时使用海区渔政分局与海区渔业指挥部两个名称。1984 年，在秦皇岛、沈家门、南通、珠海分别设立海区渔政分局直属 4 个渔政管理站；在黑龙江、吉林、辽宁三省边境地区跨国界水域设立了 4 个边境渔政管理站（于 1999 年分别划归黑龙江、吉林、辽宁三省渔业行政主管部门管理）。1990 年海区渔政分局改名为海区渔政局。

1988 年 4 月农牧渔业部改名为农业部，1989 年 5 月农业部水产局改名为水产司，保留渔政渔港监督管理局，成立渔船检验局负责渔业船舶检验管理工作，对外名称为"中华人民共和国船舶检验局渔船分局"。1993 年水产司和渔政渔港监督管理局合并为渔业局，保留"中华人民共和国渔政渔港监督管理局"的对外机构名称，对外代表国家行使渔政渔港监督管理权。1996 年农业部黄渤海海区、东海区、南海区渔政局改名为农业部黄渤海海区、东海区、南海区渔政渔港监督管理局，对外称"中华人民共和国黄渤海海区、东海区、南海区渔政渔港监督管理局"，负责渔业资源保护和管理，保护渔业水域生态环境和水生野生动植物，代表国家行使渔政和渔港监督管理权。同年，3 个海区渔政渔港监督管理局分别设置了渔港监督处。

1997 年国务院批准的农业部"三定"方案中保留 1993 年确定的渔政渔港监督管理体制。1999 年 7 月，农业部发出了《关于加强渔业统一综合执法工作的通知》（农渔发〔1999〕6 号），要求各地按照《中华人民共和国渔业法》确定的"统一领导、分级管理"的原则，强化统一行政执法职能，建立一支高素质、规范化、统一的渔业综合执法队伍，以更有效地行使国家法律赋予的渔政渔港监督管理职能。为加强渔业行政执法工作，2000 年经中央机构编制委员会办公室批准成立了农业部渔政指挥中心（对外称"中国渔政指挥中心"）。

2008 年，农业部渔业局（中华人民共和国渔政渔港监督管理局）对外更名为"中华人民共和国渔政局"，农业部黄渤海海区、东海区、南海区渔政渔港监督管理局改名为农业部黄渤海海区、东海区、南海区渔政局。

2013 年重新组建国家海洋局前，我国在海上拥有行政执法权力的部门包括海监、海事、海关、渔政和公安边防等。各个涉海机构分别隶属海洋、交通、海关、农业、公安、环境等系统，各自管辖的领域包括海洋的使用、海上船舶和建筑物安全、渔业、环境保护等。各个部门分工虽然大致明确，但职权上仍存在一定重叠区域。多头管理的现状，给"管海""用海"的具体工作带来很多不便。从对外维护海洋权益的角度看，多个部门同时"管海"，反而分散了国家投放于海洋事业的资源——人力、财力、装备、基础设施甚至行政资源，从而导致不能形成拳头重击侵害我国海洋权益行为。因此，面对这种被动局面，统一海上执法力量，尽快建立中国海岸警卫队的呼声一浪高过一浪。2013 年 3 月 14 日，第十二届全国人民代表大会第一次会议审议通过了《国务院机构改革和职能转变方案》，决定重新组建国家海洋局："将现国家海洋局及其中国海监、公安部边防海警、农业部中国渔政、海关总署海上缉私警察的队伍和职责整合，重新组建国家海洋局，由国土资源部管理。主要职责是拟订海洋发展规划、实施海上维权执法、监督管理海域使用、海洋环境保护等。国家海洋局以中国海警局名义开展海上维权执法，接受公安部业务指导。"为此，中国渔政指挥中心和农业部黄渤海区、东海区、南海区渔政局划转中国海警局。2013 年 7 月 22 日，重组后的国家海洋局和中国海警局正式挂牌，中国海警局正式成立。

2014 年 1 月 20 日，根据《中央编办关于农业部有关职责和机构编制调整的通知》（中央编办发〔2013〕132 号）和《农业部关于有关司局加挂牌子及更名的通知》（农人发〔2013〕9 号）要求，农业部渔业局更名为农业部渔业渔政管理局，明确"中华人民共和国渔政局"的名称不再使用。

2014 年 10 月 1 日，农业部正式成立长江流域渔政监督管理办公室（简称长江办），是我国第一个内陆流域性渔政监督管理机构，也是农业部设立的首个派出行政机构，职责是进一步加强内陆渔政管理，主要负责黄河流域以南相关流域、重要水域和边境水域的渔政管理、水生生物资源养护等工作，覆盖长江、珠江、雅鲁藏布江、淮河、澜沧江、怒江、闽江、钱塘江等流域和边境水域以及鄱阳湖、洞庭湖、太湖、纳木错湖、巢湖等湖泊，涉及上海、江苏、浙江、安徽、福建、江西、河南、湖北、湖南、广东、广西、海南、重庆、四川、贵州、云南、西藏、陕西、甘肃、青海等 20 个省区市。

2018 年 6 月 22 日，为了贯彻落实党的十九大和十九届三中全会精神，第十三届全国人民代表大会常务委员会第三次会议通过《全国人民代表大会常务委员会关于中国海警局行使海上维权执法职权的决定》，决定按照党中央批准的《深化党和国家机构改革方案》和《武警部队改革实施方案》决策部署，海警队伍整体划归中国人民武装警察部队领导指挥，调整组建中国人民武装警察部队海警总队，对外称中国海警局。同期，农业部渔业渔政管理局也更名为农业农村部渔业渔政管理局。当前，渔业海上执法以底拖网禁渔区线为界，外侧由中国海警局统一履行海上维权执法，内侧则由农业农村部渔业渔政管理局负责，属于多部门协同机制。

由于渔政管理机构名称不断变化，各个时期出台的法律法规中行使渔政管理主管机关的名称也不一样，如《中华人民共和国渔港水域交通安全管理条例》为渔政渔港监督管理机关，《中华人民共和国船舶进出渔港签证办法》为渔港监督机关，《中华人民共和国渔业港航监督行政处罚规定》和《中华人民共和国渔业船舶登记办法》的主管机关为渔政渔港监督管理机构，实施机关为渔港监督机构等。加上目前各地机构改革后的名称也不尽一致，有地区以渔政执法机构对外行使渔政渔港监督管理或渔港监督管理的相关职能，为便于描述，按照法定的名称，本书统一使用"渔政渔港监督管理机构"。

2. 渔业安全监管职能 渔业安全监督管理，是指国家通过建立渔业安全生产监督管理组织体系，对渔业安全生产工作进行领导、指导与监督，协调与渔业安全生产相关的组织和个人的活动，强化责任落实，不断推动监督管理方式创新，有效提高监督管理能力，控制渔业水上安全事故的发生，实现渔业安全生产目标的过程。

1956 年，由水产部门统一负责监督管理渔业船舶的水上交通安全工作以来，我国渔业安全生产监督管理机构从无到有、从小到大。尤其是《中华人民共和国安全生产法》颁布实施以来，各级政府、渔业行政主管部门及其渔政渔港监督管理机构，在监督管理体制改革、法制建设、事故责任追究、深化专项整治以及监督管理资金投入等方面做了大量的工作，取得了一定成效，并形成了在各级人民政府领导下，以渔业行政主管部门及其渔政渔港监督管理机构为主，包括渔船检验、渔业无线电管理在内的渔业安全监督管理组织体系，具体承担渔业安全生产监督管理职责。乡镇政府及渔业村（居）委会是渔业安全生产监督管理的关键环节，渔业安全生产的许多法律法规和有关方针政策必须依靠乡镇政府与渔业村（居）委会宣传及贯彻落实。

虽然我国渔业安全监督管理组织体系已基本建立，并积累了一定的经验，但目前还有不少地方仍存在着渔业安全监督管理责任不够明确、职能交叉、权责不清等问题，影响渔业安全管理工作开展的一些体制性、机制性障碍仍然存在，齐抓共管的安全监督管理格局尚未全面形成，这些都制约着渔业安全管理工作的有效开展。

四、渔业安全生产管理概况

我国渔业安全生产管理以渔业船舶、设施、人员和其他进出我国沿海渔港和渔港水域的船舶、设施、人员以及船舶、设施的所有者、经营者为渔业安全生产管理的对象，并在安全生产管理工作中坚持"安全第一，预防为主"的方针，坚持"管生产必须管安全"的原则。各级人民政府及其主管机关和渔业生产经营单位、渔业船舶所有人或经营人等正在积极推行渔业安全生产责任制，完善各种规章制度，加强对渔工渔民的技术培训和遵纪守法、安全生产教育，推进责任强"安"、科技兴"安"、宣教促"安"。

为责任强"安"，作为渔业安全生产监管主体，县级以上人民政府渔业行政主管部门及渔业乡（镇）人民政府及有关部门，按照"党政同责、一岗双责，权责一致、齐抓共管，失职追责、尽职免责"和"三个必须"要求，正在层层压实责任、层层传导压力，进一步健全落实渔业安全生产责任制。各地区根据当地管理现状，依法依规逐步建立符合自身实际的渔业安全生产监管权力和责任清单，形成了在各级人民政府领导下，以渔业行政主管部门及其渔政渔港监督管理机构为主，包括渔业安全检查和渔业无线电管理在内的渔业安全监督管理组织体系，具体承担渔业安全生产监督管理职责，负责本辖区内渔业安全生产工作。通过采取措施，引导船东、船长和其他涉渔经营主体自觉强化安全生产意识，完善安全生产管理制度，加强船员管理和培训教育，依法依规配备救生防护设施设备，加强监管执法，加大处罚力度，严厉打击违法违规行为，达到不断提升安全生产能力的目的。作为渔业安全生产责任主体，渔业生产经营单位、渔业船舶所有人或经营人、渔业从业人员等应设立渔业安全生产领导机构，由主要负责人任组长，分管负责人任副组长，下属单位负责人任成员，负责本公司的渔业安全生产工作，各下属单位也要成立相应的机构。

为科技兴"安"，主要采取加大渔业安全生产科技研发和先进技术示范推广力度，加快信息技术在渔业安全生产领域的应用。鼓励高等院校、科研院所开展渔业安全科技研究，促进渔业安全生产技术创新和成果转化应用。大力开展渔业安全生产管理基础理论研究，推动管理理念和管理方式创新，提升监管水平。加强渔业电信管理，规范渔船"九位码"申请和发放，依法开展渔业岸台基站频段监测，不断优化岸台布局。加快推进渔船渔港动态监控管理系统异地容灾备份项目建设，加强渔船动态监控，推动科技化渔港建设。指导渔船做好船舶防碰撞系统、救生筏等安全设备配备和使用，严厉打击关闭通导设备等违法违规行为。

为宣教促"安"，地方各级政府和渔业行政管理部门通过安全生产教育和宣传，营造安全生产舆论氛围，增强渔业从业人员的安全意识和专业技能。因为事故大多数都是由人的不安全行为造成的，这些不安全行为具体表现为安全知识不够、安全意识不强、安全习惯不良等，通过安全生产教育和宣传，使渔业从业人员加深对渔业安全工作的认识，提高安全生产意识，掌握渔业安全生产知识和安全技能，防范和减少渔业船舶水上安全事故的发生。

五、当前影响渔业安全生产的主要因素

1. 极端天气事件对渔业安全生产的威胁加大　自然灾害一直是人们生产活动中最大危害之一，在渔业上更是体现明显，受各种因素的影响，全球气候变暖，洪涝、干旱、热带气旋、风暴潮、龙卷风等灾害性事件频繁发生，不但对渔船、渔港、养殖设施等造成重大损失，还对渔民人身安全造成严重威胁。近年来，随着全球气候变暖，台风、洋流等极端天气明显增多，这些极端天气对海洋渔业作业造成巨大的威胁，尤其是台风天气，不但对近海及远洋渔业捕捞造成巨大的困扰，也对近海养殖造成巨大的损失，严重威胁人们的人身及财产安全。极端天气的发生往往具有突发性及不可预知性，使得海洋渔业生产具有不确定性，管理难度也相应提升。近几年，登陆我国的热带气旋等比往年偏多，其他各类极端天气也呈多发态势，渔业防灾减灾任务十分艰巨，安全生产工作面临着严峻考验，进一步提高海洋渔业抵御自然灾害和应对突发公共事件的能力尤显迫切。

2. 安全基础设施投入不足，配套服务落后　近年来各级财政加大了对渔业的扶持力度，但由于历史欠账较多，涉及面较广，国家在海洋渔业安全生产方面的投入与我国经济社会发展和渔民需求还存在着较大差距。例如，我国渔港建设规模偏小、数量不足、标准偏低，目前基础设施较好、避风能力较强的一级以上渔港仅能容纳约40%的渔船停靠避风。不少地方在进行渔港建设时，受建设资金规模的制约，无法做到将渔港消防、导航等安全设施建设与渔港基础建设同时设计、同时施工、同时投入使用，投入重点侧重于生产，尚不能完全有效发挥保障渔业安全生产的作用。以渔业航标为例，目前，我国渔业航标覆盖率较低，尚达不到一港一标，且建管脱节，保养乏力，现有渔业航标中，近20%不能正常发挥作用，对渔船进出渔港航行安全带来极大隐患。据不完全统计，2004—2006年，全国因航标不正常而导致渔船发生的触礁、搁浅事故达508起，死亡（含失踪）197人，直接经济损失达2 139万元。

3. 从业人员素质偏低，安全意识薄弱　截至2018年底，全国渔业人口1 878.68万人，传统渔民为618.29万人，渔业从业人员1 325.72万人，专业从业人员为720.58万

人。渔民特别是捕捞渔民一般没有土地（或者很少），也没有纳入基本的社会保障范围，生活成本高于农民，是我国农村社会的弱势群体。部分渔民居无定所，受教育的机会少，文化素质相对较低，安全防范意识、风险保障意识以及安全生产法制观念等比较薄弱，重生产、轻安全现象普遍存在。渔民自愿参加安全生产技能培训的积极性不高，接受职业安全技术培训和安全知识教育还不够，渔业船舶职务船员持证率和普通船员技能合格持证率偏低的问题仍然比较突出。在船员中，对于小型船舶的船员，其文化水平不高，有些甚至不熟悉水性，船员培训不正规，遇到突发的紧急情况应变能力不强。近年来，沿海渔业经济快速发展吸引了大量内陆农村非渔劳动力涌入，渔民的流动性增大，许多未经培训或未取得渔业专业技能合格证书的人员擅自上岗作业，加大了安全管理的难度。海洋渔业危险性高，劳动强度大，生产作业是比较艰苦的，但是很多渔民的自身素质不高，对海洋捕捞的安全性认识不足。一些日渐富裕的渔民开始招聘外来人员出海，这些外来务工人员缺少专业的技能培训，对于海上生产的知识认识不足，没有经过专业的培训，缺少海上生产的安全常识知识，有些渔民在生产作业时不按照规定穿戴救生衣，使渔民在遇到危险时缺少自救和互救的能力。还有些地区存在家庭渔船的情况，为减少支出形成家庭经营，吃住全部都在船上，与外界接触不多，如果出现问题后果将极为严重。

4. 渔船量大面广，安全隐患较多 渔船是渔民从事生产作业最基本的工具，其适航状况直接关系到渔民生命财产安全。据统计，2018年末，全国共有海洋机动渔船23.30万艘，其中大中型渔船7.7万艘，超过2/3的渔船是小型机动渔船，且这部分渔船大都存在船体陈旧、设备老化等问题，安全隐患较多。随着海洋资源的减少、捕捞成本增多、收益不足，一些渔民为了增加自身的收入减少投入，渔船设备的日常维护保养等资金不足，安全救生设备更新不及时，设备老化陈旧，缺少安全保障的能力。还有不少渔船船东擅自降低救生、消防、通信、导航、号灯号型等设备配备标准，加之船舶维修保养不及时，严重影响了渔船的整体安全性能。尽管我国已经颁布实施了一系列渔船管理规范，加大了对渔船安全的监管力度，但制度的实际执行与预期目标之间仍存在一定差距。此外，渔船频繁交易、"三无"（无船名号、无船籍港、无船舶证书）和"三证"不齐船舶（指缺少船舶登记证书、检验证书或捕捞许可证中一项或两项的渔船）的存在、渔船老化等问题，使渔船安全管理工作难度进一步加大。

5. 渔业安全监管力量不足，管理模式落后 目前，全国从事渔业安全监管工作的人员缺乏，执法装备比较落后，部分机构性质仍属差额拨款或自收自支的事业单位，执法经费存在较大缺口，一些监管措施难以完全落实到位。且现阶段渔业安全管理的模式还比较落后，仍主要以事后追究为主，手段单一，发生和处理事故时往往忙于应付、疲于奔命，头痛医头、脚痛医脚，缺乏对安全管理工作的长远谋划，工作的前瞻性不强，源头控制和过程控制不够，调查研究、理论分析水平还较弱，处理复杂问题和应对突发事件的能力有待进一步提高。

另外，渔业生产资料是私人投入的，并且属于私人所有，集体组织无法有效地驾驭。尽管船只在村组织名下，属于村级组织管理，但是也只能提供作证、账务等服务，从法律上讲管理权利义务不明确。海洋渔业是分散流动作业，尽管政府要求由村级组织对渔船进行管理，但是实际安全生产管理难度大，即使本村的渔船出现了安全事故，也不负有法律责任。我国的渔民自律组织发展滞后，服务渔民的手段、能力和意识不足，在渔业企业和渔民中的影响力不大，民间组织自我管理、自我约束的作用尚未得到充分发挥。

6. 渔业生产组织化程度下降，风险保障能力弱化　计划经济时期，渔业经济所有制形式以集体所有制为主，收益和风险都由集体承担，具有资金和人员相对集中的优势。改革开放以来，海洋渔业生产经营模式发生转变，从原来单一的全民、集体所有制向个体承包、股份经营等多元化经济结构方式转变，虽然在一定程度上刺激了渔业经济的快速发展，但生产经营规模小、组织化程度低的特点，使得管理难度加大，也降低了渔业生产抵御灾害和事故的能力。另外，随着近海资源衰退，柴油等生产资料价格不断上涨，捕捞渔业生产成本大幅增加，渔业企业及船东受经济利益的驱使，忽视安全生产，对渔船维护保养、安全设施的配备不重视，渔船危害作业时有发生，从业人员缺乏必要的安全技能培训，增加了安全生产隐患。

7. 新海洋制度的实施和海上运输业的发展给渔业安全生产带来严重影响　随着新的国际海洋制度的实施，中日、中韩、中越北部湾双边渔业协定已陆续签署、生效，大量渔船被迫退出传统作业渔场，回到我国一侧水域作业。加之改革开放以来对外贸易和航运业的迅猛发展，进出我国沿海港口的客货轮日益增加，渔船传统作业，以及渔场与商船习惯航线交叉重叠，大大增加了渔船与商船碰撞风险。渔船与商船碰撞事故是造成人员伤亡的主要原因，也已成为渔业主管部门重点防范的事故类型。

第四节　国际渔业安全生产管理现状

海上捕捞生产被认为是世界上最危险的行业之一。国际劳工组织估计在世界范围内捕捞渔业每年有 24 000 起安全事故发生。美国每年因渔业安全事故造成的人员死亡率为每10 万人死亡 160 人，是其他行业的 25～30 倍；加拿大的渔业事故人员死亡率为每 10 万人死亡 25 人，是其他行业的 3.57 倍；芬兰的渔业事故人员死亡率为每 10 万人死亡 207人，是其他行业的 69 倍。

除了海上自然环境条件因素外，渔船本身的安全性能、船上安全设施设备的装备、渔船船员的配员、渔业船员的安全技能等因素是影响渔业安全生产的重要基础因素。因此，尽管其他渔业管理政策，如配额管理等，也会对渔业生产安全产生影响，联合国粮食及农业组织（以下简称 FAO）集中开展的案例研究已证明了这一点。在世界范围内，保障或改善渔业安全生产仍主要通过以下方式实现：一是建立和实施渔船设计、建造和装备的规则；二是规范船员培训和发证。因此，以保障渔船生产安全为目标的管理，主要涉及渔船设计、建造和设施装备等渔船本身的安全条件，以及渔业船员配员及安全技能培训两个基本方面。

FAO 的《负责任渔业行为守则》对渔业安全生产提出了原则性要求，涉及 3 个方面：

① 船旗国应当按照国际公约、国际商定的行为守则和自愿遵守的准则，确保遵守为渔船和捕捞人员制定的适当的安全规定。各国应当为这类国际公约、守则和自愿遵守的准则未涉及的所有小渔船做出适当的安全规定。

② 船旗国应当促进渔船的船主和租船主参加保险。渔船船主或租船主的保险应当足以保护渔船船员及其利益、对第三方的损失或破坏做出赔偿并保护他们自身的利益。

③ 各国在设计和建造港口和卸鱼场所时，应特别考虑为渔船提供安全的避风港。

渔业安全生产主要通过各国自行实施，尤其是对于大量在近岸海域和内陆水域作业的渔船。但是，为了给渔业安全生产提供统一的国际标准，促进有关国家提高渔业安全生产水平，FAO、ILO 和国际海事组织（IMO）开展了长期合作，致力于制定有关渔船和渔民安全准则和标准，例如《关于〈1977 年托雷莫利诺斯渔船安全国际公约〉的 1993 年托雷莫利诺斯议定书》、1995 年《渔船船员培训、发证和值班标准国际公约》、2005 年《渔民和捕捞渔船安全守则》（A 和 B 部分）、《小型渔船设计、建造和配备设备的自愿准则》以及 2007 年国际劳工组织的《2007 年渔业工作公约》（第 188 号）等。

通过对世界主要渔业国家如日本、挪威等地区的渔船管理介绍，总结其经验和教训，供渔船管理之借鉴。

1. 日本的渔业管理 日本的渔业管理具有明显的时代特征。第二次世界大战结束后，为了应对国民食品短缺局面，振兴渔业成了应急手段之一，用于捕捞渔业的渔船建造大规模铺开，且在短时期内恢复并超过了战前的渔船规模。但受到驻日本联合国总司令部的制约，日本渔船增加数量和作业渔场区域范围受到严厉的限制，减船、资源维护、渔场纷争等成为这一时期面临的主要问题。由于减船政策收效不理想，与美国达成讲和条约，进而开拓了海外渔场。20 世纪 50 年代中期至 20 世纪 60 年代中期，由于远洋渔业的兴起，日本渔业进入了迅速发展时期：渔船的设备和性能提高，捕捞技术进步，渔获物产量增加，渔民的收入显著增长。进入 20 世纪 70 年代以后，200 海里专属经济区的建立，使日本远洋渔业船队受到压缩，加上沿岸渔业资源衰退，减船问题又成为新时期的重大课题。

（1）日本渔船基本现状。2009 年，日本有捕捞机动渔船 28.99 万艘，总吨位 112.01 万吨，总功率 1 316.45 万千瓦。其中，海洋机动渔船 28.17 万艘，吨位 111.21 万吨，总功率 1 294.51 万千瓦，约占渔船总数量的 97.17%、总吨位的 99.29%、总功率的 98.33%；内陆水域机动渔船 0.82 万艘，总吨位 0.80 万吨，总功率 21.94 万千瓦，约占渔船总数量的 2.83%、总吨位的 0.71%、总功率的 1.67%。

（2）日本渔业管理的主要内容。

① 渔船规模控制管理。日本在渔船规模控制管理上，主要控制指标是渔船的主机功率和船舶吨位，以达到限制捕捞能力的目的。在功率控制方面，日本的控制措施是限制渔船主机的活栓口径。

为了有效地进行渔业管理，除了依据相关法规进行强制性管理外，近年来日本政府采取了一系列应对措施，包括通过渔船削减政策资金扶持、共用渔船使用扶助政策及对渔船船员进行培训等补助和援助，获取渔民的配合，以及实施捕捞配额制度、采取渔船轮休等措施，缓解捕捞强度对渔业资源恢复的压力。

② 渔船削减政策资金扶持。对渔船的小型化或缩小渔船队规模等进行支援。在进行该项事业的渔业协同组合中，对渔业人员的渔船拆解回收等所需费用给予一定的补贴。补贴对象包括渔业从业人员、渔业协同组合、渔业协同组合联合会、渔业生产组合及水产业协同组合。

③ 共用渔船使用扶助政策。为减少渔船数量，同时减轻捕捞从业人员的负担，早在 1981 年日本就制定了《水产业同和对策事业沿岸小型共同利用渔船设置及管理条例》，各

地方依据该条例又制定了本地的运营规则。规则主要对共同利用渔船的归属权、委托关系、使用人员资格、利用方法、检查监督管理及运营费用等项做了规定。

④ 捕捞配额管理。日本近年来在 TAC（Total Allowable Catch，总可捕量）制度的基础上，修正了《海洋生物资源保存及管理法》，制定了捕捞努力量（渔船出海作业日数的总和）的总量管理制度，称为 TAE（Total Allowable Effort，总允许捕捞努力量）制度。该制度形成的一个重要原因，是因为在为恢复渔业资源而进行的休渔或减船努力中，仍然存在着一些渔船无视规定继续作业甚至集中作业的情况。通过 TAE 制度的实施，以缓解捕捞强度对渔业资源恢复的压力，对减船措施将会是一种补充策略。

⑤ 渔船检验、登记管理。渔业船舶建造时，应同时申请船舶检验和船舶登记，但进行船舶登记时，必须在进行船舶吨位丈量工作完成后进行（船舶吨位丈量由船舶吨位测度官执行）。按照日本《渔船法》规定，农林水产大臣根据船舶船籍港的不同区域、机动渔船的不同种类，确定从事渔业（包括去渔场运输渔货物或其制品者）的机动渔船艘数、合计总吨位的最高限度或性能的标准。该项工作每年核定一次，并向社会公布。

2. 挪威的渔业管理

（1）挪威渔业渔船基本状况。挪威位于北欧斯堪的纳维亚半岛西北部，濒临挪威海，海岸线异常曲折绵长，大陆海岸线近 3 万千米，加上岛屿岸线总共近 10 万千米，专属经济区达 97 万平方千米。挪威地处大西洋暖流和北极寒流的交汇区，形成良好的渔场，是一个海洋渔业大国，渔业出口额在全国出口额中占 6% 以上，居第二位。2010 年挪威渔业总产量 368.33 万吨，其中海洋捕捞产量 267.53 万吨，占渔业总产量的 72.63%。

2010 年，挪威有 6 310 艘注册渔船，总吨位 36.6 万吨，总功率 125.4 千瓦，平均单船功率约 200 千瓦。2011 年渔船数略有减少，为 6 252 艘。

（2）挪威渔业管理有特色的制度。

① 渔业登记制度。挪威法律规定只有拥有渔船者才可从事捕捞作业，无渔船者不得入渔。任何捕捞作业的参加者均需登记注册，以便拥有一个唯一的注册号码。注册登记包括渔船登记、渔民登记、买方注册登记和加工厂注册登记。

按照渔船注册登记制度，要建造一艘新船须先申请许可证。每艘渔船的所有渔业许可记录都由当地的渔业管理机构全部输入渔业局的渔业管理数据库网络系统。根据船名或船舶登记号，也可用无线电呼号随时查到每条船的情况，包括船舶主尺度、建造年月、船体材质、主机型号、类别、缸数、马力、主机建造厂、船主、所持有的捕鱼执照等各种内容。

② 渔船监控系统。挪威于 20 世纪 90 年代末完成了渔船动态管理体系及渔船监控系统的建设。所有 24 米以上渔船、挪威在欧盟水域作业的 15 米以上的渔船都被要求安装卫星监控设备。同时，在该国专属经济区内作业的所有外国渔船也被要求配备卫星监控设备。挪威渔业局还基于渔业船舶船位监控系统开发了新的渔业管理功能，包括电子渔获、捕捞方式报告及电子航海日志等。从 2005 年开始，所有在挪威管辖水域作业的渔船都可以选择直接利用船位监控系统的数据传输功能，将信息传到渔业局的配额管理系统。

③ 渔船船员管理。挪威渔船船员管理涉及船员配置、培训、工作时间安排、安全操作等诸多方面，以下根据有关法令进行简要介绍。

　　《船舶、渔船和移动式海工结构的资格认证需求》规定了渔船船员资格认证制度，涉及船员的职责、船员培训及教育机构的质量系统，证书的签署、颁布及保管，基本的紧急状况准备和安全资格认证，其中包括安全性培训、紧急状况准备、语言培训、相关法律知识培训，还包括船员资格认证、特殊技术需求及船员职业能力证书要求。

　　《船舶配置规则》适用挪威渔船的管理。有关规定包括：渔船的工作时间、休息时间及工作时间安排；安全操作，包括作业细则、资格认证需求等；船员的数量及构成、上船资格、证书要求、作业区域、工作职责等。

　　《船上作业环境与健康安全》对渔船特种作业的安全保护性设备的使用做了规定。主要规定包括：当甲板上只有一人在操作时，必须佩戴保险带；危险区必须设置警示牌；渔船拖网设备等必须配备合适的安全装置以防事故发生等。

　　《船舶安全法案》对船舶安全性及安全管理进行了详细规定，包括船舶防污染措施、工作环境、作业条件及公众监督等。特别是对于渔船，对其作业时间及工作时间也进行了规定。

　　《船舶运营规则》规定了船舶的监控、控制及认证，以及舱室的控制安排、辅助性和功能性的操作等。

第二章
渔业安全生产管理法规体系

第一节 法规的发展现状与体系结构

一、我国渔业安全生产法规的发展现状

渔业安全生产法律法规是指在渔业经济活动中，用来调整渔业从业人员的安全与健康，以及渔业生产资料和渔民财产安全保障有关的各种社会关系的法律规范的总和。渔业安全生产法律法规是渔业法律法规体系的主要内容，也是国家安全生产法制建设的重要组成部分。

随着我国社会主义法制进程的加快和市场经济体制建设的不断完善，我国渔业安全生产管理制度逐步走上法制化轨道，已形成较为完善的渔业安全法律法规体系，对我国的渔业安全生产和管理发挥了重要的作用。中华人民共和国成立后，我国渔业安全生产法制建设从起步到逐步完善的过程可分成4个阶段。

1. 起步阶段（1949—1966 年）　中华人民共和国成立初期，国家建设处于百废待兴时期，中央和地方各级人民政府积极采取措施，恢复和发展渔业生产，从 20 世纪 50 年代开始，国务院和国务院渔业行政主管部门陆续发布了一些渔业法规。由于我国渔业捕捞生产的主要力量集中在国有捕捞企业，渔业安全法制建设工作起步较缓，农业部、内务部于 1954 年 4 月 29 日联合颁布的《关于加强渔民救济工作的通知》（内救农〔54〕字第 30 号），提到针对捕捞淡季或遭遇热带气旋等自然灾害时如何解决渔民生产、生活上的困难，涉及的仅是渔民救济问题，没有专门调整渔业安全生产管理的规范性法律文件。渔业安全生产监督管理工作主要参照 1956 年 5 月 25 日国务院全体会议第二十九次会议通过并颁布的《工厂安全卫生规程》和《工人职员伤亡事故报告规程》，以及 1963 年 3 月 30 日国务院颁布的《关于加强企业生产中安全工作的几项规定》和《国营企业职工个人防护用品发放标准》等几个规范性文件。

上述渔业法规的颁布和实施对促进渔业生产、保护渔业资源起到了一定的作用。但是，这一时期我国渔业生产力较低，渔业政策以恢复和发展渔业生产力为主导，对渔业管理存在认识上的局限性，加上当时不重视法治工作，渔业法治建设尚处于初始阶段。表现为：一是法规效力等级较低，主要是政府的行政命令、通知以及试行办法、条例草案等，缺乏渔业基本法方面的立法；二是渔业立法的范围小、内容单一，主要限于海洋捕捞业，且主要是技术性管理措施，如渔业发展及管理的指导思想和理念的形成，尽管国家已经意识到渔业资源需要保护利用，但仍缺乏系统的法律制度，仅仅在水资源繁殖保护方面进行了较为系统的立法，且停留在草案阶段；三是立法比较零散，主要针对某些捕捞作业方式和部分资源种类的管理，全面而系统的渔业管理法制体系尚无从谈起。

2. 停滞阶段（1966—1978 年）　由于受到当时特殊的国内政治环境的影响，我国的安全生产法律法规建设几乎停滞，已有法律法规的执行也受到影响，国家安全生产秩序处于比较混乱的状态。在渔业领域，我国渔业立法基本处于停顿状态，没有进行重大的渔业立法工作，而且原有的法律制度受到一定的破坏。并且受到长期以来"重生产、轻管理，重海洋、轻淡水，重捕捞、轻养殖"等错误观念的影响，捕捞能力失控，渔业资源和渔业水域生态环境遭到破坏，给渔业生产的可持续发展和安全生产管理带来了一系列的困难和不利。这一阶段仅仅出台了两项涉及渔业安全生产管理的规范性文件：一是 1975 年 1 月 15 日国务院发布的《国务院批转农林部关于加强海洋渔业气象服务的报告的通知》。当时我国的海洋捕捞业正由沿海向外海拓展，在外海从事海洋捕捞生产渔船的规模越来越大，渔民数量也越来越多。但在外海生产的捕捞渔船吨位不大，抗风能力较弱，加之航程增加，考虑到原有的收听近海渔场 24 小时气象预报会造成渔船在遇有大风天气来不及回港避风，因此国务院规定将气象部门提供的外海渔场气象预报由原来的 24 小时增加到 48 小时，使渔民能在大风来临前及时返港或者避风，以避免和减少海上安全事故的发生。二是 1975 年 4 月 17 日农林部发布的《关于渔船统一编号的通知》，规范渔船船名号，解决当时大多数渔船无法识别的问题，以利于统一组织、调度和指挥。

3. 恢复发展阶段（1978—1990 年）　十一届三中全会以后，作为改革开放的重要内容，我国开始了依法治国的历史进程，立法环境大为改善，我国制定了一大批自然资源方面的法律法规。在渔业方面，由于渔业领域率先放开市场，水产品价格实行市场调节，渔业经济得到了快速发展，成为沿海地区农业农村经济中发展较快的产业。这一阶段，我国渔业立法得到了恢复和加强，渔业法律法规建设取得了巨大进展，1986 年 1 月 20 日，中华人民共和国第六届全国人民代表大会常务委员会第十四次会议通过了《中华人民共和国渔业法》，并于同年 7 月 1 日起施行。此后，在渔业资源、生态环境、渔政渔港监督管理和渔船检验等方面也相继出台了一些规范性法律文件，其中，涉及渔业安全的有《渔船作业避让条例》《中华人民共和国渔业海员证管理使用规定》《海洋捕捞渔船管理暂行办法》、农牧渔业部《关于加强对进口旧渔业船舶的技术监督管理的通知》、农牧渔业部《关于立即坚决制止买卖报废渔轮的紧急通知》《关于做好远洋渔船检验发证工作的通知》《中华人民共和国船舶进出渔港签证办法》《中华人民共和国渔港水域交通安全管理条例》等。特别是 1989 年颁布的《中华人民共和国渔港水域交通安全管理条例》，明确了国家渔政渔港监督管理局履行渔港水域交通安全的监管职责和渔业船舶间交通事故的调查处理职责，为开展渔业安全管理工作提供了重要的法律依据。

4. 逐步完善阶段（1990 年至今）　20 世纪 90 年代以后，渔业发展的内外部形势发生了重大变化。在渔业基本经济制度方面，改革开放以后至 20 世纪 90 年代中期，我国渔业捕捞生产仍是以国有企业为主，政府承担着组织生产和监督管理的双重职能。在市场经济快速发展的推动下，随着计划经济向市场经济过渡，90 年代中期，我国海洋渔业生产经营体制发生了巨大变化，除大型国有海洋捕捞企业外，沿海地区进行了大规模渔船股份合作制改革，私营经济成为渔业经济主体，并出现了一次海洋捕捞渔船建造高峰，海洋捕捞能力迅速扩大，对管理要求不断提高；我国捕捞总产量极大增长，而渔业资源衰退趋势仍在持续。并且绝大部分乡镇集体所有制渔业企业在经过体制转换后，原有的集体经济企业改制成私有制、股份制企业。渔业安全生产特别是在海洋捕捞的安全生产管理工作上出现了许多新情况、新矛盾和新问题。

为适应新时期渔业安全生产工作的新要求，国家和地方人民代表大会结合渔业实际制定了大量的渔业安全管理法律法规及安全生产操作规程，渔业安全管理法制建设逐步走向系统化、全面化。2002年6月29日，第九届全国人民代表大会常务委员会第二十八次会议通过的《中华人民共和国安全生产法》，是我国安全生产领域内的第一部基本法。2003年，国务院颁布实施了《中华人民共和国渔业船舶检验条例》，进一步规范了渔船检验工作。这一时期颁布的其他涉及渔业港航安全的规章、规范性文件还有《中华人民共和国渔业船舶登记办法》《渔业船舶船名规定》《中华人民共和国渔业港航监督行政处罚规定》《中华人民共和国渔业海上交通事故调查处理规则（修正）》《渔船修造厂认可办法》《渔船船用产品检验规则》《渔业船舶航行值班准则（试行）》《中华人民共和国渔业船舶水上事故统计规定》《渔业捕捞许可管理规定》《渔业航标管理办法》等。另外，地方渔业安全立法也取得了进展，辽宁、山东、浙江、福建等地先后出台了渔船、渔港及渔业安全管理方面的地方性法规，为渔业安全管理工作提供了重要的法律依据。2008年，国务院办公厅印发了《关于加强渔业安全生产工作的通知》（国办发〔2008〕113号，简称《通知》）。《通知》坚持用科学发展观统领渔业安全生产工作全局，从我国国情出发，提出了新形势下渔业安全生产工作的总体要求和工作目标，明确了包括"加强渔业安全设施和装备建设、加强渔业安全管理与监督、提升渔业安全生产应急能力、强化渔业安全生产的保障措施、加强渔业安全生产的组织领导"等5个方面的措施和要求，体现了国家对渔业安全生产工作的高度重视，是指导当前和今后一个时期渔业安全生产工作的重要文件，也是渔业部门履行职能、发挥作用、加强管理的重要依据。《通知》的出台，对进一步提升我国渔业安全生产管理和保障能力、促进平安渔业发挥了重要的推动作用。

二、渔业安全生产法规体系结构

改革开放以来，我国渔业立法得到了很大的发展，初步形成了较完整的渔业安全生产法规体系，基本上符合我国渔业发展的形势需要，也适应了国际渔业法规的发展趋势。据不完全统计，目前我国已经制定和颁布的全国性和地方性渔业法律、法规和规章达千项，内容涵盖了渔业安全生产管理的各个方面，初步形成了层次结构完备、内容较为全面的渔业安全生产管理法规体系，对我国渔业安全生产发展发挥了重要作用。随着我国渔业经济和整个经济社会的快速发展，渔业发展的内部和外部环境在不断发生变化，我国渔业立法也处于调整和发展之中，并将日趋完善和健全。

我国已经形成较为完善的渔业安全生产法规体系，该体系以渔业安全生产方面的基础法律、专门法律、相关法律，安全生产的行政法规，地方政府颁布的地方性渔业安全生产法规，主管部门制定的渔业安全生产规章，地方政府制定的渔业安全生产规章，以及已批准的国际相关公约组成。本章以下内容将对重要的基础法律、专门法律和国际公约进行介绍。

第二节　基本法律

一、渔业基本法律

《中华人民共和国渔业法》（1986 年颁布后经 2000 年、2004 年、2009 年、2013 年 4 次修改）是我国渔业法规体系中的基本法，其内容涉及我国的渔业发展，包括养殖业、捕捞业、渔业资源保护和增殖、渔业监督管理等渔业生产和管理的各方面，是我国渔业生产发展和渔业管理最重要的法律依据。

《中华人民共和国渔业法》（以下简称《渔业法》）于 1986 年 1 月 20 日由中华人民共和国第六届全国人民代表大会常务委员会第十四次会议通过，当日由中华人民共和国主席第三十四号令公布，自 1986 年 7 月 1 日起实施。《中华人民共和国渔业法实施细则》于 1987 年 10 月 14 日经国务院批准，于 1987 年 10 月 20 日由当时的农牧渔业部发布。

《渔业法》自实施以来，对保护渔业资源、促进渔业发展、满足城乡居民的生活需求、维护国家渔业权益，发挥了重要的作用。但是，随着我国改革开放的深化和扩大，以及社会主义市场经济的初步建立，在我国渔业管理方面出现了一些新情况、新问题。此外，一些新的国际公约、协定规定的缔约国义务需要通过国内法来实施，尤其是 1996 年 5 月 15 日我国批准了《联合国海洋法公约》，并于 1998 年颁布了《中华人民共和国专属经济区和大陆架法》，我国与日本、韩国、越南相继签署双边渔业协定，使我国海洋渔业生产和管理的国际形势特别是周边海域的渔业管理国际形势发生了重大变化。为适应国内、国际渔业生产新形势的要求，2000 年 10 月 31 日，第九届全国人民代表大会常务委员会第十八次会议通过了《全国人民代表大会常务委员会关于修改渔业法的决定》，该修改决定当日由中华人民共和国主席第三十八号令公布，并于 2000 年 12 月 1 日起实施。《中华人民共和国行政许可法》于 2004 年 7 月 1 日生效实施后，2004 年 8 月 28 日，第十届全国人民代表大会常务委员会第十一次会议再次决定对《渔业法》中有关许可事项的条款进行修改（仅对第十六条第一款进行了修改），并于当日由国家主席公布，修改决定于公布之日起实施。随后，根据 2009 年 8 月 27 日第十一届全国人民代表大会常务委员会第十次会议《全国人民代表大会常务委员会关于修改部分法律的决定》，修改《渔业法》第十四条；根据 2013 年 12 月 28 日第十二届全国人民代表大会常务委员会第六次会议决议，修改《渔业法》第二十三条第二款。

按照立法要求和渔业管理的实际需要，《渔业法》应当包括以下内容：第一，立法目的、适用的对象和范围、渔业生产的基本方针、各级人民政府的职责和渔业监督的原则。第二，养殖业，规定我国养殖业的生产方针和养殖证、水产苗种管理等养殖业的有关管理制度。第三，捕捞业，规定我国捕捞业的生产方针和捕捞业的有关管理制度，包括捕捞许可制度、渔业捕捞限额制度等。第四，渔船与渔港安全，规定渔船检验、登记、安全生产、渔港管理等内容。第五，渔业资源与渔业水域生态环境保护，规定水产种质资源保护、对捕捞作业的限制、渔业水域生态环境保护等渔业资源和水域环境保护制度。第六，渔业监督管理，包括渔业执法人员执法规范等。第七，渔业违法行为及处罚。第八，附则，规定关于《渔业法》的实施细则的制定、实施办法和实施时间等方面的内容。

1.《渔业法》的立法目的 渔业立法的目的包括：加强渔业资源的保护、增殖、开发和合理利用，保护渔业水域生态环境，保障水产品有效供给，维护渔业生产者的合法权益，促进渔业可持续发展等几个方面。

（1）加强渔业资源的保护、增殖、开发和合理利用。渔业资源是渔业生产最基本的物质基础。保护和增殖渔业资源，防止渔业资源衰退和枯竭，是渔业生产得以可持续发展的根本保障。渔业资源是可再生自然资源，保护、增殖渔业资源是为了促进渔业资源的可持续利用，保证在开发与合理利用中，渔业资源能长期保持相对稳定，使渔业资源的开发利用能够产生最大的生态效益、经济效益和社会效益。

（2）发展人工养殖。发展人工渔业养殖是提高水产品产量、丰富人民膳食需求的重要途径之一。渔业资源具有有限性，这决定了通过捕捞天然渔业资源无法满足人们对水产品不断增长的需要，尤其是在我国主要的经济渔业资源种类已普遍处于捕捞过度状态、人民对水产品的消费需求越来越高的形势下，发展渔业养殖已成为我国渔业发展的一项重要任务，是增加水产品产量的必由之路。

（3）保护渔业水域生态环境。渔业水域生态环境是渔业赖以生存的空间。随着我国经济的快速发展，水域生态环境污染和破坏日趋严重，渔业水域面临生态荒漠化的严重威胁，渔业水域生态环境恶化已经成为新时期我国渔业稳定持续发展的主要制约因素。保护渔业水域生态环境是渔业法的目的之一。

（4）保障水产品的有效供给。渔业为人类生活提供丰富的蛋白质。近年来渔业资源短缺，需要大量渔业产品的供应，因此保障鱼类等水产品的有效供给是满足人民生活需要的必然要求。

（5）维护渔业生产者的合法权益。渔业生产者按照我国法律享有广泛的权利，但由于渔业生产的特殊性，这些权利可能受到侵犯。渔业立法的根本目的之一就是要维护渔业生产者的合法权益，这既体现在保护渔业生产者权利的规定上，也体现在渔业资源以及对渔业水域生态环境保护上，同时对调动渔业生产的积极性也起到一定的促进作用。

（6）促进渔业可持续发展，适应社会主义建设和人民生活的需要。对渔业进行立法的根本目的就是促进渔业生产的健康可持续发展。而发展渔业生产，提高渔业产品的产量和质量，既能满足人民对水产品不断增长的需要，也能对社会经济和文化建设做出贡献。发展渔业生产除了可直接提供水产品外，还可以促进食品、药品、机械、化学、电子仪器等工业的发展，拓宽社会劳动就业渠道，增加水产品出口，促进社会经济发展。

2.《渔业法》适用的效力 是指《渔业法》发生效力的地域范围、生效的时间和发生效力的对象。

（1）《渔业法》适用的地域范围。《渔业法》效力适用的地域范围包括中华人民共和国的内水、滩涂、领海、专属经济区以及中华人民共和国管辖的一切其他海域。

（2）《渔业法》生效的时间。目前我国渔业法是1986年发布，自1986年7月1日起生效；并于2000年、2004年、2009年、2013年进行了4次修改。

（3）《渔业法》发生效力的对象。在《渔业法》发生效力的地域从事渔业活动的任何单位或个人都受到《渔业法》的制约，都必须遵守《渔业法》的规定。外国人、外国渔业船舶进入我国管辖水域，从事渔业生产或者渔业资源调查活动，必须经国务院有关主管部门批准，也必须遵守《渔业法》和我国其他有关法律、法规的规定。但是与我国签署有条约、协定的国家，按照所签署的条约、协定的规定办理。

3.《渔业法》的主要内容

（1）我国渔业生产的基本方针。国家对渔业生产实行以养殖为主，养殖、捕捞、加工并举，因地制宜，各有侧重的方针，这是《渔业法》确定的我国渔业生产的基本方针。我国水域辽阔，渔业资源丰富，但在过去很长的时期内，由于重捕捞轻养殖、重海水轻淡水、重利用轻管理、重生产轻加工，使捕捞强度大大超过了渔业资源的承受能力，一些传统的渔业资源遭到严重破坏；而很多适宜渔业养殖的水域、滩涂尚未得到充分利用，养殖潜力尚未被充分发掘；同时，当前我国水产品加工的设备条件和技术水平还比较落后，大部分水产品还处于初级原料直接利用的水平，在产品深加工方面和国际水平相差还很大，这不利于水产品的增值和充分利用。而确定"以养殖为主，养殖、捕捞、加工并举"的方针，把渔业生产的重点引导到渔业养殖上来，同时强调水产品加工及安全生产的重要性，这一基本生产方针确定了我国渔业健康发展的正确方向，对促进渔业的可持续发展起到重要的推动作用。此外，由于我国地域广阔，各地自然条件差别很大，《渔业法》确定了"因地制宜，各有侧重"的发展方针，全国总体上的渔业生产以养殖为主，但各地区可充分考虑本地区的自然资源和生产条件的不同情况，因地制宜。

（2）渔业监督管理。

① 渔业监督管理的原则。国家对渔业的监督管理实行"统一领导、分级管理"方针。"统一领导"是指国家对渔业的监督管理进行统筹考虑，统一安排。"统一领导"是我国行政管理的民主集中制原则的基本要求。此外，渔业资源的洄游性和渔业生产的流动性决定了对渔业的监督管理特别需要统一的领导和协调，这样才能保证渔业监督管理工作的正确、有效开展。国务院渔业行政主管部门主管全国的渔业工作。因此，国务院渔业行政主管部门对我国的渔业监督管理行使统一领导权。

"分级管理"是指各级人民政府对所辖水域的渔业实行监督管理，这既有利于调动各方面的积极性，也有利于各级人民政府在国家的统一领导下，根据所管辖行政区域的渔业水域自然环境条件和渔业资源状况，因地制宜地实施渔业监督管理权。县级以上地方人民政府渔业行政主管部门主管本行政区域内的渔业工作，因此，县级以上地方人民政府渔业行政主管部门在本行政区域内实施渔业监督管理权。

② 各级人民政府渔业监督管理的范围。《渔业法》还进一步规定了各级人民政府渔业监督管理的管理范围：

海洋渔业，除国务院划定由国务院渔业行政主管部门和其所属的渔政监督管理机构监督管理的海域和特定渔业资源渔场外，由比邻海域的省、自治区、直辖市人民政府渔业行政主管部门监督管理。

江河、湖泊等水域的渔业，按照行政区划由有关县级以上人民政府渔业行政主管部门监督管理；跨行政区域的，由有关县级以上地方人民政府协商制定管理办法，或者由上一级人民政府渔业行政主管部门及其所属的渔政监督管理机构监督管理。

③ 对渔业行政主管部门及其所属的渔政监督管理机构和渔业行政工作人员的约束性规定。为规范渔业行政主管部门及其所属的渔政监督管理机构和渔业行政工作人员的渔业

行政监督管理行为，加强对渔业行政监督管理的监督，渔业行政主管部门和其所属的渔政监督管理机构及其工作人员不得参与和从事渔业生产经营活动；渔业行政主管部门和其所属的渔政监督管理机构及其工作人员违反法律规定的，依法给予行政处分，构成犯罪的，依法追究刑事责任。

（3）养殖业。国家鼓励全民所有制单位、集体所有制单位和个人充分利用适于养殖的水域、滩涂发展养殖业。国家对水域利用进行统一规划，确定可以用于养殖业的水域和滩涂。单位和个人使用国家规划确定用于养殖业的全民所有的水域、滩涂的，使用者应当向县级以上地方人民政府渔业行政主管部门提出申请，由本级人民政府核发养殖证，许可其使用该水域、滩涂从事养殖生产。核发养殖证的具体办法由国务院规定。集体所有或者全民所有的由农业集体经济组织使用的水域、滩涂，可以由个人或者集体承包，从事养殖生产。县级以上地方人民政府在核发养殖证时，应当优先安排当地的渔业生产者。当事人因使用国家规划确定用于养殖业的水域、滩涂从事养殖生产发生争议的，按照有关法律规定的程序处理。在争议解决以前，任何一方不得破坏养殖生产。国家建设征用集体所有的水域、滩涂，按照《中华人民共和国土地管理法》有关征地的规定办理。

县级以上地方人民政府应当采取措施，加强对商品鱼生产基地和城市郊区重要养殖水域的保护。国家鼓励和支持水产优良品种的选育、培育和推广。水产新品种必须经全国水产原种和良种审定委员会审定，由国务院渔业行政主管部门公告后推广。水产苗种的进口、出口由国务院渔业行政主管部门或者省、自治区、直辖市人民政府渔业行政主管部门审批。水产苗种的生产由县级以上地方人民政府渔业行政主管部门审批，但渔业生产者自育、自用水产苗种的除外。水产苗种的进口、出口必须实施检疫，防止病害传入境内和传出境外，具体检疫工作按照有关动植物进出境检疫法律、行政法规的规定执行。引进转基因水产苗种必须进行安全性评价，具体管理工作按照国务院有关规定执行。

县级以上人民政府渔业行政主管部门应当加强对养殖生产的技术指导和病害防治工作。从事养殖生产时不得使用含有毒有害物质的饵料、饲料；从事养殖生产者应当保护水域生态环境，科学确定养殖密度，合理投饵、施肥、使用药物，不得造成水域的环境污染。

（4）捕捞业。国家在财政、信贷和税收等方面采取措施，鼓励、扶持远洋捕捞业的发展，并根据渔业资源的可捕捞量，安排内水和近海捕捞力量。国家根据捕捞量低于渔业资源增长量的原则，确定渔业资源的总可捕捞量，实行捕捞限额制度。国务院渔业行政主管部门负责组织渔业资源的调查和评估，为实行捕捞限额制度提供科学依据。中华人民共和国内海、领海、专属经济区和其他管辖海域的捕捞限额总量由国务院渔业行政主管部门确定，报国务院批准后逐级分解下达；国家确定的重要江河、湖泊的捕捞限额总量由有关省、自治区、直辖市人民政府确定或者协商确定，逐级分解下达。捕捞限额总量的分配应当体现公平、公正的原则，分配办法和分配结果必须向社会公开，并接受监督。

国务院渔业行政主管部门和省、自治区、直辖市人民政府渔业行政主管部门应当加强对捕捞限额制度实施情况的监督检查，对超过上级下达的捕捞限额指标的，应当在其翌年捕捞限额指标中予以核减。

国家对捕捞业实行捕捞许可证制度。到中华人民共和国与有关国家缔结的协定确定的共同管理的渔区或者公海从事捕捞作业的捕捞许可证，由国务院渔业行政主管部门批准发放。海洋大型拖网、围网作业的捕捞许可证，由省、自治区、直辖市人民政府渔业行政主管部门批准发放。其他作业的捕捞许可证，由县级以上地方人民政府渔业行政主管部门批准发放；但是，批准发放海洋作业的捕捞许可证不得超过国家下达的船网工具控制指标，具体办法由省、自治区、直辖市人民政府规定。捕捞许可证不得买卖、出租和以其他形式转让，不得涂改、伪造、变造。到他国管辖海域从事捕捞作业的，应当经国务院渔业行政主管部门批准，并遵守中华人民共和国缔结的或者参加的有关条约、协定和有关国家的法律。具备下列条件的，方可发给捕捞许可证：①有渔业船舶检验证书；②有渔业船舶登记证书；③符合国务院渔业行政主管部门规定的其他条件。

县级以上地方人民政府渔业行政主管部门批准发放的捕捞许可证，应当与上级人民政府渔业行政主管部门下达的捕捞限额指标相适应。

从事捕捞作业的单位和个人，必须按照捕捞许可证关于作业类型、场所、时限、渔具数量和捕捞限额的规定进行作业，并遵守国家有关保护渔业资源的规定，大中型渔船应当填写渔捞日志。制造、更新改造、购置、进口的从事捕捞作业的船舶必须经渔业船舶检验部门检验合格后，方可下水作业，具体管理办法由国务院规定。

（5）渔业资源的增殖和保护。国家保护水产种质资源及其生存环境，并在具有较高经济价值和遗传育种价值的水产种质资源的主要生长繁育区域建立水产种质资源保护区。未经国务院渔业行政主管部门批准，任何单位或者个人不得在水产种质资源保护区内从事捕捞活动。禁止使用炸鱼、毒鱼、电鱼等破坏渔业资源的方法进行捕捞。禁止制造、销售、使用禁用的渔具。禁止在禁渔区、禁渔期进行捕捞。禁止使用小于最小网目尺寸的网具进行捕捞。捕捞的渔获物中幼鱼不得超过规定的比例。在禁渔区或者禁渔期内禁止销售非法捕捞的渔获物。重点保护的渔业资源品种及其可捕捞标准，禁渔区和禁渔期，禁止使用或者限制使用的渔具和捕捞方法，最小网目尺寸以及其他保护渔业资源的措施，由国务院渔业行政主管部门或者省、自治区、直辖市人民政府渔业行政主管部门规定。禁止捕捞有重要经济价值的水生动物苗种。因养殖或者其他特殊需要，捕捞有重要经济价值的苗种或者禁捕的怀卵亲体，必须经国务院渔业行政主管部门或者省、自治区、直辖市人民政府渔业行政主管部门批准，在指定的区域和时间内，按照限额捕捞。

在水生动物苗种重点产区引水用水时，应当采取措施，保护苗种。在鱼、虾、蟹洄游通道建闸、筑坝，对渔业资源有严重影响的，建设单位应当建造过鱼设施或者采取其他补救措施。用于渔业并兼有调蓄、灌溉等功能的水体，有关主管部门应当确定渔业生产所需的最低水位线。禁止围湖造田。沿海滩涂未经县级以上人民政府批准，不得围垦；重要的苗种基地和养殖场所不得围垦。进行水下爆破、勘探、施工作业，对渔业资源有严重影响的，作业单位应当事先同有关县级以上人民政府渔业行政主管部门协商，采取措施，防止或者减少对渔业资源的损害；造成渔业资源损失的，由有关县级以上人民政府责令赔偿。

各级人民政府应当采取措施，保护和改善渔业水域的生态环境，防治污染。渔业水域生态环境的监督管理和渔业污染事故的调查处理，依照《中华人民共和国海洋环境保护法》和《中华人民共和国水污染防治法》的有关规定执行。国家对白鳍豚等珍贵、濒危水生野生动物实行重点保护，防止其灭绝。禁止捕杀、伤害国家重点保护的水生野生动物。

因科学研究、驯养繁殖、展览或者其他特殊情况，需要捕捞国家重点保护的水生野生动物，依照《中华人民共和国野生动物保护法》的规定执行。

（6）法律责任。法律责任是指违法者所应承担的、具有强制性的法律上的责任，包括刑事法律责任、民事法律责任、行政法律责任等。违反《渔业法》的法律责任主要有行政法律责任和民事法律责任两种。

① 行政法律责任。违反《渔业法》，尚未构成犯罪的，应承担相应的行政法律责任。渔业行政处罚的种类主要有罚款、没收渔获物、没收非法所得、没收渔具、没收渔船、吊销捕捞许可证、责令停止违法活动、责令改正、赔偿损失、责令离开或驱逐等。

按《渔业法》的规定，《渔业法》所规定的行政处罚，除《渔业法》明确规定者外，由县级以上人民政府渔业行政主管部门或其所属的渔政监督管理机构决定。

由于海上执法条件十分艰苦，加上海上生产的流动性、机动性，使海上执法较难按照陆上执法所适用的一般法定程序进行。为此，《渔业法》规定，在海上执法时，对违反禁渔区、禁渔期的规定或使用禁用的渔具、捕捞方法进行捕捞，以及未取得捕捞许可证进行捕捞的，事实清楚、证据充分，但当场不能按照法定程序做出和执行行政处罚决定的，可以先暂时扣押捕捞许可证、渔具或渔船，回港后依法做出和执行行政处罚决定。

② 刑事法律责任。对于违反《渔业法》并构成犯罪的，应追究刑事责任。《渔业法》所规定的违法行为构成犯罪应追究刑事责任的情况主要有以下几种：

a. 使用炸鱼、毒鱼、电鱼等破坏渔业资源的方法进行捕捞，违反禁渔区、禁渔期进行捕捞，或者使用禁用的渔具、捕捞方法和小于最小网目尺寸的网具进行捕捞或者渔获物中的幼鱼超过规定，构成犯罪的。

b. 偷捕、抢夺他人养殖水产品的，或者破坏他人养殖水体、养殖设施，构成犯罪的。

c. 伪造、变卖、买卖捕捞许可证，构成犯罪的。

d. 外国人、外国渔船违反《渔业法》规定，擅自进入我国管辖水域从事渔业生产或渔业资源调查活动，构成犯罪的。

e. 渔业行政主管部门和其所属的渔政监督管理机构及其工作人员违反《渔业法》的规定核发许可证、分配捕捞限额或者从事渔业生产经营活动，或者有其他玩忽职守、不履行法定义务、滥用职权、徇私舞弊的行为，构成犯罪的。

追究刑事责任的权力只能由司法机关行使。按照我国《刑法》的规定，对负有刑事责任的犯罪分子适用刑罚，由人民法院按照法律的规定判处。

4. 《渔业法》的主要特点　《渔业法》是我国渔业安全生产管理法规体系的基本法，规定了国家在渔业发展和管理方面的基本政策和管理制度。《渔业法》的颁布和实施，对促进我国渔业持续、稳定、健康发展起到了极为重要的作用。概括起来，我国《渔业法》具有以下特点：

（1）注重渔业的科学管理，体现了渔业可持续发展的原则。《渔业法》在鼓励发展养殖业的同时，强调养殖水域的统一规划；在扶持和鼓励发展远洋渔业的同时，明确实行捕捞许可制度，加强对远洋渔业的许可管理；《渔业法》规定的捕捞限额制度，为实施渔业资源量化管理、更有效地养护和合理利用渔业资源提供了法律依据；《渔业法》还强调渔业行政主管部门应加强对养殖生产的技术指导和病害防治，保证水产品质量。这些渔业科学管理的规定，对消除渔业生产的盲目性和片面性具有重要的作用，充分体现了渔业可持续发展的原则。

（2）与国际海洋制度相衔接。我国批准了《联合国海洋法公约》以后，颁布了《中华人民共和国专属经济区与大陆架法》，宣布建立专属经济区制度。《渔业法》所规定的效力范围为我国内水、滩涂、领海、专属经济区以及中华人民共和国管辖的一切水域，这是与现行的国际海洋制度相一致。对于捕捞业的管理，《渔业法》规定了捕捞限额制度，与国际海洋法有关专属经济区海洋生物资源养护与管理的制度衔接起来。此外，根据我国已批准或加入的有关国际协定的要求，对到公海从事的捕捞活动实施捕捞许可证制度。《渔业法》的这些规定，为我国渔业管理适应专属经济区制度并与国际渔业管理制度衔接奠定了法律基础。

（3）加强渔业管理，适应渔业资源与水域生态环境的自然规律。《渔业法》高度重视渔业资源和水域生态环境的保护，建立并完善了相应的制度，规定了有关的管理措施，对捕捞业实施全面的许可证制度，同时实行捕捞限额制度和捕捞日志制度，限制捕捞作业方式和方法，实施种质资源保护制度等，切实加强了对捕捞强度的控制。为保护渔业水域生态环境，《渔业法》规定要科学确定渔业养殖密度，合理投饵、施肥、用药，防止造成水域环境污染，从而进一步与《中华人民共和国水污染防治法》《中华人民共和国海洋环境保护法》相衔接。

（4）规范渔业行政主体行为，促进渔业管理依法行政。《渔业法》根据国家有关依法行政的要求，在对渔业行政相对人的行为进行规范的同时，也注重对渔业行政主体行为的规范和约束，明确规定"渔业行政主管部门和其所属的渔政监督管理机构及其工作人员不得参与和从事渔业生产经营活动"，以及渔业行政主管部门和其所属的渔政监督管理机构及其工作人员违反《渔业法》的规定核发许可证、分配捕捞限额或者从事渔业生产经营活动的，或者有其他玩忽职守、不履行法定义务、滥用职权、徇私舞弊等行为的相应法律责任，这些规定，符合我国建设法治国家、推进依法行政的总体要求，将有利地促进渔业依法行政的顺利进行。

（5）完善法律责任，促进市场经济下的依法治渔。《渔业法》较为详细、具体地规定了各种义务性、禁止性行为的相应法律责任，同时，为保证渔业执法的效率，根据海上渔业执法的特殊性，规定了海上执法的临时行政强制措施，使违法行为的法律责任的追究全面、具体，具有操作性。

二、安全生产基本法律

《中华人民共和国安全生产法》是我国安全生产法规体系中的基本法，其内容涉及我国生产经营单位的安全生产保障、从业人员的安全生产权利和义务、安全生产的监督管理、生产安全事故的应急救援与调查处理和法律责任等方面内容，是我国安全生产管理方面最重要的法律依据。

《中华人民共和国安全生产法》（以下简称《安全生产法》）由中华人民共和国第九届全国人民代表大会常务委员会第二十八次会议于 2002 年 6 月 29 日通过公布，自 2002 年 11 月 1 日起施行，在 2009 年已被《全国人民代表大会常务委员会关于修改部分法律的决定》修改，2014 年 8 月 31 日第十二届全国人民代表大会常务委员会第十次会议通过全国人民代表大会常务委员会关于修改《中华人民共和国安全生产法》的决定，自 2014 年 12 月 1 日起施行。

2002 年 6 月 29 日，《安全生产法》经九届全国人大常委会第二十八次审议通过，同年 11 月 1 日起正式施行。当时正值我国安全监管监察体制建立之初。《安全生产法》的颁布结束了中华人民共和国成立以来缺少安全生产领域综合大法的历史，是我国将安全生产法制建设的里程碑，标志着我国安全生产工作开始全面纳入法制化轨道。《安全生产法》的颁布实施，对我国安全生产工作起到了巨大的推动作用，对加强我国安全生产法律法规建设，改变我国人权状况，依法规范生产经营单位的安全生产，加强各级政府对安全生产工作的领导，促使安全监管部门依法行政、加强监管，提高经营管理者和从业人员的安全素质，增强公民的安全法律意识等方面发挥了重要的作用。从 2003 年起，我国安全生产事故总量出现拐点，安全生产形势实现持续稳定好转。但是，随着我国改革开放的深化和扩大，安全生产工作实践的步步推进，我国在安全生产管理方面出现了一些新情况、新问题。表现为安全生产形势仍然严峻，事故总量仍然较大，重特大事故仍然难以遏制，部分行业领域事故较多。同时，经过十多年的实践，安全生产领域的诸多关系逐渐理顺，安全生产监管监察体制基本建立，安全生产法制建设不断加快，安全生产责任体系不断健全，诸多正确、有效的政策措施、工作实践中行之有效的做法，需要通过立法将其规范化、制度化，如安全生产标准化措施、安全费用提取制度和商业保险制度等。此外，有法不依、执法不严的问题，在实践中表现非常严重，导致非法违法行为屡禁不止。这部曾经开创了时代的法律，日益显现出在制度设计上的种种缺陷，当时出台的《安全生产法》是一部完全管制法制模式的法律，更加强调安全生产监督管理，而对企业主体安全生产责任强调不够，导致政府监管职责过大、责任也过大，企业违法成本过低、自主守法意识也过低，出现监管能力不足、难以有效遏制违法违规生产行为等问题，并且法律责任不够严厉，一些法律规定过于原则，处罚过轻，起不到应有的警示作用。为适应国内的安全生产新形势的要求，自 2011 年开始启动修法，2011 年 7 月 27 日，国务院第一百六十五次常务会议决定，加快修改《安全生产法》，进一步明确责任，加大对违法行为的惩处力度。2011 年 12 月，国家安全监管总局向国务院报送修正案（送审稿）。2012 年 6 月 4 日，修正案（征求意见稿）在国务院法制办政府网站上公开向社会公众征求意见。2013 年 10 月 31 日，十二届全国人大常委会将修改《安全生产法》列入本届常委会立法规划第一类项目。2014 年 1 月 15 日，国务院常务会议审议并通过《安全生产法》修正案（草案）。2014 年 2 月 25 日，全国人大常委会第一次审议修正案（草案）。8 月 31 日，全国人大常委会第二次审议表决通过，自 2014 年 12 月 1 日起实施。原法共 97 条，修改后共 114 条，新增 17 条，新增和修改的条数占了一大半。本次共修订修改法律条文 58 条，占原条文数的 59.8%，修改章名 1 处；增加法律条文 17 条，占原条文数的 18%。新《安全生产法》强化了安全生产工作的摆位，加大了生产经营单位主体责任的落实，明确了政府安全监管的定位，提高了基层执法力量以及严格了安全生产的责任追究。

按照立法要求和安全生产管理的实际需要，《安全生产法》应当包括以下内容：第一，立法目的、适用的对象和范围、安全生产方针、各级人民政府和生产单位的职责和义务、安全监督的原则等；第二，生产经营单位的安全生产保障；第三，从业人员的安全生产权利和义务；第四，安全生产的监督管理；第五，生产安全事故的应急救援与调查处理；第六，法律责任；第七，附则，规定关于《安全生产法》的用语含义、事故划分标准、实施时间等内容。

1. 《安全生产法》的立法目的　包括：加强安全生产工作，防止和减少生产安全事故，保障人民群众生命和财产安全，促进经济社会持续健康发展。

2. 《安全生产法》适用的对象和范围　包括：在中华人民共和国领域内从事生产经营活动的单位的安全生产，适用本法；有关法律、行政法规对消防安全和道路交通安全、铁路交通安全、水上交通安全、民用航空安全以及核与辐射安全、特种设备安全另有规定的，适用其规定。

3. 各级人民政府和生产单位的职责和义务　国务院和县级以上地方各级人民政府应当根据国民经济和社会发展规划制定安全生产规划，并组织实施。安全生产规划应当与城乡规划相衔接。国务院和县级以上地方各级人民政府应当加强对安全生产工作的领导，支持、督促各有关部门依法履行安全生产监督管理职责，建立健全安全生产工作协调机制，及时协调、解决安全生产监督管理中存在的重大问题。乡镇人民政府以及街道办事处、开发区管理机构等地方人民政府的派出机关应当按照职责，加强对本行政区域内生产经营单位安全生产状况的监督检查，协助上级人民政府有关部门依法履行安全生产监督管理职责。国务院安全生产监督管理部门依照本法，对全国安全生产工作实施综合监督管理；县级以上地方各级人民政府安全生产监督管理部门依照本法，对本行政区域内安全生产工作实施综合监督管理。国务院有关部门依照本法和其他有关法律、行政法规的规定，在各自的职责范围内对有关行业、领域的安全生产工作实施监督管理；县级以上地方各级人民政府有关部门依照本法和其他有关法律、法规的规定，在各自的职责范围内对有关行业、领域的安全生产工作实施监督管理。安全生产监督管理部门和对有关行业、领域的安全生产工作实施监督管理的部门，统称为负有安全生产监督管理职责的部门。国务院有关部门应当按照保障安全生产的要求，依法及时制定有关的国家标准或者行业标准，并根据科技进步和经济发展适时修订。各级人民政府及其有关部门应当采取多种形式，加强对有关安全生产的法律、法规和安全生产知识的宣传，增强全社会的安全生产意识。

生产经营单位必须遵守本法和其他有关安全生产的法律、法规，加强安全生产管理，建立、健全安全生产责任制和安全生产规章制度，改善安全生产条件，推进安全生产标准化建设，提高安全生产水平，确保安全生产。生产经营单位的主要负责人对本单位的安全生产工作全面负责。生产经营单位的从业人员有依法获得安全生产保障的权利，并应当依法履行安全生产方面的义务。工会依法对安全生产工作进行监督。生产经营单位的工会依法组织职工参加本单位安全生产工作的民主管理和民主监督，维护职工在安全生产方面的合法权益。生产经营单位制定或者修改有关安全生产的规章制度，应当听取工会的意见。生产经营单位必须执行依法制定的保障安全生产的国家标准或者行业标准。

4. 《安全生产法》的主要内容

（1）安全生产方针和原则。安全生产工作应当以人为本，坚持安全发展，坚持"安全第一，预防为主，综合治理"的方针，强化和落实生产经营单位的主体责任，建立生产经营单位负责、职工参与、政府监管、行业自律和社会监督的机制。

国家实行生产安全事故责任追究制度，依照本法和有关法律、法规的规定，追究生产安全事故责任人员的法律责任。国家鼓励和支持安全生产科学技术研究和安全生产先进技术的推广应用，提高安全生产水平。国家对在改善安全生产条件、防止生产安全事故、参加抢险救护等方面取得显著成绩的单位和个人，给予奖励。

（2）生产经营单位的安全生产保障。生产经营单位应当具备本法和有关法律、行政法规和国家标准或者行业标准规定的安全生产条件；不具备安全生产条件的，不得从事生产经营活动。生产经营单位的主要负责人对本单位安全生产工作负有下列职责：

① 建立、健全本单位安全生产责任制；

② 组织制定本单位安全生产规章制度和操作规程；

③ 组织制定并实施本单位安全生产教育和培训计划；

④ 保证本单位安全生产投入的有效实施；

⑤ 督促、检查本单位的安全生产工作，及时消除生产安全事故隐患；

⑥ 组织制定并实施本单位的生产安全事故应急救援预案；

⑦ 及时、如实报告生产安全事故。

生产经营单位的安全生产责任制应当明确各岗位的责任人员、责任范围和考核标准等内容。生产经营单位应当建立相应的机制，加强对安全生产责任制落实情况的监督考核，保证安全生产责任制的落实。

生产经营单位应当具备安全生产条件所必需的资金投入，由生产经营单位的决策机构、主要负责人或者个人经营的投资人予以保证，并对由于安全生产所必需的资金投入不足导致的后果承担责任。有关生产经营单位应当按照规定提取和使用安全生产费用，专门用于改善安全生产条件。安全生产费用在成本中据实列支。安全生产费用提取、使用和监督管理的具体办法由国务院财政部门会同国务院安全生产监督管理部门征求国务院有关部门意见后制定。

矿山、金属冶炼、建筑施工、道路运输单位和危险物品的生产、经营、储存单位，应当设置安全生产管理机构或者配备专职安全生产管理人员。规定以外的其他生产经营单位，从业人员超过一百人的，应当设置安全生产管理机构或者配备专职安全生产管理人员；从业人员在一百人以下的，应当配备专职或者兼职的安全生产管理人员。生产经营单位的安全生产管理机构以及安全生产管理人员应当恪尽职守，依法履行下列职责：

① 组织或者参与拟订本单位安全生产规章制度、操作规程和生产安全事故应急救援预案；

② 组织或者参与本单位安全生产教育和培训，如实记录安全生产教育和培训情况；

③ 督促落实本单位重大危险源的安全管理措施；

④ 组织或者参与本单位应急救援演练；

⑤ 检查本单位的安全生产状况，及时排查生产安全事故隐患，提出改进安全生产管理的建议；

⑥ 制止和纠正违章指挥、强令冒险作业、违反操作规程的行为；

⑦ 督促落实本单位安全生产整改措施。

生产经营单位做出涉及安全生产的经营决策，应当听取安全生产管理机构以及安全生产管理人员的意见。生产经营单位不得因安全生产管理人员依法履行职责而降低其工资、福利等待遇或者解除与其订立的劳动合同。

危险物品生产、储存单位以及矿山、金属冶炼单位的安全生产管理人员的任免，应当告知主管的负有安全生产监督管理职责的部门。生产经营单位的主要负责人和安全生产管理人员必须具备与本单位所从事的生产经营活动相应的安全生产知识和管理能力。危险物品的生产、经营、储存单位以及矿山、金属冶炼、建筑施工、道路运输单位的主要负责人和安全生产管理人员，应当由主管的负有安全生产监督管理职责的部门对其安全生产知识和管理能力进行考核，且考核不得收费。危险物品的生产、储存单位以及矿山、金属冶炼单位应当有注册安全工程师从事安全生产管理工作。鼓励其他生产经营单位聘用注册安全工程师从事安全生产管理工作。注册安全工程师按专业分类管理，具体办法由国务院人力资源和社会保障部门、国务院安全生产监督管理部门会同国务院有关部门制定。

生产经营单位应当对从业人员进行安全生产教育和培训，保证从业人员具备必要的安全生产知识，熟悉有关的安全生产规章制度和安全操作规程，掌握本岗位的安全操作技能，了解事故应急处理措施，知悉自身在安全生产方面的权利和义务。未经安全生产教育和培训合格的从业人员，不得上岗作业。生产经营单位使用被派遣劳动者的，应当将被派遣劳动者纳入本单位从业人员统一管理，对被派遣劳动者进行岗位安全操作规程和安全操作技能的教育和培训。劳务派遣单位应当对被派遣劳动者进行必要的安全生产教育和培训。生产经营单位接收中等职业学校、高等学校学生实习的，应当对实习学生进行相应的安全生产教育和培训，提供必要的劳动防护用品。学校应当协助生产经营单位对实习学生进行安全生产教育和培训。生产经营单位应当建立安全生产教育和培训档案，如实记录安全生产教育和培训的时间、内容、参加人员以及考核结果等情况。生产经营单位采用新工艺、新技术、新材料或者使用新设备，必须了解、掌握其安全技术特性，采取有效的安全防护措施，并对从业人员进行专门的安全生产教育和培训。生产经营单位的特种作业人员必须按照国家有关规定经专门的安全作业培训，取得相应资格，方可上岗作业。特种作业人员的范围由国务院安全生产监督管理部门会同国务院有关部门确定。

生产经营单位新建、改建、扩建工程项目（以下统称为建设项目）的安全设施，必须与主体工程同时设计、同时施工、同时投入生产和使用。安全设施投资应当纳入建设项目概算。矿山、金属冶炼建设项目和用于生产、储存、装卸危险物品的建设项目，应当按照国家有关规定进行安全评价。建设项目安全设施的设计人、设计单位应当对安全设施设计负责。矿山、金属冶炼建设项目和用于生产、储存、装卸危险物品的建设项目的安全设施设计应当按照国家有关规定报经有关部门审查，审查部门及其负责审查的人员对审查结果负责。矿山、金属冶炼建设项目和用于生产、储存、装卸危险物品的建设项目的施工单位必须按照批准的安全设施设计施工，并对安全设施的工程质量负责。矿山、金属冶炼建设项目和用于生产、储存危险物品的建设项目竣工投入生产或者使用前，应当由建设单位负责组织对安全设施进行验收，验收合格后，方可投入生产和使用。安全生产监督管理部门应当加强对建设单位验收活动和验收结果的监督核查。

生产经营单位应当在有较大危险因素的生产经营场所和有关设施、设备上，设置明显的安全警示标志。安全设备的设计、制造、安装、使用、检测、维修、改造和报废，应当符合国家标准或者行业标准。生产经营单位必须对安全设备进行经常性维护、保养，并定期检测，保证正常运转。维护、保养、检测应当做好记录，并由有关人员签字。生产经营单位使用的危险物品的容器、运输工具，以及涉及人身安全、危险性较大的海洋石油开采特种设备和矿山井下特种设备，必须按照国家有关规定，由专业生产单位生产，并经具有专业资质的检测、检验机构检测，并检验合格，取得安全使用证或者安全标志，方可投入使用。检测、检验机构对检测、检验结果负责。国家对严重危及生产安全的工艺、设备实行淘汰制度，具体目录由国务院安全生产监督管理部门会同国务院有关部门制定并公布。法律、行政法规对目录的制定另有规定的，适用其规定。省、自治区、直辖市人民政府可以根据本地区实际情况制定并公布具体目录，对前款规定以外的危及生产安全的工艺、设备予以淘汰。生产经营单位不得使用应当淘汰的危及生产安全的工艺、设备。

生产、经营、运输、储存、使用危险物品或者处置废弃危险物品的，由有关主管部门依照有关法律、法规的规定和国家标准或者行业标准审批并实施监督管理。生产经营单位生产、经营、运输、储存、使用危险物品或者处置废弃危险物品，必须执行有关法律、法规和国家标准或者行业标准，建立专门的安全管理制度，采取可靠的安全措施，接受有关主管部门依法实施的监督管理。生产经营单位对重大危险源应当登记建档，进行定期检测、评估、监控，并制定应急预案，告知从业人员和相关人员在紧急情况下应当采取的应急措施。生产经营单位应当按照国家有关规定将本单位重大危险源及有关安全措施、应急措施报有关地方人民政府安全生产监督管理部门和有关部门备案。生产经营单位应当建立健全生产安全事故隐患排查治理制度，采取技术、管理措施，及时发现并消除事故隐患。事故隐患排查治理情况应当如实记录，并向从业人员通报。县级以上地方各级人民政府负有安全生产监督管理职责的部门应当建立健全重大事故隐患治理督办制度，督促生产经营单位消除重大事故隐患。生产、经营、储存、使用危险物品的车间、商店、仓库不得与员工宿舍在同一座建筑物内，并应当与员工宿舍保持安全距离。生产经营场所和员工宿舍应当设有符合紧急疏散要求、标志明显、保持畅通的出口。禁止锁闭、封堵生产经营场所或者员工宿舍的出口。生产经营单位进行爆破、吊装以及国务院安全生产监督管理部门会同国务院有关部门规定的其他危险作业，应当安排专门人员进行现场安全管理，确保操作规程的遵守和安全措施的落实。应当教育和督促从业人员严格执行本单位的安全生产规章制度和安全操作规程；并向从业人员如实告知作业场所和工作岗位存在的危险因素、防范措施以及事故应急措施。生产经营单位必须为从业人员提供符合国家标准或者行业标准的劳动防护用品，并监督、教育从业人员按照使用规则佩戴、使用。生产经营单位的安全生产管理人员应当根据本单位的生产经营特点，对安全生产状况进行经常性检查，对检查中发现的安全问题，应当立即处理，不能处理的，应当及时报告本单位有关负责人，有关负责人应当及时处理。检查及处理情况应当如实记录在案。生产经营单位的安全生产管理人员在检查中发现重大事故隐患，依照规定向本单位有关负责人报告，有关负责人不及时处理的，安全生产管理人员可以向主管的负有安全生产监督管理职责的部门报告，接到报告的部门应当依法及时处理。生产经营单位应当安排用于配备劳动防护用品、进行安全生产培训的经费。

　　两个以上生产经营单位在同一作业区域内进行生产经营活动，可能危及对方生产安全的，应当签订安全生产管理协议，明确各自的安全生产管理职责和应当采取的安全措施，并指定专职安全生产管理人员进行安全检查与协调。生产经营单位不得将生产经营项目、场所、设备发包或者出租给不具备安全生产条件或者相应资质的单位或者个人。将生产经营项目、场所发包或者出租给其他单位的，生产经营单位应当与承包单位、承租单位签订专门的安全生产管理协议，或者在承包合同、租赁合同中约定各自的安全生产管理职责；生产经营单位对承包单位、承租单位的安全生产工作统一协调、管理，定期进行安全检查，发现安全问题的，应当及时督促整改。

　　生产经营单位发生生产安全事故时，单位的主要负责人应当立即组织抢救，并不得在事故调查处理期间擅离职守。生产经营单位必须依法参加工伤保险，为从业人员缴纳保险费。国家鼓励生产经营单位投保安全生产责任保险。

　　（3）从业人员的安全生产权利和义务。生产经营单位与从业人员订立的劳动合同，应当载明有关保障从业人员劳动安全、防止职业危害的事项，以及依法为从业人员办理工伤保险的事项。生产经营单位不得以任何形式与从业人员订立协议，免除或者减轻其对从业人员因生产安全事故伤亡依法应承担的责任。生产经营单位的从业人员有权了解其作业场所和工作岗位存在的危险因素、防范措施及事故应急措施，有权对本单位的安全生产工作提出建议，有权对本单位安全生产工作中存在的问题提出批评、检举、控告，有权拒绝违章指挥和强令冒险作业，生产经营单位不得因从业人员对本单位安全生产工作提出批评、检举、控告或者拒绝违章指挥、强令冒险作业而降低其工资、福利等待遇或者解除与其订立的劳动合同；从业人员发现直接危及人身安全的紧急情况时，有权停止作业或者在采取可能的应急措施后撤离作业场所，生产经营单位不得因从业人员在前款紧急情况下停止作业或者采取紧急撤离措施而降低其工资、福利等待遇或者解除与其订立的劳动合同；因生产安全事故受到损害的从业人员，除依法享有工伤保险外，依照有关民事法律尚有获得赔偿的权利的，有权向本单位提出赔偿要求。从业人员在作业过程中，应当严格遵守本单位的安全生产规章制度和操作规程，服从管理，正确佩戴和使用劳动防护用品。从业人员应当接受安全生产教育和培训，掌握本职工作所需的安全生产知识，提高安全生产技能，增强事故预防和应急处理能力。从业人员发现事故隐患或者其他不安全因素，应当立即向现场安全生产管理人员或者本单位负责人报告，接到报告的人员应当及时予以处理。

　　工会有权对建设项目的安全设施与主体工程同时设计、同时施工、同时投入生产和使用进行监督，提出意见。工会对生产经营单位违反安全生产法律、法规，侵犯从业人员合法权益的行为，有权要求纠正；发现生产经营单位违章指挥、强令冒险作业或者发现事故隐患时，工会有权提出解决的建议，生产经营单位应当及时研究答复；发现危及从业人员生命安全的情况时，工会有权向生产经营单位建议组织从业人员撤离危险场所，生产经营单位必须立即做出处理。工会有权依法参加事故调查，向有关部门提出处理意见，并要求追究有关人员的责任。生产经营单位使用被派遣劳动者的，被派遣劳动者享有本法规定的从业人员的权利，并应当履行本法规定的从业人员的义务。

　　（4）安全生产的监督管理。县级以上地方各级人民政府应当根据本行政区域内的安全生产状况，组织有关部门按照职责分工，对本行政区域内容易发生重大生产安全事故的生产经营单位进行严格检查。安全生产监督管理部门应当按照分类分级监督管理的要求，制定安全生产年度监督检查计划，并按照年度监督检查计划进行监督检查，发现事故隐患，应当及时处理。

负有安全生产监督管理职责的部门依照有关法律、法规的规定，对涉及安全生产的事项需要审查批准（包括批准、核准、许可、注册、认证、颁发证照等，下同）或者验收的，必须严格依照有关法律、法规和国家标准或者行业标准规定的安全生产条件和程序进行审查；不符合有关法律、法规和国家标准或者行业标准规定的安全生产条件的，不得批准或者验收通过。对未依法取得批准或者验收合格的单位擅自从事有关活动的，负责行政审批的部门发现或者接到举报后应当立即予以取缔，并依法予以处理。对已经依法取得批准的单位，负责行政审批的部门发现其不再具备安全生产条件的，应当撤销原批准。负有安全生产监督管理职责的部门对涉及安全生产的事项进行审查、验收，不得收取费用，不得要求接受审查、验收的单位购买其指定品牌或者指定生产、销售单位的安全设备、器材或者其他产品。

安全生产监督管理部门和其他负有安全生产监督管理职责的部门依法开展安全生产行政执法工作，监督检查不得影响被检查单位的正常生产经营活动。对生产经营单位执行有关安全生产的法律、法规和国家标准或者行业标准的情况进行监督检查，行使以下职权：

① 进入生产经营单位进行检查，调阅有关资料，向有关单位和人员了解情况。

② 对检查中发现的安全生产违法行为，当场予以纠正或者要求限期改正；对依法应当给予行政处罚的行为，依照本法和其他有关法律、行政法规的规定做出行政处罚决定。

③ 对检查中发现的事故隐患，应当责令立即排除；重大事故隐患排除前或者排除过程中无法保证安全的，应当责令从危险区域内撤出作业人员，责令暂时停产停业或者停止使用相关设施、设备；重大事故隐患排除后，经审查同意，方可恢复生产经营和使用。

④ 对有根据认为不符合保障安全生产的国家标准或者行业标准的设施、设备、器材以及违法生产、储存、使用、经营、运输的危险物品予以查封或者扣押，对违法生产、储存、使用、经营危险物品的作业场所予以查封，并依法做出处理决定。

生产经营单位对负有安全生产监督管理职责的部门的监督检查人员（以下统称为安全生产监督检查人员）依法履行监督检查职责，应当予以配合，不得拒绝、阻挠。安全生产监督检查人员应当忠于职守，坚持原则，秉公执法。安全生产监督检查人员执行监督检查任务时，必须出示有效的监督执法证件；对涉及被检查单位的技术秘密和业务秘密，应当为其保密。安全生产监督检查人员应当将检查的时间、地点、内容、发现的问题及其处理情况，做出书面记录，并由检查人员和被检查单位的负责人签字；被检查单位的负责人拒绝签字的，检查人员应当将情况记录在案，并向负有安全生产监督管理职责的部门报告。

负有安全生产监督管理职责的部门在监督检查中，应当互相配合，实行联合检查；确需分别进行检查的，应当互通情况，发现存在的安全问题应当由其他有关部门进行处理的，应当及时移送其他有关部门并形成记录备查，接受移送的部门应当及时进行处理。负有安全生产监督管理职责的部门依法对存在重大事故隐患的生产经营单位做出停产停业、停止施工、停止使用相关设施或者设备的决定，生产经营单位应当依法执行，及时消除事故隐患。生产经营单位拒不执行，有发生生产安全事故的现实危险的，在保证安全的前提下，经本部门主要负责人批准，负有安全生产监督管理职责的部门可以采取通知有关单位停止供电、停止供应民用爆炸物品等措施，强制生产经营单位履行决定。通知应当采用书面形式，有关单位应当予以配合。负有安全生产监督管理职责的部门依照前款规定采取停止供电措施，除有危及生产安全的紧急情形外，应当提前 24 小时通知生产经营单位。生产经营单位依法履行行政决定、采取相应措施消除事故隐患的，负有安全生产监督管理职责的部门应当及时解除前款规定的措施。监察机关依照行政监察法的规定，对负有安全生产监督管理职责的部门及其工作人员履行安全生产监督管理职责实施监察。承担安全评价、认证、检测、检验的机构应当具备国家规定的资质条件，并对其做出的安全评价、认证、检测、检验的结果负责。负有安全生产监督管理职责的部门应当建立举报制度，公开举报电话、信箱或者电子邮件地址，受理有关安全生产的举报；受理的举报事项经调查核实后，应当形成书面材料；需要落实整改措施的，报经有关负责人签字并督促落实。

任何单位或者个人对事故隐患或者安全生产违法行为，均有权向负有安全生产监督管理职责的部门报告或者举报。居民委员会、村民委员会发现其所在区域内的生产经营单位存在事故隐患或者安全生产违法行为时，应当向当地人民政府或者有关部门报告。县级以上各级人民政府及其有关部门对报告重大事故隐患或者举报安全生产违法行为的有功人员，给予奖励。具体奖励办法由国务院安全生产监督管理部门会同国务院财政部门制定。新闻、出版、广播、电影、电视等单位有进行安全生产公益宣传教育的义务，有对违反安全生产法律、法规的行为进行舆论监督的权利。负有安全生产监督管理职责的部门应当建立安全生产违法行为信息库，如实记录生产经营单位的安全生产违法行为信息；对违法行为情节严重的生产经营单位，应当向社会公告，并通报行业主管部门、投资主管部门、国土资源主管部门、证券监督管理机构以及有关金融机构。

（5）生产安全事故的应急救援与调查处理。国家加强生产安全事故应急能力建设，在重点行业、领域建立应急救援基地和应急救援队伍，鼓励生产经营单位和其他社会力量建立应急救援队伍，配备相应的应急救援装备和物资，提高应急救援的专业化水平。国务院安全生产监督管理部门建立全国统一的生产安全事故应急救援信息系统，国务院有关部门建立健全相关行业、领域的生产安全事故应急救援信息系统。县级以上地方各级人民政府应当组织有关部门制定本行政区域内生产安全事故应急救援预案，建立应急救援体系。生产经营单位应当制定本单位生产安全事故应急救援预案，与所在地县级以上地方人民政府组织制定的生产安全事故应急救援预案相衔接，并定期组织演练。

危险物品的生产、经营、储存单位以及矿山、金属冶炼、城市轨道交通运营、建筑施工单位应当建立应急救援组织；生产经营规模较小的，可以不建立应急救援组织，但应当指定兼职的应急救援人员。危险物品的生产、经营、储存、运输单位以及矿山、金属冶炼、城市轨道交通运营、建筑施工单位应当配备必要的应急救援器材、设备和物资，并进行经常性维护、保养，保证正常运转。

生产经营单位发生生产安全事故后，事故现场有关人员应当立即报告本单位负责人。单位负责人接到事故报告后，应当迅速采取有效措施，组织抢救，防止事故扩大，减少人员伤亡和财产损失，并按照国家有关规定立即如实报告当地负有安全生产监督管理职责的部门，不得隐瞒不报、谎报或者迟报，不得故意破坏事故现场、毁灭有关证据。

负有安全生产监督管理职责的部门接到事故报告后，应当立即按照国家有关规定上报事故情况。负有安全生产监督管理职责的部门和有关地方人民政府对事故情况不得隐瞒不报、谎报或者迟报。有关地方人民政府和负有安全生产监督管理职责的部门的负责人接到生产安全事故报告后，应当按照生产安全事故应急救援预案的要求立即赶到事故现场，组织事故抢救。参与事故抢救的部门和单位应当服从统一指挥，加强协同联动，采取有效的应急救援措施，并根据事故救援的需要采取警戒、疏散等措施，防止事故扩大和次生灾害的发生，减少人员伤亡和财产损失。事故抢救过程中应当采取必要措施，避免或者减少对环境造成的危害。任何单位和个人都应当支持、配合事故抢救，并提供一切便利条件。

事故调查处理应当按照科学严谨、依法依规、实事求是、注重实效的原则，及时、准确地查清事故原因，查明事故性质和责任，总结事故教训，提出整改措施，并对事故责任者提出处理意见。事故调查报告应当依法及时向社会公布。事故调查和处理的具体办法由国务院制定。事故发生单位应当及时全面落实整改措施，负有安全生产监督管理职责的部门应当加强监督检查。

生产经营单位发生生产安全事故，经调查确定为责任事故的，除了应当查明事故单位的责任并依法予以追究外，还应当查明对安全生产的有关事项负有审查批准和监督职责的行政部门的责任，对有失职、渎职行为的，依照本法第八十七条的规定追究法律责任。任何单位和个人不得阻挠和干涉对事故的依法调查处理。县级以上地方各级人民政府安全生产监督管理部门应当定期统计分析本行政区域内发生生产安全事故的情况，并定期向社会公布。

（6）法律责任。负有安全生产监督管理职责的部门的工作人员，有下列行为之一的，给予降级或者撤职的处分；构成犯罪的，依照刑法有关规定追究刑事责任。

① 对不符合法定安全生产条件的涉及安全生产的事项予以批准或者验收通过的；

② 发现未依法取得批准、验收的单位擅自从事有关活动或者接到举报后不予取缔或者不依法予以处理的；

③ 对已经依法取得批准的单位不履行监督管理职责，发现其不再具备安全生产条件而不撤销原批准或者发现安全生产违法行为不予查处的；

④ 在监督检查中发现重大事故隐患，不依法及时处理的。

负有安全生产监督管理职责的部门工作人员有前款规定以外的滥用职权、玩忽职守、徇私舞弊行为的，依法给予处分；构成犯罪的，依照刑法有关规定追究刑事责任。负有安全生产监督管理职责的部门，要求被审查、验收的单位购买其指定的安全设备、器材或者其他产品的，在对安全生产事项的审查、验收中收取费用的，由其上级机关或者监察机关责令改正，责令退还收取的费用，情节严重的，对直接负责的主管人员和其他直接责任人员依法给予处分。

承担安全评价、认证、检测、检验工作的机构，出具虚假证明的，没收违法所得；违法所得在 10 万元以上的，并处违法所得 2 倍以上 5 倍以下的罚款；没有违法所得或者违法所得不足 10 万元的，单处或者并处 10 万元以上 20 万元以下的罚款；对其直接负责的主管人员和其他直接责任人员处 2 万元以上 5 万元以下的罚款；给他人造成损害的，与生产经营单位承担连带赔偿责任；构成犯罪的，依照刑法有关规定追究刑事责任。对有前款违法行为的机构，吊销其相应资质。

生产经营单位的决策机构、主要负责人或者个人经营的投资人不依照本法规定保证安全生产所必需的资金投入，致使生产经营单位不具备安全生产条件的，责令限期改正，提供必需的资金；逾期未改正的，责令生产经营单位停产停业整顿。有前款违法行为，导致发生生产安全事故的，对生产经营单位的主要负责人给予撤职处分，对个人经营的投资人处 2 万元以上 20 万元以下的罚款；构成犯罪的，依照刑法有关规定追究刑事责任。生产经营单位的主要负责人未履行本法规定的安全生产管理职责的，责令限期改正；逾期未改正的，处 2 万元以上 5 万元以下的罚款，责令生产经营单位停产停业整顿。生产经营单位的主要负责人有前款违法行为，导致发生生产安全事故的，给予撤职处分；构成犯罪的，依照刑法有关规定追究刑事责任。生产经营单位的主要负责人依照前款规定受刑事处罚或者撤职处分的，自刑罚执行完毕或者受处分之日起，5 年内不得担任任何生产经营单位的主要负责人；对重大、特别重大生产安全事故负有责任的，终身不得担任本行业生产经营单位的主要负责人。生产经营单位的主要负责人未履行本法规定的安全生产管理职责，导致发生生产安全事故的，由安全生产监督管理部门依照下列规定处以罚款：

① 发生一般事故的，处上一年年收入 30％的罚款；

② 发生较大事故的，处上一年年收入 40％的罚款；

③ 发生重大事故的，处上一年年收入 60％的罚款；

④ 发生特别重大事故的，处上一年年收入 80％的罚款。

生产经营单位的安全生产管理人员未履行本法规定的安全生产管理职责的，责令限期改正；导致发生生产安全事故的，暂停或者撤销其与安全生产有关的资格；构成犯罪的，依照刑法有关规定追究刑事责任。

生产经营单位有下列行为之一的，责令限期改正，可以处 5 万元以下的罚款；逾期未改正的，责令停产停业整顿，并处 5 万元以上 10 万元以下的罚款，对其直接负责的主管人员和其他直接责任人员处 1 万元以上 2 万元以下的罚款。

① 未按照规定设置安全生产管理机构或者配备安全生产管理人员的；

② 危险物品的生产、经营、储存单位以及矿山、金属冶炼、建筑施工、道路运输单位的主要负责人和安全生产管理人员未按照规定经考核合格的；

③ 未按照规定对从业人员、被派遣劳动者、实习学生进行安全生产教育和培训，或者未按照规定如实告知有关的安全生产事项的；

④ 未如实记录安全生产教育和培训情况的；

⑤ 未将事故隐患排查治理情况如实记录或者未向从业人员通报的；

⑥ 未按照规定制定生产安全事故应急救援预案或者未定期组织演练的；

⑦ 特种作业人员未按照规定经专门的安全作业培训并取得相应资格，上岗作业的。

生产经营单位有下列行为之一的，责令停止建设或者停产停业整顿，限期改正；逾期未改正的，处 50 万元以上 100 万元以下的罚款，对其直接负责的主管人员和其他直接责任人员处 2 万元以上 5 万元以下的罚款；构成犯罪的，依照刑法有关规定追究刑事责任。

① 未按照规定对矿山、金属冶炼建设项目或者用于生产、储存、装卸危险物品的建设项目进行安全评价的；

② 矿山、金属冶炼建设项目或者用于生产、储存、装卸危险物品的建设项目没有安全设施设计或者安全设施设计未按照规定报经有关部门审查同意的；

③ 矿山、金属冶炼建设项目或者用于生产、储存、装卸危险物品的建设项目的施工单位未按照批准的安全设施设计施工的；

④ 矿山、金属冶炼建设项目或者用于生产、储存危险物品的建设项目竣工投入生产或者使用前，安全设施未经验收合格的。

生产经营单位有下列行为之一的，责令限期改正，可以处 5 万元以下的罚款；逾期未改正的，处 5 万元以上 20 万元以下的罚款，对其直接负责的主管人员和其他直接责任人员处 1 万元以上 2 万元以下的罚款；情节严重的，责令停产停业整顿；构成犯罪的，依照刑法有关规定追究刑事责任。

① 未在有较大危险因素的生产经营场所和有关设施、设备上设置明显的安全警示标志的；

② 安全设备的安装、使用、检测、改造和报废不符合国家标准或者行业标准的；

③ 未对安全设备进行经常性维护、保养和定期检测的；

④ 未为从业人员提供符合国家标准或者行业标准的劳动防护用品的；

⑤ 危险物品的容器、运输工具，以及涉及人身安全、危险性较大的海洋石油开采特种设备和矿山井下特种设备未经具有专业资质的机构检测、检验合格，取得安全使用证或者安全标志，投入使用的；

⑥ 使用应当淘汰的危及生产安全的工艺、设备的。

未经依法批准，擅自生产、经营、运输、储存、使用危险物品或者处置废弃危险物品的，依照有关危险物品安全管理的法律、行政法规的规定予以处罚；构成犯罪的，依照刑法有关规定追究刑事责任。生产经营单位有下列行为之一的，责令限期改正，可以处 10 万元以下的罚款；逾期未改正的，责令停产停业整顿，并处 10 万元以上 20 万元以下的罚款，对其直接负责的主管人员和其他直接责任人员处 2 万元以上 5 万元以下的罚款；构成犯罪的，依照刑法有关规定追究刑事责任：

① 生产、经营、运输、储存、使用危险物品或者处置废弃危险物品，未建立专门安全管理制度、未采取可靠的安全措施的；

② 对重大危险源未登记建档，或者未进行评估、监控，或者未制定应急预案的；

③ 进行爆破、吊装以及国务院安全生产监督管理部门会同国务院有关部门规定的其他危险作业，未安排专门人员进行现场安全管理的；

④ 未建立事故隐患排查治理制度的。

生产经营单位未采取措施消除事故隐患的，责令立即消除或者限期消除；生产经营单位拒不执行的，责令停产停业整顿，并处 10 万元以上 50 万元以下的罚款，对其直接负责的主管人员和其他直接责任人员处 2 万元以上 5 万元以下的罚款。生产经营单位将生产经营项目、场所、设备发包或者出租给不具备安全生产条件或者相应资质的单位或者个人的，责令限期改正，没收违法所得；违法所得 10 万元以上的，并处违法所得 2 倍以上 5

倍以下的罚款；没有违法所得或者违法所得不足 10 万元的，单处或者并处 10 万元以上 20 万元以下的罚款；对其直接负责的主管人员和其他直接责任人员处 1 万元以上 2 万元以下的罚款；导致发生生产安全事故给他人造成损害的，与承包方、承租方承担连带赔偿责任。生产经营单位未与承包单位、承租单位签订专门的安全生产管理协议或者未在承包合同、租赁合同中明确各自的安全生产管理职责，或者未对承包单位、承租单位的安全生产统一协调、管理的，责令限期改正，可以处 5 万元以下的罚款，对其直接负责的主管人员和其他直接责任人员可以处 1 万元以下的罚款；逾期未改正的，责令停产停业整顿。两个以上生产经营单位在同一作业区域内进行可能危及对方安全生产的生产经营活动，未签订安全生产管理协议或者未指定专职安全生产管理人员进行安全检查与协调的，责令限期改正，可以处 5 万元以下的罚款，对其直接负责的主管人员和其他直接责任人员可以处 1 万元以下的罚款；逾期未改正的，责令停产停业。

生产经营单位有下列行为之一的，责令限期改正，可以处五万元以下的罚款，对其直接负责的主管人员和其他直接责任人员可以处 1 万元以下的罚款；逾期未改正的，责令停产停业整顿；构成犯罪的，依照刑法有关规定追究刑事责任：

① 生产、经营、储存、使用危险物品的车间、商店、仓库与员工宿舍在同一座建筑内，或者与员工宿舍的距离不符合安全要求的；

② 生产经营场所和员工宿舍未设有符合紧急疏散需要、标志明显、保持畅通的出口，或者锁闭、封堵生产经营场所或者员工宿舍出口的。

生产经营单位与从业人员订立协议，免除或者减轻其对从业人员因生产安全事故伤亡依法应承担的责任的，该协议无效；对生产经营单位的主要负责人、个人经营的投资人处 2 万元以上 10 万元以下的罚款。生产经营单位的从业人员不服从管理，违反安全生产规章制度或者操作规程的，由生产经营单位给予批评教育，依照有关规章制度给予处分；构成犯罪的，依照刑法有关规定追究刑事责任。违反本法规定，生产经营单位拒绝、阻碍负有安全生产监督管理职责的部门依法实施监督检查的，责令改正；拒不改正的，处 2 万元以上 20 万元以下的罚款；对其直接负责的主管人员和其他直接责任人员处 1 万元以上 2 万元以下的罚款；构成犯罪的，依照刑法有关规定追究刑事责任。生产经营单位的主要负责人在本单位发生生产安全事故时，不立即组织抢救或者在事故调查处理期间擅离职守或者逃匿的，给予降级、撤职的处分，并由安全生产监督管理部门处上一年年收入 60%～100%的罚款；对逃匿的处 15 天以下拘留；构成犯罪的，依照刑法有关规定追究刑事责任。生产经营单位的主要负责人对生产安全事故隐瞒不报、谎报或者迟报的，依照前款规定处罚。有关地方人民政府、负有安全生产监督管理职责的部门，对生产安全事故隐瞒不报、谎报或者迟报的，对直接负责的主管人员和其他直接责任人员依法给予处分；构成犯罪的，依照刑法有关规定追究刑事责任。生产经营单位不具备本法和其他有关法律、行政法规和国家标准或者行业标准规定的安全生产条件，经停产停业整顿仍不具备安全生产条件的，予以关闭；有关部门应当依法吊销其有关证照。发生生产安全事故，对负有责任的生产经营单位除要求其依法承担相应的赔偿等责任外，由安全生产监督管理部门依照下列规定处以罚款：

① 发生一般事故的，处 20 万元以上 50 万元以下的罚款；

② 发生较大事故的，处 50 万元以上 100 万元以下的罚款；

③ 发生重大事故的，处 100 万元以上 500 万元以下的罚款；

④ 发生特别重大事故的，处 500 万元以上 1 000 万元以下的罚款；情节特别严重的，处 1 000 万元以上 2 000 万元以下的罚款。

规定的行政处罚，由安全生产监督管理部门和其他负有安全生产监督管理职责的部门按照职责分工决定。予以关闭的行政处罚由负有安全生产监督管理职责的部门报请县级以上人民政府按照国务院规定的权限决定；给予拘留的行政处罚由公安机关依照治安管理处罚法的规定决定。生产经营单位发生生产安全事故造成人员伤亡、他人财产损失的，应当依法承担赔偿责任；拒不承担或者其负责人逃匿的，由人民法院依法强制执行。生产安全事故的责任人未依法承担赔偿责任，经人民法院依法采取执行措施后，仍不能对受害人给予足额赔偿的，应当继续履行赔偿义务；受害人发现责任人有其他财产的，可以随时请求人民法院执行。

第三节　专门法律

一、海上交通安全法

为了加强海上交通管理，保障船舶、设施和人员财产的安全，维护国家权益，第六届全国人民代表大会常务委员会第二次会议于 1983 年 9 月 2 日通过《中华人民共和国海上交通安全法》（以下简称《海上交通安全法》），自 1984 年 1 月 1 日起施行，它是我国有关海上交通管理的第一部法律，也是调整和制约各种海上交通行为和相互关系的准则。该法分为 12 章，共 53 条，主要包括下列内容：

1. 适用范围　本法适用于在中华人民共和国沿海水域航行、停泊和作业的一切船舶、设施和人员以及船舶、设施的所有人、经营人。

"沿海水域"是指中华人民共和国沿海的港口、内水和领海以及国家管辖的一切其他海域。

"船舶"是指各类排水或非排水船、筏、水上飞机、潜水器和移动式平台。

"设施"是指水上水下各种固定或浮动建筑、装置和固定平台。

"作业"是指在沿海水域调查、勘探、开采、测量、建筑、疏浚、爆破、救助、打捞、拖带、捕捞、养殖、装卸、科学试验和其他水上水下施工。

2. 主管机关　中华人民共和国港务监督机构，是对沿海水域的交通安全实施统一监督管理的主管机关。

国家渔政渔港监督管理机构，在以渔业为主的渔港水域内，行使本法规定的主管机关的职权，负责交通安全的监督管理，并负责沿海水域渔业船舶之间的交通事故的调查处理。具体实施办法由国务院另行规定。

3. 船舶检验、登记和人员　船舶和船上有关航行安全的重要设备必须具有船舶检验部门签发的有效技术证书。船舶必须持有船舶国籍证书或船舶登记证书或船舶执照。船舶应当按照标准定额配备足以保证船舶安全的合格船员。设施应当按照国家规定，配备掌握避碰、信号、通信、消防、救生等专业技能的人员。

船长、轮机长、驾驶员、轮机员、无线电报务员、话务员以及水上飞机、潜水器的相应人员，必须持有合格的职务证书。其他船员必须经过相应的专业技术训练。船舶、设施上的人员必须遵守有关海上交通安全的规章制度和操作规程，保障船舶、设施航行、停泊和作业的安全。

4. 航行、停泊和作业　船舶、设施航行、停泊和作业，必须遵守中华人民共和国的有关法律、行政法规和规章。

国内航行船舶进出港口，必须办理进出港签证。船舶进出港口或者通过交通管制区、通航密集区和航行条件受到限制的区域时，必须遵守中华人民共和国政府或主管机关公布的特别规定。除经主管机关特别许可外，禁止船舶进入或穿越禁航区。

主管机关发现船舶的实际状况同证书所载不相符合时，有权责成其申请重新检验或者通知其所有人、经营人采取有效的安全措施。主管机关认为船舶对港口安全具有威胁时，有权禁止其入港或令其离港。

船舶、设施有下列情况之一的，主管机关有权禁止其离港，或令其停航、改航、停止作业：

① 违反中华人民共和国有关的法律、行政法规或规章；

② 处于不适航或不适拖状态；

③ 发生交通事故，手续未清；

④ 未向主管机关或有关部门交付应承担的费用，也未提供适当的担保；

⑤ 主管机关认为有其他妨害或者可能妨害海上交通安全的情况。

5. 安全保障　船舶、设施发生事故，对交通安全造成或者可能造成危害时，主管机关有权采取必要的强制性处置措施。

禁止损坏助航标志和导航设施。损坏助航标志或导航设施的，应当立即向主管机关报告，并承担赔偿责任。对于船舶、设施，发现下列情况，应当迅速报告主管机关：

① 助航标志或导航设施变异、失常；

② 有妨碍航行安全的障碍物、漂流物；

③ 其他有碍航行安全的异常情况。

6. 危险货物运输　船舶、设施储存、装卸、运输危险货物，必须具备安全可靠的设备和条件，遵守国家关于危险货物管理和运输的规定。船舶装运危险货物，必须向主管机关办理申报手续，经批准后，方可进出港口或装卸。

7. 海难救助　船舶、设施或飞机遇难时，除发出呼救信号外，还应当以最迅速的方式将出事时间、地点、受损情况、救助要求以及发生事故的原因向主管机关报告。

遇难船舶、设施或飞机及其所有人、经营人应当采取一切有效措施组织自救。事故现场附近的船舶、设施收到求救信号或发现有人遭遇生命危险时，在不严重危及自身安全的情况下，应当尽力救助遇险人员，并迅速向主管机关报告现场情况和本船舶、设施的名称、呼号和位置。发生碰撞事故的船舶、设施，应当互通名称、国籍和登记港，并尽一切可能救助遇险人员。在不严重危及自身安全的情况下，当事船舶不得擅自离开事故现场。

主管机关接到求救报告后，应当立即组织救助。有关单位和在事故现场附近的船舶、设施，必须听从主管机关的统一指挥。外国派遣船舶或飞机进入中华人民共和国领海或领海上空搜寻救助遇难的船舶或人员，必须经主管机关批准。

8. 打捞清除 对影响安全航行、航道整治以及有潜在爆炸危险的沉没物、漂浮物，其所有人、经营人应当在主管机关限定的时间内打捞清除。否则，主管机关有权采取措施强制打捞清除，其全部费用由沉没物、漂浮物的所有人、经营人承担。本条规定不影响沉没物、漂浮物的所有人、经营人向第三方索赔的权利。

未经主管机关批准，不得擅自打捞或拆除沿海水域内的沉船沉物。

9. 交通事故的调查处理 船舶、设施发生交通事故，应当向主管机关递交事故报告书和有关资料，并接受调查处理。事故的当事人和有关人员，在接受主管机关调查时，必须如实提供现场情况和与事故有关的情节。船舶、设施发生的交通事故，由主管机关查明原因，判明责任。

10. 法律责任 对违反《海上交通安全法》的，主管机关可视情节，给予下列一种或几种处罚：警告，扣留或吊销职务证书，罚款。

当事人对主管机关给予的罚款、吊销职务证书处罚不服的，可以在接到处罚通知之日起 60 天内申请行政复议，也可以在 6 个月内向人民法院起诉；期满不起诉又不履行的，由主管机关申请人民法院强制执行。因海上交通事故引起的民事纠纷，可以由主管机关调解处理，不愿意调解或调解不成的，当事人可以向人民法院起诉；涉外案件的当事人，还可以根据书面协议提交仲裁机构仲裁。对违反本法构成犯罪的人员，由司法机关依法追究刑事责任。

二、渔业船舶水上安全事故报告和调查处理规定

为加强渔业船舶水上安全管理，规范渔业船舶水上安全事故的报告和调查处理工作，落实渔业船舶水上安全事故责任追究制度，根据《中华人民共和国安全生产法》《中华人民共和国海上交通安全法》《生产安全事故报告和调查处理条例》《中华人民共和国渔港水域交通安全管理条例》《中华人民共和国海上交通事故调查处理条例》《中华人民共和国内河交通安全管理条例》等法律法规，农业部制定了《渔业船舶水上安全事故报告和调查处理规定》（以下简称《规定》）并于 2012 年 12 月 25 日公布，自 2013 年 2 月 1 日起施行。《规定》共有 6 章 41 条。

1. 适用范围 下列水上安全事故的报告和调查处理，适用本规定：

（1）船舶、设施在中华人民共和国渔港水域内发生的水上安全事故。

（2）在中华人民共和国渔港水域外从事渔业活动的渔业船舶以及渔业船舶之间发生的水上安全事故。

（3）渔业船舶与非渔业船舶之间在渔港水域外发生的水上安全事故，按照有关规定调查处理。

（4）本规定所称水上安全事故，包括水上生产安全事故和自然灾害事故。

水上生产安全事故是指因碰撞、风损、触损、火灾、自沉、机械损伤、触电、急性工业中毒、溺水或其他情况造成渔业船舶损坏、沉没或人员伤亡、失踪的事故。自然灾害事故是指台风或大风、龙卷风、风暴潮、雷暴、海啸、海冰或其他灾害造成渔业船舶损坏、沉没或人员伤亡、失踪的事故。

2. 主管机关　除特别重大事故外，碰撞、风损、触损、火灾、自沉等水上安全事故，由渔船事故调查机关组织事故调查组按本规定调查处理；机械损伤、触电、急性工业中毒、溺水和其他水上安全事故，经有调查权限的人民政府授权或委托，有关渔船事故调查机关按本规定调查处理。

3. 事故报告

（1）渔业船舶水上安全事故报告应当及时、准确、完整，任何单位或个人不得迟报、漏报、谎报或者瞒报。

（2）发生渔业船舶水上安全事故后，当事人或其他知晓事故发生的人员应当立即向就近渔港或船籍港的渔船事故调查机关报告。

（3）渔业船舶在渔港水域外发生水上安全事故，应当在进入第一个港口或事故发生后48小时内向船籍港渔船事故调查机关提交水上安全事故报告书和必要的文书资料。

船舶、设施在渔港水域内发生水上安全事故，应当在事故发生后24小时内向所在渔港渔船事故调查机关提交水上安全事故报告书和必要的文书资料。

4. 事故调查　事故当事人和有关人员应当配合调查，如实陈述事故的有关情节，并提供真实的文书资料。渔船事故调查机关因调查需要，可以责令当事船舶驶抵指定地点接受调查。除危及自身安全的情况外，当事船舶未经渔船事故调查机关同意，不得驶离指定地点。

5. 事故处理　对渔业船舶水上安全事故负有责任的人员和船舶、设施所有人、经营人，由渔船事故调查机关依据有关法律法规和《中华人民共和国渔业港航监督行政处罚规定》给予行政处罚，并可建议有关部门和单位给予处分。

根据渔业船舶水上安全事故发生的原因，渔船事故调查机关可以责令有关船舶、设施的所有人、经营人限期加强对所属船舶、设施的安全管理。对拒不加强安全管理或在期限内达不到安全要求的，渔船事故调查机关有权禁止有关船舶、设施离港，或责令其停航、改航、停止作业，并可依法采取其他必要的强制处置措施。

渔业船舶水上安全事故当事人和有关人员涉嫌犯罪的，渔船事故调查机关应当依法移送司法机关追究刑事责任。

6. 调解　因渔业船舶水上安全事故引起的民事纠纷，当事人各方可以在事故发生之日起30天内，向负责事故调查的渔船事故调查机关共同提出书面申请调解，渔船事故调查机关开展调解，应当遵循公平自愿的原则。已向仲裁机构申请仲裁或向人民法院提起诉讼，当事人申请调解的，不予受理。

经调解达成协议的，当事人各方应当共同签署《调解协议书》，并由渔船事故调查机关签章确认。《调解协议书》应当包括以下内容：

①当事人姓名或名称及住所；

②法定代表人或代理人姓名及职务；

③纠纷主要事实；

④事故简况；

⑤当事人责任；

⑥协议内容；

⑦ 调解协议履行的期限。

已向渔船事故调查机关申请调解的民事纠纷，当事人中途不愿调解的，应当递交终止调解的书面申请，并通知其他当事人。自受理调解申请之日起 3 个月内，当事人各方未达成调解协议的，渔船事故调查机关应当终止调解，并告知当事人可以向仲裁机构申请仲裁或向人民法院提起诉讼。

三、渔港水域交通安全管理条例

《中华人民共和国渔港水域交通安全管理条例》（以下简称《条例》）于 1989 年 5 月 5 日由国务院第四十次常务会议通过，1989 年 7 月 3 日国务院令第三十八号发布，自 1989 年 8 月 1 日起施行。于 2011 年 1 月 8 日进行修订。《条例》共 29 条，主要包括下列内容：

1. 适用对象 《条例》适用于在中华人民共和国沿海以渔业为主的渔港和渔港水域（以下简称"渔港"和"渔港水域"）航行、停泊、作业的船舶、设施和人员以及船舶、设施的所有者、经营者。

"渔港"是指主要为渔业生产服务和供渔业船舶停泊、避风、装卸渔获物和补充渔需物资的人工港口或者自然港湾。

"渔港水域"是指渔港的港池、锚地、避风湾和航道。

"渔业船舶"是指从事渔业生产的船舶以及属于水产系统为渔业生产服务的船舶，包括捕捞船、养殖船、水产运销船、冷藏加工船、油船、供应船、渔业指导船、科研调查船、教学实习船、渔港工程船、拖轮、交通船、驳船、渔政船和渔监船。

2. 主管机关 中华人民共和国渔政渔港监督管理机关是对渔港水域交通安全实施监督管理的主管机关，并负责沿海水域渔业船舶之间交通事故的调查处理。

3. 航行、停泊和作业 船舶进出渔港必须遵守渔港管理章程以及国际海上避碰规则，并依照规定办理签证，接受安全检查。渔港内的船舶必须服从渔政渔港监督管理机关对水域交通安全秩序的管理。船舶在渔港内停泊、避风和装卸物资，不得损坏渔港的设施装备；造成损坏的应当向渔政渔港监督管理机关报告，并承担赔偿责任。

船舶在渔港内装卸易燃、易爆、有毒等危险货物，必须遵守国家关于危险货物管理的规定，并事先向渔政渔港监督管理机关提出申请，经批准后在指定的安全地点装卸。在渔港内的航道、鱼池、锚地和停泊区，禁止从事有碍海上交通安全的捕捞、养殖等生产活动；确需从事捕捞、养殖等生产活动的，必须经渔政渔港监督管理机关批准。

渔业船舶在向渔政渔港监督管理机关申请船舶登记，并取得渔业船舶国籍证书或者渔业船舶登记证书后，方可悬挂中华人民共和国国旗航行。渔业船舶必须经船舶检验部门检验合格，取得船舶技术证书，并领取渔港监督管理机关签发的渔业船舶航行签证簿后，方可从事渔业生产。

渔业船舶的船长、轮机长、驾驶员、轮机员、电机员、无线电报务员、话务员，必须经渔政渔港监督管理机关考核合格，取得职务证书，其他人员应当经过相应的专业训练。

渔业船舶之间发生交通事故时，应当向就近的渔政渔港监督管理机关报告，并在进入第一个港口 48 小时之内向渔政渔港监督管理机关递交事故报告书和有关材料，接受调查处理。渔政渔港监督管理机关对渔港水域内的交通事故和其他沿海水域渔业船舶之间的交通事故，应当及时查明原因，判明责任，做出处理决定。

渔港内的船舶、设施发生事故，对海上交通安全造成或者可能造成危害，渔政渔港监督管理机关有权对其采用强制性处置措施。渔港内的船舶、设施有下列情形之一的，渔政渔港监督管理机关有权禁止其离港，或者令其停航、改航、停止作业：

（1）违反中华人民共和国法律、法规或者规章的；

（2）处于不适航或者不适拖状态的；

（3）发生交通事故、手续未清的；

（4）未向渔政渔港监督管理机关或者有关部门交付应当承担的费用，也未提供担保的；

（5）渔政渔港监督管理机关认为有其他妨害或者可能妨害海上交通安全的。

4. 法律责任

（1）行政责任。船舶进出渔港依照规定应当到渔政渔港监督管理机关办理签证而未办理签证的，或者在渔港内不服从渔政渔港监督管理机关对水域交通安全秩序管理的，由渔政渔港监督管理机关责令改正，可以并处警告、罚款；情节严重的，扣留或者吊销船长职务证书（扣留职务证书时间最长不超过 6 个月，下同）。

违反本条例规定，有下列行为之一的，由渔政渔港监督管理机关责令停止违法行为，可以并处警告、罚款；造成损失的，应当承担赔偿责任；对直接责任人员由其所在单位或者上级主管机关给予行政处分。

① 未经渔政渔港监督管理机关批准或者未按照批准文件的规定，在渔港内装卸易燃、易爆、有毒等危险货物的；

② 未经渔政渔港监督管理机关批准，在渔港内新建、改建、扩建各种设施或者进行其他水上水下施工作业的；

③ 在渔港内的航道、港池、锚地和停泊区从事有碍海上交通安全的捕捞、养殖等生产活动的。

违反本条例规定，未持有船舶证书或者未配齐船员的，由渔政渔港监督管理机关责令改正，可以并处罚款。

违反本条例规定，不执行渔政渔港监督管理机关做出离港、停航、改航、停止作业的决定，或者在执行中违反上述决定的，由渔政渔港监督管理机关责令改正，可以并处警告、罚款；情节严重的，扣留或者吊销船长职务证书。

（2）刑事责任。拒绝、阻碍渔政渔港监督管理工作人员依法执行公务，应当给予治安管理处罚的，由公安机关依照《中华人民共和国治安管理处罚法》有关规定处罚；构成犯罪的，由司法机关依法追究刑事责任。

（3）权利救济。当事人对渔政渔港监督管理机关做出的行政处罚决定不服的，可以在接到处罚通知之日起 60 天内申请行政复议，也可在 6 个月内向人民法院起诉；期满不起诉又不履行的，由渔政渔港监督管理机关申请人民法院强制执行。

因渔港水域内发生的交通事故或者其他沿海水域发生的渔业船舶之间的交通事故引起的民事纠纷，可以由渔政渔港监督管理机关调解处理；调解不成或者不愿意调解的，当事人可以向人民法院起诉。

四、渔业船员管理办法

为加强渔业船员管理，维护渔业船员合法权益，保障渔业船舶及船上人员的生命财产安全。农业部根据《中华人民共和国船员条例》于 2014 年 5 月 4 日第四次常务会议审议通过《中华人民共和国渔业船员管理办法》，并于 2015 年 1 月 1 日起施行。本办法共有 8 章 53 条，主要内容如下：

1. 适用范围　本办法适用于在中华人民共和国国籍渔业船舶上工作的渔业船员的管理。渔业船员，是指服务于渔业船舶，具有固定工作岗位的人员。

2. 主管机关　农业农村部负责全国渔业船员管理工作。

县级以上地方人民政府渔业行政主管部门及其所属的渔政渔港监督管理机构，依照各自职责负责渔业船员管理工作。

3. 渔业船员任职和发证

（1）渔业船员实行持证上岗制度。渔业船员应当按照本办法的规定接受培训，经考试或考核合格，取得相应的渔业船员证书后，方可在渔业船舶上工作。

在远洋渔业船舶上工作的中国籍船员，还应当按照有关规定取得中华人民共和国海员证。

（2）渔业船员分为职务船员和普通船员。职务船员是负责船舶管理的人员，包括以下 5 类：

① 驾驶人员，职级包括船长、船副、助理船副；

② 轮机人员，职级包括轮机长、管轮、助理管轮；

③ 机驾长；

④ 电机员；

⑤ 无线电操作员。

普通船员是职务船员以外的其他船员，普通船员证书分为海洋渔业普通船员证书和内陆渔业普通船员证书。

（3）渔业船员培训包括基本安全培训、职务船员培训和其他培训。

（4）渔业船员考试包括理论考试和实操评估。海洋渔业船员考试大纲由农业农村部统一制定并公布。内陆渔业船员考试大纲由省级渔政渔港监督管理机构根据本辖区的具体情况制定并公布。渔业船员考核可由渔政渔港监督管理机构根据实际需要和考试大纲，选取适当科目和内容进行。

（5）渔业船员证书的有效期不超过 5 年。证书有效期满，持证人需要继续从事相应工作的，应当向有相应管理权限的渔政渔港监督管理机构申请换发证书。渔政渔港监督管理机构可以根据实际需要和职务知识技能更新情况组织考核，对考核合格的，换发相应渔业船员证书。渔业船员证书期满 5 年后，持证人需要从事渔业船员工作的，应当重新申请原等级原职级证书。

（6）有效期内的渔业船员证书损坏或丢失的，应当凭损坏的证书原件或在原发证机关所在地报纸刊登遗失声明，向原发证机关申请补发。补发的渔业船员证书有效期应当与原证书有效期一致。

4. 渔业船员配员和职责

（1）海洋渔业船舶应当满足本办法规定的职务船员最低配员标准。

持有高等级职级船员证书的船员可以担任低等级职级船员职务。渔业船舶所有人或经营人可以根据作业安全和管理的需要，增加职务船员的配员。

（2）渔业船舶在境外遇有不可抗力或其他持证人不能履行职务的特殊情况，导致无法满足本办法规定的职务船员最低配员标准时，可以由船舶所有人或经营人向船籍港所在地省级渔政渔港监督管理机构申请临时担任上一职级职务。

（3）渔业船舶所有人或经营人应当为在渔业船舶上工作的渔业船员建立基本信息档案，并报船籍港所在地渔政渔港监督管理机构或渔政渔港监督管理机构委托的服务机构备案。

（4）渔业船员在船工作期间，应当履行以下职责：

① 携带有效的渔业船员证书；

② 遵守法律法规和安全生产管理规定，遵守渔业生产作业及防治船舶污染操作规程；

③ 执行渔业船舶上的管理制度、值班规定；

④ 服从船长及上级职务船员在其职权范围内发布的命令；

⑤ 参加渔业船舶应急训练、演习，落实各项应急预防措施；

⑥ 及时报告发现的险情、事故或者影响航行、作业安全的情况；

⑦ 在不严重危及自身安全的情况下，尽力救助遇险人员；

⑧ 不得利用渔业船舶私载、超载人员和货物，不得携带违禁物品；

⑨ 不得在生产航次中辞职或者擅自离职。

（5）渔业船员在船舶航行、作业、锚泊时应当按照规定值班。

（6）船长是渔业安全生产的直接责任人，在组织开展渔业生产、保障水上人身与财产安全、防治渔业船舶污染水域和处置突发事件方面，具有独立决定权，并履行以下职责：

① 确保渔业船舶和船员携带符合法定要求的证书、文书以及有关航行资料；

② 确保渔业船舶和船员在开航时处于适航、适任状态，保证渔业船舶符合最低配员标准，保证渔业船舶的正常值班；

③ 服从渔政渔港监督管理机构依据职责对渔港水域交通安全和渔业生产秩序的管理，执行有关水上交通安全、渔业资源养护和防治船舶污染等规定；

④ 确保渔业船舶依法进行渔业生产，正确合法使用渔具渔法，在船人员遵守相关法律法规，按规定填写渔捞日志，并按规定开启和使用安全通导设备；

⑤ 在渔业船员证书上如实记载渔业船员的服务资历和任职表现；

⑥ 按规定申请办理渔业船舶进出港签证手续；

⑦ 发生水上安全交通事故、污染事故、涉外事件、公海登临和港口国检查时，应当立即向渔政渔港监督管理机构报告，并在规定的时间内提交书面报告；

⑧ 全力保障在船人员安全，发生水上安全事故危及船上人员或财产安全时，应当组织船员尽力施救；

⑨ 弃船时，船长应当最后离船，并尽力抢救渔捞日志、轮机日志、油类记录簿等文件和物品；

⑩ 在不严重危及自身船舶和人员安全的情况下，尽力履行水上救助义务。

（7）船长在其职权范围内发布的命令，船舶上所有人员必须执行。船长履行职责时，可以行使下列权力：

① 当渔业船舶不具备安全航行条件时，拒绝开航或者续航；

② 对渔业船舶所有人或经营人下达的违法指令，或者可能危及船员、财产或船舶安全，以及造成渔业资源破坏和水域环境污染的指令，可以拒绝执行；

③ 当渔业船舶遇险并严重危及船上人员的生命安全时，决定船上人员撤离渔业船舶；

④ 在渔业船舶沉没、毁灭不可避免的情况下，报经渔业船舶所有人或经营人同意后弃船，紧急情况除外；

⑤ 责令不称职的船员离岗。

5. 监督管理

（1）渔政渔港监督管理机构应当健全渔业船员管理及监督检查制度，建立渔业船员档案，督促渔业船舶所有人或经营人完善船员安全保障制度，落实相应的保障措施。

（2）渔政渔港监督管理机构依法实施监督检查时，船员、渔业船舶所有人和经营人、船员培训机构和服务机构应当予以配合，如实提供证书、材料及相关情况。

（3）渔业船员违反有关法律、法规、规章的，除依法给予行政处罚外，各省级人民政府渔业行政主管部门可根据本地实际情况实行累计记分制度。

6. 法律责任

（1）违反本办法规定，以欺骗、贿赂等不正当手段取得渔业船员证书的，由渔政渔港监督管理机构撤销有关证书，可并处 2 000 元以上 1 万元以下罚款，3 年内不再受理申请人渔业船员证书申请。

（2）伪造、变造、转让渔业船员证书的，由渔政渔港监督管理机构收缴有关证书，并处 2 000 元以上 5 万元以下罚款；有违法所得的，没收违法所得；构成犯罪的，依法追究刑事责任。

（3）渔业船员在船工作期间，应当履行（1）至（5）项规定，违反规定的，由渔政渔港监督管理机构予以警告；情节严重的，处 200 元以上 2 000 元以下罚款。

（4）渔业船员在船工作期间，应当履行职责（6）至（9）项规定，以及渔业船员在船舶航行、作业、锚泊时，值班船员应当履行相应的职责，违反规定的，由渔政渔港监督管理机构处 1 000 元以上 2 万元以下罚款；情节严重的，并可暂扣渔业船员证书 6 个月以上 2 年以下；情节特别严重的，并可吊销渔业船员证书。

（5）渔业船舶的船长应履行组织开展渔业生产、保障水上人员人身与财产安全、防治渔业船舶污染水域和处置突发事件方面职责的，违反规定的，由渔政渔港监督管理机构处 2 000 元以上 2 万元以下罚款；情节严重的，并可暂扣渔业船舶船长职务船员证书 6 个月以上 2 年以下；情节特别严重的，并可吊销渔业船舶船长职务船员证书。

（6）渔业船员因违规造成责任事故的，暂扣渔业船员证书 6 个月以上 2 年以下；情节严重的，吊销渔业船员证书；构成犯罪的，依法追究刑事责任。

（7）渔业船员证书被吊销的，自被吊销之日起 5 年内，不得申请渔业船员证书。

（8）渔业船舶所有人或经营人有下列行为之一的，由渔政渔港监督管理机构责令改正；拒不改正的，处 5 000 元以上 5 万元以下罚款。

① 未按规定配齐渔业职务船员，或招用未取得本办法规定证件的人员在渔业船舶上工作的；

② 渔业船员在渔业船舶上生活和工作的场所不符合相关要求的；

③ 渔业船员在船工作期间患病或者受伤，未及时给予救助的。

五、渔业船舶登记办法

为加强渔业船舶监督管理，确定渔业船舶的所有权、国籍、船籍港及其他有关法律关系，保障渔业船舶登记有关各方的合法权益，根据《中华人民共和国海上交通安全法》《中华人民共和国渔业法》《中华人民共和国海商法》等有关法律、法规的规定，农业部于 2012 年第十次常务会议审议通过《中华人民共和国渔业船舶登记办法》，并于 2013 年 1 月 1 日起施行，主要内容如下：

1. 适用范围　中华人民共和国公民或法人所有的渔业船舶，以及中华人民共和国公民或法人以光船条件从境外租进的渔业船舶，应当依照本办法进行登记。

2. 主管机关　农业农村部主管全国渔业船舶登记工作。农业农村部渔业渔政管理局（原中华人民共和国渔政局）具体负责全国渔业船舶登记及其监督管理工作，

县级以上地方人民政府渔业行政主管部门主管本行政区域内的渔业船舶登记工作。县级以上地方人民政府渔业行政主管部门所属的渔港监督机关（以下简称登记机关）依照规定权限负责本行政区域内的渔业船舶登记及其监督管理工作。

3. 船舶登记与国籍　渔业船舶依照本办法进行登记，取得中华人民共和国国籍，方可悬挂中华人民共和国国旗航行。渔业船舶不得具有双重国籍。凡在境外登记的渔业船舶，未中止或者注销原登记国籍的，不得取得中华人民共和国国籍。

4. 船名核定

（1）渔业船舶只能有一个船名。

（2）有下列情形之一的，渔业船舶所有人或承租人应当向登记机关申请船名：

① 制造、进口渔业船舶的；

② 因继承、赠予、购置、拍卖或法院生效判决取得渔业船舶所有权，需要变更船名的；

③ 以光船条件从境外租进渔业船舶的。

（3）申请渔业船舶船名核定，申请人应当填写渔业船舶船名申请表，交验渔业船舶所有人或承租人的户口簿或企业法人营业执照，并提交下列材料：

① 捕捞渔船和捕捞辅助船应当提交省级以上人民政府渔业行政主管部门签发的渔业船网工具指标批准书；

② 养殖渔船应当提交渔业船舶所有人持有的养殖证；

③ 从境外租进的渔业船舶，应当提交农业农村部同意租赁的批准文件；

④ 申请变更渔业船舶船名的，应当提供变更理由及相关证明材料。

（4）登记机关应当自受理申请之日起 7 个工作日内做核定决定。予以核定的，向申请人核发渔业船舶船名核定书，同时确定该渔业船舶的船籍港。

（5）渔业船舶船名核定书的有效期为 18 个月，超过有效期未使用船名的，渔业船舶船名核定书作废，渔业船舶所有人应当按照本办法规定重新提出申请。

5. 所有权登记

（1）渔业船舶所有权的取得、转让和消灭，应当依照本办法进行登记；登记机关准予登记的，向渔业船舶所有人核发渔业船舶所有权登记证书。未经登记的，不得对抗善意第三人。

（2）渔业船舶所有权登记，由渔业船舶所有人申请。共有的渔业船舶，由持股比例最大的共有人申请；持股比例相同的，由约定的共有人一方申请。

6. 国籍登记

（1）渔业船舶应当依照本办法进行渔业船舶国籍登记，方可取得航行权。渔业船舶国籍登记，由渔业船舶所有人申请。

登记机关准予登记的，向船舶所有人核发渔业船舶国籍证书，同时核发渔业船舶航行签证簿，载明船舶主要技术参数。

（2）以光船条件从境外租进渔业船舶的，承租人应当持光船租赁合同、渔业船舶检验证书或报告、农业农村部批准租进的文件和原登记机关出具的中止或者注销原国籍的证明书，或者将于重新登记时立即中止或者注销原国籍的证明书，向省级登记机关申请办理临时渔业船舶国籍证书。

（3）渔业船舶国籍证书或临时渔业船舶国籍证书必须随船携带。渔业船舶国籍证书有效期为 5 年。

（4）以光船租赁条件从境外租进的渔业船舶，临时渔业船舶国籍证书的有效期根据租赁合同期限确定，但是最长不得超过两年。租赁合同期限超过两年的，承租人应当在证书有效期届满 30 天前，持渔业船舶租赁登记证书、原临时渔业船舶国籍证书和租赁合同，向原登记机关申请换发临时渔业船舶国籍证书，

7. 变更登记和注销登记

（1）下列登记事项发生变更的，渔业船舶所有人应当向原登记机关申请变更登记。

① 船名；

② 船舶主尺度、吨位或船舶种类；

③ 船舶主机类型、数量或功率；

④ 船舶所有人姓名、名称或地址（船舶所有权发生转移的除外）；

⑤ 船舶共有情况；

⑥ 船舶抵押合同、租赁合同（解除合同的除外）。

（2）渔业船舶有下列情形之一的，渔业船舶所有人应当向登记机关申请办理渔业船舶所有权注销登记。

① 所有权转移的；

② 灭失或失踪满 6 个月的；

③ 拆解或销毁的；

④ 自行终止渔业生产活动的。

（3）有下列情形之一的，登记机关可直接注销该渔业船舶国籍：

① 国籍证书有效期满未依法延续的；

② 渔业船舶检验证书有效期满未依法延续的；

③ 以贿赂、欺骗等不正当手段取得渔业船舶国籍的；

④ 依法应当注销的其他情形。

（4）已经办理注销登记的灭失或失踪的渔业船舶，经打捞或寻找，原船恢复后，渔业船舶所有人应当书面说明理由，持有关证明文件，依照本办法向原登记机关重新申请办理渔业船舶登记。

8. 证书换发和补发

（1）渔业船舶所有人应当在渔业船舶国籍证书有效期届满 3 个月前，持渔业船舶国籍证书和渔业船舶检验证书到登记机关申请换发国籍证书。渔业船舶登记证书污损不能使用的，渔业船舶所有人应当持原证书向登记机关申请换发。

（2）渔业船舶登记相关证书、证明遗失或者灭失的，渔业船舶所有人应当在当地报纸上公告声明，并自公告发布之日起 15 天后凭有关证明材料向登记机关申请补发证书、证明。

申请补发渔业船舶国籍证书期间需要航行作业的，渔业船舶所有人可以向原登记机关申请办理有效期不超过 1 个月的临时渔业船舶国籍证书。

（3）渔业船舶国籍证书在境外遗失、灭失或者损坏的，渔业船舶所有人应当向中华人民共和国驻外使（领）馆申请办理临时渔业船舶国籍证书，并同时向原登记机关申请补发渔业船舶国籍证书。

9. 监督管理　禁止涂改、伪造、变造、转让渔业船舶登记证书，有此情形的，渔业船舶登记证书无效。

六、渔业捕捞许可管理规定

为了保护、合理利用渔业资源，控制捕捞强度，维护渔业生产秩序，保障渔业生产者的合法权益，根据《中华人民共和国渔业法》，制定了《中华人民共和国渔业捕捞许可管理规定》（以下简称《规定》），自 2002 年 12 月 1 日起施行。后经 2004 年 7 月、2007 年 11 月和 2013 年 12 月 3 次修订。新版《规定》经 2018 年农业农村部第七次常务会议审议通过，自 2019 年 1 月 1 日起施行，农业部 2002 年 8 月 23 日发布，2004 年 7 月 1 日、2007 年 11 月 8 日和 2013 年 12 月 31 日修订的《中华人民共和国渔业捕捞许可管理规定》同时废止。

主要内容如下：

1. 适用范围　中华人民共和国的公民、法人和其他组织从事渔业捕捞活动，以及外国人、外国渔业船舶在中华人民共和国领域及管辖的其他水域从事渔业捕捞活动，应当遵守本规定。中华人民共和国缔结的条约、协定另有规定的，按条约、协定执行。

渔业捕捞活动是捕捞或准备捕捞水生生物资源的行为，以及为这种行为提供支持和服务的各种活动。在尚未管理的滩涂或水域手工零星采集水产品的除外。

渔船是指《中华人民共和国渔港水域交通安全管理条例》规定的渔业船舶。

船长是指渔业船舶国籍证书中所载明的船长。

捕捞渔船是指从事捕捞活动的生产船。

2. 主管机关 农业农村部主管全国渔业捕捞许可管理和捕捞能力总量控制工作。县级以上地方人民政府渔业主管部门及其所属的渔政监督管理机构负责本行政区域内的渔业捕捞许可管理和捕捞能力总量控制的组织、实施工作。

3. 捕捞业实行管理制度 县级以上地方人民政府渔业主管部门及其所属的渔政监督管理机构负责本行政区域内的渔业捕捞许可管理和捕捞能力总量控制的组织、实施工作。

县级以上人民政府渔业主管部门应当在其办公场所和网上办理平台，公布船网工具指标、渔业捕捞许可证审批的条件、程序、期限以及需要提交的全部材料目录和申请书示范文本等事项。县级以上人民政府渔业主管部门应当按照本规定自受理船网工具指标或渔业捕捞许可证申请之日起20个工作日内审查完毕或者做出是否批准的决定。不予受理申请或者不予批准的，应当书面通知申请人并说明理由。县级以上人民政府渔业主管部门应当加强渔船和捕捞许可管理信息系统建设，建立健全渔船动态管理数据库。海洋渔船船网工具指标和捕捞许可证的申请、审核审批及制发证书文件等应当通过全国统一的渔船动态管理系统进行。申请人应当提供的户口簿、营业执照、渔业船舶检验证书、渔业船舶登记证等法定证照、权属证明在全国渔船动态管理系统或者部门间核查能够查询到有效信息的，可以不再提供纸质材料。

4. 捕捞渔船的分类

（1）海洋捕捞渔船按下列标准分类：

① 海洋大型渔船：船长大于或者等于24米；

② 海洋中型渔船：船长大于或者等于12米且小于24米；

③ 海洋小型渔船：船长小于12米。

（2）内陆渔船的分类标准由各省、自治区、直辖市人民政府渔业主管部门制定。

5. 船网工具指标管理 船网工具控制指标是指渔船的数量及其主机功率数值、网具或其他渔具数量的最高限额。

（1）捕捞船网工具指标的控制。国内海洋大中型捕捞渔船的船网工具控制指标由农业农村部确定并报国务院批准后，向有关省、自治区、直辖市下达。国内海洋小型捕捞渔船的船网工具控制指标由省、自治区、直辖市人民政府依据其渔业资源与环境承载能力、资源利用状况、渔民传统作业情况等确定，报农业农村部批准后下达。

县级以上地方人民政府渔业主管部门应当控制本行政区域内海洋捕捞渔船的数量、功率，不得超过国家或省、自治区、直辖市人民政府下达的船网工具控制指标，具体办法由省、自治区、直辖市人民政府规定。

内陆水域捕捞业的船网工具控制指标和管理，按照省、自治区、直辖市人民政府的规定执行。

申请海洋捕捞渔船船网工具指标，应当向户籍所在地、法人或非法人组织登记地县级以上人民政府渔业主管部门提出，提交渔业船网工具指标申请书、申请人户口簿或者营业执照，以及申请人所属渔业组织出具的意见，并按以下情况提供资料：

① 制造海洋捕捞渔船的，提供经确认符合船机桨匹配要求的渔船建造设计图纸。

国内海洋捕捞渔船淘汰后申请制造渔船的，还应当提供渔船拆解所在地县级以上地方人民政府渔业主管部门与渔船定点拆解厂（点）共同出具的渔业船舶拆解、销毁或处理证明和现场监督管理的影像资料，以及原发证机关出具的渔业船舶证书注销证明。

国内海洋捕捞渔船因海损事故造成渔船灭失后申请制造渔船的，还应当提供船籍港登记机关出具的灭失证明和原发证机关出具的渔业船舶证书注销证明。

② 购置海洋捕捞渔船应提供的材料：

a. 被购置渔船的渔业船舶检验证书、渔业船舶国籍证书和所有权登记证书；

b. 被购置渔船的渔业捕捞许可证注销证明；

c. 渔业船网工具指标转移证明；

d. 渔船交易合同；

e. 出售方户口簿或者营业执照。

③ 更新改造海洋捕捞渔船应提供的材料：

a. 渔业船舶检验证书、渔业船舶国籍证书和所有权登记证书；

b. 渔业捕捞许可证注销证明。

c. 申请增加国内渔船主机功率的，还应当提供用于主机功率增加部分的被淘汰渔船的拆解、销毁或处理证明和现场监督管理的影像资料或者灭失证明，及其原发证机关出具的渔业船舶证书注销证明，并提供经确认符合船机桨匹配要求的渔船建造设计图纸。

④ 进口海洋捕捞渔船的，提供进口理由、渔业船舶进口技术评定书。

⑤ 申请制造、购置、更新改造、进口远洋渔船的，除分别按照第一项、第二项、第三项、第四项规定提供相应资料外，应当提供远洋渔业项目可行性研究报告；到他国管辖海域作业的远洋渔船，还应当提供与外方的合作协议或有关当局同意入渔的证明。但是，申请购置和更新改造的远洋渔船，不需要提供渔业捕捞许可证注销证明。

⑥ 购置并制造、购置并更新改造、进口并更新改造海洋捕捞渔船的，同时按照制造、更新改造和进口海洋捕捞渔船的要求提供相关材料。

下列海洋捕捞渔船的船网工具指标，向省级人民政府渔业主管部门申请：①远洋渔船；②因特殊需要，超过国家下达的省、自治区、直辖市渔业船网工具控制指标的渔船；③其他依法应由农业农村部审批的渔船。省级人民政府渔业主管部门应当按照规定进行审查，并将审查意见和申请人的全部申请材料报农业农村部审批。

除上述规定情况外，制造或者更新改造国内海洋大中型捕捞渔船的船网工具指标，由省级人民政府渔业主管部门审批。跨省、自治区、直辖市购置国内海洋捕捞渔船的，由买入地省级人民政府渔业主管部门审批。其他国内渔船的船网工具指标的申请、审批，由省、自治区、直辖市人民政府规定。

制造、更新改造国内海洋捕捞渔船的，应当在本省、自治区、直辖市渔业船网工具控制指标范围内，通过淘汰旧捕捞渔船解决，船数和功率应当分别不超过淘汰渔船的船数和功率。国内海洋大中型捕捞渔船和小型捕捞渔船的船网工具指标不得相互转换。购置国内海洋捕捞渔船的船网工具指标随船转移。国内海洋大中型捕捞渔船不得跨海区买卖，国内海洋小型和内陆捕捞渔船不得跨省、自治区、直辖市买卖。国内现有海洋捕捞渔船经审批转为远洋捕捞作业的,其船网工具指标予以保留。因渔船发生重大改造,导致渔船主尺度、主机功率和作业类型发生变更的除外。专业远洋渔船不计入省、自治区、直辖市的船网工具控制指标,由农业农村部统一管理,不得在我国管辖水域作业。

渔船灭失、拆解、销毁的,原船舶所有人可自渔船灭失、拆解、销毁之日起 12 个月内,按本规定申请办理渔船制造或更新改造手续;逾期未申请的,视为自行放弃,由渔业主管部门收回船网工具指标。渔船灭失依法需要调查处理的,调查处理所需时间不计算在此规定期限内。

因继承、赠予、法院判决、拍卖等发生海洋渔船所有权转移的,参照购置海洋捕捞渔船的规定申请办理船网工具指标和渔业捕捞许可证。依法拍卖的,竞买人应当具备规定的条件。

（2）渔业船网工具指标批准书。申请人应当凭渔业船网工具指标批准书办理渔船制造、更新改造、购置或进口手续,并申请渔船检验、登记,办理渔业捕捞许可证。审批机关应当同时在渔业船网工具指标批准书上记载办理情况。

制造、更新改造、进口渔船的渔业船网工具指标批准书的有效期为 18 个月,购置渔船的渔业船网工具指标批准书的有效期为 6 个月。因特殊原因在规定期限内无法办理完毕相关手续的,可在有效期届满前 3 个月内申请有效期延展一次,延展期不得超过原渔业船网工具指标批准书核准的有效期。

渔业船网工具指标批准书有效期届满未依法延续的,审批机关应当予以注销并收回船网工具指标。

（3）申请渔业船网工具指标不予批准的情况。有下列情形之一的,不予受理海洋渔船的渔业船网工具指标申请;已经受理的,不予批准。

① 渔船数量或功率超过船网工具控制指标的;

② 从国外或香港、澳门、台湾地区进口,或以合作、合资等方式引进捕捞渔船在我国管辖水域作业的;

③ 制造拖网、单锚张纲张网、单船大型深水有囊围网（三角虎网）作业渔船的;

④ 户籍登记为一户的申请人已有两艘以上小型捕捞渔船,申请制造、购置的;

⑤ 除专业远洋渔船外,申请人户籍所在地、法人或非法人组织登记地为非沿海县（市）的,或者企业法定代表人户籍所在地与企业登记地不一致的;

⑥ 违反本规定第十四条第一款、第二款规定,以及不符合有关法律、法规、规章规定和产业发展政策的。

（4）无效渔业船网工具指标批准书。涂改、伪造、变造、买卖、出租、出借或以其他形式转让的渔业船网工具指标批准书,为无效渔业船网工具指标批准书,由批准机关予以注销,并核销相应船网工具指标。

6. 渔业捕捞许可证管理

（1）渔业捕捞许可证种类。在中华人民共和国管辖水域从事渔业捕捞活动,以及中国籍渔船在公海从事渔业捕捞活动,应当经审批机关批准并领取渔业捕捞许可证,按照渔业捕捞许可证核定的作业类型、场所、时限、渔具数量和规格、捕捞品种等作业。对已实行捕捞限额管理的品种或水域,应当按照规定的捕捞限额作业。禁止在禁渔区、禁渔期、保护区从事渔业捕捞活动。

渔业捕捞许可证应当随船携带，徒手作业的应当随身携带，妥善保管，并接受渔业行政执法人员的检查。渔业捕捞许可证分为下列 8 类：

① 海洋渔业捕捞许可证，适用于许可中国籍渔船在我国管辖海域的捕捞作业。

② 公海渔业捕捞许可证，适用于许可中国籍渔船在公海的捕捞作业。国际或区域渔业管理组织有特别规定的，应当同时遵守有关规定。

③ 内陆渔业捕捞许可证，适用于许可在内陆水域的捕捞作业。

④ 专项（特许）渔业捕捞许可证，适用于许可在特定水域、特定时间或对特定品种的捕捞作业，或者使用特定渔具或捕捞方法的捕捞作业。

⑤ 临时渔业捕捞许可证，适用于许可临时从事捕捞作业和非专业渔船临时从事捕捞作业。

⑥ 休闲渔业捕捞许可证，适用于许可从事休闲渔业的捕捞活动。

⑦ 外国渔业捕捞许可证，适用于许可外国船舶、外国人在我国管辖水域的捕捞作业。

⑧ 捕捞辅助船许可证，适用于许可为渔业捕捞生产提供服务的渔业捕捞辅助船从事捕捞辅助活动。

（2）渔业捕捞许可证核定许可的内容和作业限制。渔业捕捞许可证核定的作业类型分为刺网、围网、拖网、张网、钓具、耙刺、陷阱、笼壶、地拉网、敷网、抄网、掩罩等共 12 种。核定作业类型最多不得超过两种，并应当符合渔具准用目录和技术标准，明确每种作业类型中的具体作业方式。拖网、张网不得互换且不得与其他作业类型兼作，其他作业类型不得改为拖网、张网作业。捕捞辅助船不得从事捕捞生产作业，其携带的渔具应当捆绑、覆盖。

渔业捕捞许可证核定的海洋捕捞作业场所分为以下 4 类：

A 类渔区：黄海、渤海、东海和南海等海域机动渔船底拖网禁渔区线向陆地一侧海域。

B 类渔区：我国与有关国家缔结的协定确定的共同管理渔区、南沙海域、黄岩岛海域及其他特定渔业资源渔场和水产种质资源保护区。

C 类渔区：渤海、黄海、东海、南海及其他我国管辖海域中除 A 类、B 类渔区之外的海域。其中，黄渤海海区为 C1，东海区为 C2，南海区为 C3。

D 类渔区：公海。

内陆水域捕捞作业场所按具体水域核定，跨行政区域的按该水域在不同行政区域的范围进行核定。海洋捕捞作业场所要明确核定渔区的类别和范围，其中，B 类渔区要明确核定渔区、渔场或保护区的具体名称；公海要明确海域的名称；内陆水域作业场所要明确具体的水域名称及其范围。

渔业捕捞许可证的作业场所核定权限如下：

① 农业农村部：A 类、B 类、C 类、D 类渔区和内陆水域。

② 省级人民政府渔业主管部门：在海洋为本省、自治区、直辖市范围内的 A 类渔区，农业农村部授权的 B 类渔区、C 类渔区；在内陆水域为本省、自治区、直辖市行政管辖水域。

③ 市、县级人民政府渔业主管部门：由省级人民政府渔业主管部门在其权限内规定并授权。

国内海洋大中型渔船捕捞许可证的作业场所应当核定在海洋 B 类、C 类渔区，国内海洋小型渔船捕捞许可证的作业场所应当核定在海洋 A 类渔区。因传统作业习惯需要，经作业水域所在地审批机关批准，海洋大中型渔船捕捞许可证的作业场所可核定在海洋 A 类渔区。作业场所核定在 B 类、C 类渔区的渔船，不得跨海区界限作业，但我国与有关国家缔结的协定确定的共同管理渔区跨越海区界限的除外。作业场所核定在 A 类渔区或内陆水域的渔船，不得跨省、自治区、直辖市管辖水域界限作业。

专项（特许）渔业捕捞许可证应当与海洋渔业捕捞许可证或内陆渔业捕捞许可证同时使用，但因教学、科研等特殊需要，可单独使用专项（特许）渔业捕捞许可证。在 B 类渔区捕捞作业的，应当申请核发专项（特许）渔业捕捞许可证。

（3）渔业捕捞许可证的申请与核发。渔业捕捞许可证的申请人应当是船舶所有人。徒手作业的，渔业捕捞许可证的申请人应当是作业人本人。申请渔业捕捞许可证，申请人应当向户籍所在地、法人或非法人组织登记地县级以上人民政府渔业主管部门提出申请，并提交下列资料：

① 渔业捕捞许可证申请书；

② 船舶所有人户口簿或者营业执照；

③ 渔业船舶检验证书、渔业船舶国籍证书和所有权登记证书，徒手作业的除外；

④ 渔具和捕捞方法符合渔具准用目录和技术标准的说明。

申请海洋渔业捕捞许可证，除提供第一款规定的资料外，还应提供：

① 申请人所属渔业组织出具的意见；

② 首次申请和重新申请捕捞许可证的，提供渔业船网工具指标批准书；

③ 申请换发捕捞许可证的，提供原捕捞许可证。

申请公海渔业捕捞许可证，除提供第一款规定的资料外，还需提供：

① 农业农村部远洋渔业项目批准文件；

② 首次申请和重新申请的，提供渔业船网工具指标批准书；

③ 非专业远洋渔船需提供海洋渔业捕捞许可证暂存的凭据。

申请专项（特许）渔业捕捞许可证，除提供第一款规定的资料外，还应提供海洋渔业捕捞许可证或内陆渔业捕捞许可证。其中，申请到 B 类渔区作业的专项（特许）渔业捕捞许可证的，还应当依据有关管理规定提供申请材料；申请在禁渔区或者禁渔期作业的，还应当提供作业事由和计划；承担教学、科研等项目租用渔船的，还应提供项目计划、租用协议。科研、教学单位的专业科研调查船、教学实习船申请专项（特许）渔业捕捞许可证，除提供第一款规定的资料外，还应提供科研调查、教学实习任务书或项目可行性报告。

下列作业渔船的渔业捕捞许可证，向船籍港所在地省级人民政府渔业主管部门申请。省级人民政府渔业主管部门应当审核并报农业农村部批准发放：

① 到公海作业的；

② 到我国与有关国家缔结的协定确定的共同管理渔区及南沙海域、黄岩岛海域作

业的；

　　③ 到特定渔业资源渔场、水产种质资源保护区作业的；

　　④ 科研、教学单位的专业科研调查船、教学实习船从事渔业科研、教学实习活动的；

　　⑤ 其他依法应当由农业农村部批准发放的。

　　下列作业的捕捞许可证，由省级人民政府渔业主管部门批准发放：

　　① 海洋大型拖网、围网渔船作业的；

　　② 因养殖或者其他特殊需要，捕捞农业农村部颁布的有重要经济价值的苗种或者禁捕的怀卵亲体的；

　　③ 因教学、科研等特殊需要，在禁渔区、禁渔期从事捕捞作业的。

　　因传统作业习惯或科研、教学及其他特殊情况，需要本规定的界限从事捕捞作业的，由申请人所在地县级以上地方人民政府渔业主管部门审核同意后，报作业水域所在地审批机关批准发放。

　　在相邻交界水域作业的渔业捕捞许可证，由交界水域有关的县级以上地方人民政府渔业主管部门协商发放，或由其共同的上级人民政府渔业主管部门批准发放。

　　除本规定上述情况外，其他作业的渔业捕捞许可证由县级以上地方人民政府渔业主管部门审批发放。

　　县级以上地方人民政府渔业主管部门审批发放渔业捕捞许可证，应当优先安排当地专业渔民和渔业企业。

　　除专业远洋渔船外，申请渔业捕捞许可证，企业法定代表人户籍所在地与企业登记地不一致的，不予受理；申请海洋渔业捕捞许可证，申请人户籍所在地、法人或非法人组织登记地为非沿海县（市）的，不予受理；已经受理的，不予批准。

　　（4）证书使用。从事钓具、灯光围网作业渔船的子船与其主船（母船）使用同一本渔业捕捞许可证。

　　使用达到农业农村部规定的老旧渔业船舶船龄的渔船从事捕捞作业的，发证机关核发其渔业捕捞许可证时，证书使用期限不得超过渔业船舶检验证书记载的有效期限。

　　① 申请换发渔业捕捞许可证。业捕捞许可证使用期届满，或者在有效期内有下列情形之一的，应当按规定申请换发渔业捕捞许可证：

　　a. 因行政区划调整导致船名变更、船籍港变更的；

　　b. 作业场所、作业方式变更的；

　　c. 船舶所有人姓名、名称或地址变更的，但渔船所有权发生转移的除外；

　　d. 渔业捕捞许可证污损不能使用的。

　　渔业捕捞许可证使用期届满的，船舶所有人应当在使用期届满前 3 个月内向原发证机关申请换发捕捞许可证。发证机关批准换发渔业捕捞许可证时，应当收回原渔业捕捞许可证，并予以注销。

　　② 重新申请渔业捕捞许可证。在渔业捕捞许可证有效期内有下列情形之一的，应当重新申请渔业捕捞许可证：

　　a. 渔船作业类型变更的；

　　b. 渔船主机、主尺度、总吨位变更的；

c. 因购置渔船发生所有人变更的;

d. 国内现有捕捞渔船经审批转为远洋捕捞作业的。

有渔船作业类型变更的,渔船主机、主尺度、总吨位变更的,因购置渔船发生所有人变更的,还应当办理原渔业捕捞许可证注销手续。

③ 申请补发渔业捕捞许可证。渔业捕捞许可证遗失或者灭失的,船舶所有人应当在1个月内向原发证机关说明遗失或者灭失的时间、地点和原因等情况,由原发证机关在其官方网站上发布声明,自公告声明发布之日起15天后,船舶所有人可向原发证机关申请补发渔业捕捞许可证。补发的渔业捕捞许可证使用期限不变。

④ 渔业捕捞许可证注销。有下列情形之一的,渔业捕捞许可证失效,发证机关应当予以注销:

a. 渔业捕捞许可证、渔业船舶检验证书或者渔业船舶国籍证书有效期届满未依法延续的;

b. 渔船灭失、拆解或销毁的,或者因渔船损毁且渔业捕捞许可证灭失的;

c. 不再从事渔业捕捞作业的;

d. 渔业捕捞许可证依法被撤销、撤回或者吊销的;

e. 以贿赂、欺骗等不正当手段取得渔业捕捞许可证的;

f. 依法应当注销的其他情形。

有渔业捕捞许可证、渔业船舶检验证书或者渔业船舶国籍证书有效期届满未依法延续的和不再从事渔业捕捞作业情形的,发证机关应当事先告知当事人。有渔船灭失、拆解或销毁的,或者因渔船损毁且渔业捕捞许可证灭失的情形的,应当由船舶所有人提供相关证明。

渔业捕捞许可证注销后12个月内未按规定重新申请办理的,视为自行放弃,由渔业主管部门收回船网工具指标,更新改造渔船注销捕捞许可证的除外。

(5)渔业捕捞许可证的使用有效期和年审。海洋渔业捕捞许可证和内陆渔业捕捞许可证的使用期限为5年。其他种类渔业捕捞许可证的使用期限根据实际需要确定,但最长不超过3年。使用期一年以上的渔业捕捞许可证实行年审制度,每年审验一次。渔业捕捞许可证的年审工作由发证机关负责,也可由发证机关委托申请人户籍所在地、法人或非法人组织登记地的县级以上地方人民政府渔业主管部门负责。年审不合格的,由渔业主管部门责令船舶所有人限期改正,可以再审验一次。再次审验合格的,渔业捕捞许可证继续有效。

(6)无效渔业捕捞许可证和无证捕捞。有下列情形之一的,为无效渔业捕捞许可证:

① 逾期未年审或年审不合格的;

② 证书载明的渔船主机功率与实际功率不符的;

③ 以欺骗或者涂改、伪造、变造、买卖、出租、出借等非法方式取得的;

④ 被撤销、注销的。

使用无效的渔业捕捞许可证或者在检查时不能提供渔业捕捞许可证,从事渔业捕捞活动的,视为无证捕捞。

7. 监督管理 渔业船网工具指标批准书、渔业船网工具指标申请不予许可决定书、渔业捕捞许可证、渔业捕捞许可证注销证明、渔业船舶拆解销毁或处理证明、渔业船舶灭失证明、渔业船网工具指标转移证明等证书文件，由农业农村部规定样式并统一印制。渔业船网工具指标申请书、渔业船网工具指标申请审核变更说明、渔业捕捞许可证申请书、渔业捕捞许可证注销申请表、渔捞日志等，由县级以上人民政府渔业主管部门按照农业农村部规定的统一格式印制。

县级以上人民政府渔业主管部门应当逐船建立渔业船网工具指标审批和渔业捕捞许可证核发档案。渔业船网工具指标批准书使用和渔业捕捞许可证被注销后，其核发档案应当保存至少5年。

签发人实行农业农村部和省级人民政府渔业主管部门报备制度，县级以上人民政府渔业主管部门应推荐1～2人为签发人。省级人民政府渔业主管部门负责备案公布本省、自治区、直辖市县级以上地方人民政府渔业主管部门的签发人，农业农村部负责备案公布省、自治区、直辖市渔业主管部门的签发人。

签发人越权、违规签发，或擅自更改渔业船网工具指标和渔业捕捞许可证书证件，或有其他玩忽职守、徇私舞弊等行为的，视情节对有关签发人给予警告、通报批评、暂停或取消签发人资格等处分，签发人及其所在单位应依法承担相应责任。越权、违规签发或擅自更改的证书证件由其签发人所在单位的上级机关撤销，由原发证机关注销。

禁止涂改、伪造、变造、买卖、出租、出借或以其他形式转让渔业船网工具指标批准书和渔业捕捞许可证。依法被没收渔船的，海洋大中型捕捞渔船的船网工具指标由农业农村部核销，其他渔船的船网工具指标由省、自治区、直辖市人民政府渔业主管部门核销。

依法被列入失信被执行人的，县级以上人民政府渔业主管部门应当对其渔业船网工具指标、捕捞许可证的申请按规定予以限制，并冻结失信被执行人及其渔船在全国渔船动态管理系统中的相关数据。

海洋大中型渔船从事捕捞活动应当填写渔捞日志，渔捞日志应当记载渔船捕捞作业、进港卸载渔获物、水上收购或转运渔获物等情况。其他渔船渔捞日志的管理由省、自治区、直辖市人民政府规定。

国内海洋大中型渔船应当在返港后向港口所在地县级人民政府渔业主管部门或其指定的机构或渔业组织提交渔捞日志。公海捕捞作业渔船应当每月向农业农村部或其指定机构提交渔捞日志。使用电子渔捞日志的，应当每日提交。

船长应当对渔捞日志记录内容的真实性、正确性负责。禁止在A类渔区转载渔获物。未按规定提交渔捞日志或者渔捞日志填写不真实、不规范的，由县级以上人民政府渔业主管部门或其所属的渔政监督管理机构给予警告，责令改正；逾期不改正的，可以处1000元以上1万元以下罚款。

七、渔业港航监督行政处罚规定

渔业港航监督行政处罚是指主管机关依照有关法律法规，对发生海上交通事故负有责任的船舶及其船员、所有者和经营者，根据其责任的性质和程度依法给予的行政处罚。

为加强渔业船舶安全监督管理，规范渔业港航法规行政处罚，保障渔业港航法规的执行和渔业生产者的合法权益，根据《中华人民共和国海上交通安全法》《中华人民共和国海洋环境保护法》《中华人民共和国渔港水域交通安全管理条例》和《中华人民共和国内河交通安全管理条例》等有关法律、法规，农业部于 2000 年 5 月 9 日第六次常务会议审议通过《中华人民共和国渔业港航监督行政处罚规定》，并自 2000 年 6 月 30 日起施行，本规定共 6 章 39 条，主要内容有：

1. 适用范围　本规定适用于中国籍渔业船舶及其船员、所有者和经营者，以及在中华人民共和国渔港和渔港水域内航行、停泊和作业的其他船舶、设施及其船员、所有者和经营者。

2. 主管机关　中华人民共和国渔政渔港监督管理机关（以下简称渔政渔港监督管理机关）依据本规定行使渔业港航监督行政处罚权。

3. 处罚种类、适用和管辖

（1）处罚种类。渔政渔港监督管理机关对违反渔业港航法律、法规的行政处罚分为：

① 警告；

② 罚款；

③ 扣留或吊销船舶证书或船员证书；

④ 法律、法规规定的其他行政处罚。

（2）免予、从轻、减轻和从重处罚的适用行为。

① 有下列行为之一的，可免予处罚：

a. 因不可抗力或以紧急避险为目的的行为；

b. 渔业港航违法行为显著轻微并及时纠正，没有造成危害性后果。

② 有下列行为之一的，可从轻、减轻处罚：

a. 主动消除或减轻渔业港航违法行为后果；

b. 配合渔政渔港监督管理机关查处渔业港航违法行为；

c. 依法可以从轻、减轻处罚的其他渔业港航违法行为。

③ 有下列行为之一的，可从重处罚：

a. 违法情节严重，影响较大；

b. 多次违法或违法行为造成重大损失；

c. 损失虽然不大，但事后既不向渔政渔港监督管理机关报告，又不采取措施，放任损失扩大；

d. 逃避、抗拒渔政渔港监督管理机关检查和管理；

e. 依法可以从重处罚的其他渔业港航违法行为。

（3）渔业港航违法行为的管辖。渔政渔港监督管理机关管辖本辖区发生的案件和上级渔政渔港监督管理机关指定管辖的渔业港航违法案件。渔业港航违法行为有下列情况的，适用"谁查获谁处理"的原则：

① 违法行为发生在共管区、叠区；

② 违法行为发生在管辖权不明或有争议的区域；

③ 违法行为地与查获地不一致。

法律、法规或规章另有规定的，按规定管辖。

4. 违反渔港管理的行为和处罚

（1）有下列行为之一的，对船长予以警告，并可处 50 元以上 500 元以下罚款；情节严重的，扣留其职务船员证书 3～6 个月；情节特别严重的，吊销船长证书：

① 船舶进出渔港应当按照有关规定到渔政渔港监督管理机关办理签证而未办理签证的；

② 在渔港内不服从渔政渔港监督管理机关对渔港水域交通安全秩序管理的；

③ 在渔港内停泊期间，未留足值班人员的。

（2）有下列违反渔港管理规定行为之一的，渔政渔港监督管理机关应责令其停止作业，并对船长或直接责任人予以警告，并可处 500 元以上 1 000 元以下罚款：

① 未经渔政渔港监督管理机关批准或未按批准文件的规定，在渔港内装卸易燃、易爆、有毒等危险货物的；

② 未经渔政渔港监督管理机关批准，在渔港内新建、改建、扩建各种设施，或者进行其他水上、水下施工作业的；

③ 在渔港内的航道、港池、锚地和停泊区从事有碍海上交通安全的捕捞、养殖等生产活动的。

（3）停泊或进行装卸作业时，有下列行为之一的，应责令船舶所有者或经营者支付消除污染所需的费用，并可处 500 元以上 10 000 元以下罚款：

① 造成腐蚀、有毒或放射性等有害物质散落或溢漏，污染渔港或渔港水域的；

② 排放油类或油性混合物造成渔港或渔港水域污染的。

（4）有下列行为之一的，对船长予以警告，情节严重的，并处 100 元以上 1 000 元以下罚款：

① 未经批准，擅自使用化学消油剂；

② 未按规定持有防止海洋环境污染的证书与文书，或不如实记录涉及污染物排放及操作。

（5）未经渔政渔港监督管理机关批准，有下列行为之一者，应责令当事责任人限期清除、纠正，并予以警告；情节严重的，处 100 元以上 1 000 元以下罚款。

① 在渔港内进行明火作业；

② 在渔港内燃放烟花爆竹。

（6）向渔港港池内倾倒污染物、船舶垃圾及其他有害物质，应责令当事责任人立即清除，并予以警告。情节严重的，400 总吨（含 400 总吨）以下船舶，处 5 000 元以上 50 000 元以下罚款；400 总吨以上船舶处 50 000 元以上 100 000 元以下罚款。

5. 违反渔业船舶管理的行为和处罚

（1）已办理渔业船舶登记手续，但未按规定持有船舶国籍证书、船舶登记证书、船舶检验证书、船舶航行签证簿的，予以警告，责令其改正，并可处 200 元以上 1 000 元以下罚款。

（2）无有效的渔业船舶船名、船号、船舶登记证书（或船舶国籍证书）、检验证书的船舶，禁止其离港，并对船舶所有者或者经营者处船价 2 倍以下的罚款。有下列行为之一的，从重处罚：

① 无有效的渔业船舶登记证书（或渔业船舶国籍证书）和检验证书，擅自刷写船名、船号、船籍港的；

② 伪造渔业船舶登记证书（或国籍证书）、船舶所有权证书或船舶检验证书的；

③ 伪造事实骗取渔业船舶登记证书或渔业船舶国籍证书的；

④ 冒用他船船名、船号或船舶证书的。

（3）渔业船舶改建后，未按规定办理变更登记，应禁止其离港，责令其限期改正，并可对船舶所有者处 5 000 元以上 20 000 元以下罚款。

变更主机功率未按规定办理变更登记的，从重处罚。

（4）将船舶证书转让他船使用，一经发现，应立即收缴，对转让船舶证书的船舶所有者或经营者处 1 000 元以下罚款；对借用证书的船舶所有者或经营者处船价 2 倍以下罚款。

（5）使用过期渔业船舶登记证书或渔业船舶国籍证书的，登记机关应通知船舶所有者限期改正，过期不改的，责令其停航，并对船舶所有者或经营者处 1 000 元以上 10 000 元以下罚款。

（6）有下列行为之一的，责令其限期改正，对船舶所有者或经营者处 200 元以上 1 000 元以下罚款：

① 未按规定标写船名、船号、船籍港，没有悬挂船名牌的；

② 在非紧急情况下，未经渔政渔港监督管理机关批准，滥用烟火信号、信号枪、无线电设备、号笛及其他遇险求救信号的；

③ 没有配备、不正确填写或污损、丢弃航海日志、轮机日志的。

（7）未按规定配备救生、消防设备，责令其在离港前改正，逾期不改的，处 200 元以上 1 000 元以下罚款。

（8）未按规定配齐职务船员，责令其限期改正，对船舶所有者或经营者并处 200 元以上 1 000 元以下罚款。

普通船员未取得专业训练合格证或基础训练合格证的，责令其限期改正，对船舶所有者或经营者并处 1 000 元以下罚款。

（9）有下列行为之一的，对船长或直接责任人处 200 元以上 1 000 元以下罚款：

① 未经渔政渔港监督管理机关批准，违章装载货物且影响船舶适航性能的；

② 未经渔政渔港监督管理机关批准违章载客的；

③ 超过核定航区航行和超过抗风等级出航的。

违章装载危险货物的，应当从重处罚。

（10）对拒不执行渔政渔港监督管理机关做出的离港、禁止离港、停航、改航、停止作业等决定的船舶，可对船长或直接责任人并处 1 000 元以上 10 000 元以下罚款、扣留或吊销船长职务证书。

6. 违反渔业船员管理的行为和处罚

（1）冒用、租借他人或涂改职务船员证书、普通船员证书的，应责令其限期改正，并收缴所用证书，对当事人或直接责任人并处 50 元以上 200 元以下罚款。

（2）对因违规被扣留或吊销船员证书而谎报遗失，申请补发的，可对当事人或直接责任人处 200 元以上 1 000 元以下罚款。

（3）向渔政渔港监督管理机关提供虚假证明材料、伪造资历或以其他舞弊方式获取船员证书的，应收缴非法获取的船员证书，对提供虚假材料的单位或责任人处 500 元以上 3 000 元以下罚款。

（4）船员证书持证人与证书所载内容不符的，应收缴所持证书，对当事人或直接责任人处 50 元以上 200 元以下罚款。

（5）到期未办理证件审验的职务船员，应责令其限期办理，逾期不办理的，对当事人并处 50 元以上 100 元以下罚款。

7. 违反其他安全管理的行为和处罚

（1）对损坏航标或其他助航、导航标志和设施，或造成上述标志、设施失效、移位、流失的船舶或人员，应责令其照价赔偿，并对责任船舶或责任人员处 500 元以上 1 000 元以下罚款。

故意造成第一款所述结果或虽不是故意但事情发生后隐瞒不向渔政渔港监督管理机关报告的，应当从重处罚。

（2）违反港航法律、法规造成水上交通事故的，对船长或直接责任人按以下规定处罚：

① 造成特大事故的，处以 3 000 元以上 5 000 元以下罚款，吊销职务船员证书；

② 造成重大事故的，予以警告，处以 1 000 元以上 3 000 元以下罚款，扣留职务船员证书 3～6 个月；

③ 造成一般事故的，予以警告，处以 100 元以上 1 000 元以下罚款，扣留职务船员证书 1～3 个月。

事故发生后，不向渔政渔港监督管理机关报告、拒绝接受渔政渔港监督管理机关调查或在接受调查时故意隐瞒事实、提供虚假证词或证明的，从重处罚。

（3）有下列行为之一的，对船长处 500 元以上 1 000 元以下罚款，扣留职务船员证书 3～6 个月；造成严重后果的，吊销职务船员证书：

① 发现有人遇险、遇难或收到求救信号，在不危及自身安全的情况下，不提供救助或不服从渔政渔港监督管理机关救助指挥；

② 发生碰撞事故，接到渔政渔港监督管理机关守候现场或到指定地点接受调查的指令后，擅离现场或拒不到指定地点。

（4）发生水上交通事故的船舶，有下列行为之一的，对船长处 50 元以上 500 元以下罚款：

① 未按规定时间向渔政渔港监督管理机关提交海事报告书的；

② 海事报告书内容不真实，影响海损事故的调查处理工作的。

（5）对内陆水域渔业船舶和 12 米以下的海洋渔业船舶可依照本规定从轻或减轻处罚。拒绝、阻碍渔政渔港监督管理机关工作人员依法执行公务，应当给予治安管理处罚的，由公安机关依照《中华人民共和国治安管理处罚条例》有关规定处罚；构成犯罪的，由司法机关依法追究刑事责任。

第四节　国际海上人命安全公约

一、概述

《1974 年国际海上人命安全公约》即 SOLAS 1974 公约，是涉及海上安全的各种国际公约中最重要的公约之一。从 1914 年产生以来，已经经过多次修改，现行版本是 1974 年通过，并在 1980 年生效的版本。

1. 公约产生的背景和发展概况　SOLAS 公约的制定与 1912 年发生的泰坦尼克号灾难有着密切的关系，该惨剧引起了全世界对海上安全的关注，制定一部世界认可的安全准则成为海运界当时最迫切的任务。1913 年底，在英国伦敦召开了第一次国际海上人命安全会议，讨论制定安全规则。1914 年 1 月 20 日，出席本次会议的 13 个国家代表签订了世界上第一个认可的海上安全准则《国际海上人命安全公约》。该公约重点对客船提出了安全要求，其中对船舶构造、分舱、救生及防火和救生设备做出了严格的规定，并要求配备无线电设备。事实证明，该公约的诞生，规范了船舶建造技术，改善了海上交通安全水平。

但是，在运用中也不断发现公约本身的不完善之处，且随着科学技术的进步，造船和航海技术也在不断提高，原制定的公约须修改完善。1929 年，在伦敦召开了第二次国际海上人命安全会议，有 18 个国家的代表参加了会议，并于同年 5 月 1 日通过了《1929 年国际海上人命安全公约》。修改后的公约对技术规范更为具体，并要求货船也配备无线电设备。1929 年之后，特别是第二次世界大战期间，科学技术发展突飞猛进，为了总结第二次世界大战期间的经验教训，1948 年在伦敦召开了第三次国际海上人命安全会议，会上通过了取代 1929 年公约的 1948 年《国际海上人命安全公约》，将稳性标准、必要的应急设备维护、防火结构等要求引入公约，增加了谷物装运和危险货物装运及核能船舶的章节，同时规定 500 总吨及以上的货船需要持有"国际设备安全证书"。

第四次国际海上人命安全会议于 1960 年 5 月 17 日在伦敦召开，55 个国家的代表参加了会议，会议在原公约的基础上制定并通过的《1960 年国际海上人命安全公约》，对船舶构造、救生、消防、无线电设备、航行安全、谷物装运、危险货物装运和核能安全等做了更加详细的规定，原来适用于客船的规定也被扩大到货船。

20 世纪 60 年代之后，科技发展更快，船舶加速大型化、专业化、自动化，同时海上交通事故发生的频率居高不下，造成的后果更为严重。1960 年 SOLAS 公约虽然经过多次修改，仍难以满足航运发展的需求，进行革命性的修改势在必行。1974 年 10 月 21 日在伦敦召开了 SOLAS 公约缔约国外交大会，71 个国家的代表出席了会议，会议最后通过了 1974 年《国际海上人命安全公约》。该公约于 1980 年 5 月 25 日生效，我国于 1980 年 1 月 7 日加入该公约，公约生效之日起同时在我国生效。截止到 2016 年 2 月，1974 年 SOLAS（《1974 年国际海上人命安全公约》）的缔约国数量已达到 162 个，缔约国商船占世界商船总登记吨位的 98.53%。

SOLAS 后经 1978 年和 1988 年两次议定书的修订，并按第Ⅷ条的规定，以海上安全委员会扩大会议的形式或以 SOLAS 缔约国政府间会议的形式做了多次修改。1974 年通过并经两次议定书的修改和多次修正之后的《国际海上人命安全公约》由公约正文部分的13个条款、1988年议定书、附则、公约附件、附属于公约的单项规则组成。公约规定附则是公约的组成部分，各缔约国有义务实施公约和附则，凡是引用公约，同时就是引用附则。

2. 公约重要修正案及未来发展趋势 SOLAS公约作为国际海事组织制定的最重要的公约之一，在保障船舶海上航行安全上发挥着不可替代的作用。随着科学技术的进步、社会经济的发展、安全需求的提高，促使SOLAS公约不断被修改。人们在重要的海难事故中取得的教训也是促成公约修改的重要动因之一。

二、SOLAS公约主要内容

1. 构架 SOLAS公约的结构为：公约正文条款、1988年议定书条款、公约附则、公约附件，以及附属于公约的单项规则。

SOLAS公约的附则共十四章，即：第一章 总则；第二章 构造；第三章 救生设备与装置；第四章 无线电通信设备；第五章 航行安全；第六章 货物装运；第七章 危险货物的载运；第八章 核能船舶；第九章 船舶安全营运管理；第十章 高速船的安全措施；第十一章 加强海上安全的特别措施；第十二章 加强海上保安的特别措施；第十三章 散货船的附加安全措施和符合性审查；第十四章 极地水域运行安全要求。

2. 适用范围 SOLAS公约仅适用于从事国际航行的船舶，但不适用于小于500总吨的货船、军用舰艇和运兵船、非机动船、制造简陋的木船、非营业性的游艇和渔船。

3. 主要内容介绍

（1）船舶检验与证书。本公约强调，缔约国的主管当局应当保证船体检验的完整性和有效性。客船应接受下列规定的检验：

初次检验：在船舶投入营运前进行。

换新检验：每12个月一次。

附加检验：在船舶发生重要修理或换新等情况下进行。

500总吨及以上的货船救生设备和其他设备应接受下列规定的检验：

初次检验：在船舶投入营运前进行。

换新检验：期限不超过5年。

定期检验：货船设备安全证书的第二个周年日期前3个月或后3个月内，或第三个周年日期前3个月或后3个月内进行，该检验应替代一次年度检验。

年度检验：货船设备安全证书的每一周年日期的前3个月或后3个月内进行。

附加检验：在船舶发生重要修理或换新等情况下进行。

定期检验和年度检验应在货船设备安全证书上签署。

船舶经初次检验或换新检验，符合公约要求的，主管机关签发下列证书：客船安全证书；货船构造安全证书，货船设备安全证书，货船无线电安全证书；免除证书。这些证书或其副本应贴示在船舶上最明显和易到的地方。这些证书均由主管机关或其正式授权的任何个人或组织签发，还可委托另一缔约国政府代为签发证书，但无论由谁签发，主管机关都应对证书完全负责。对于符合要求的货船可发给货船安全证书，取代货船构造安全证书、货船设备安全证书、货船无线电安全证书。如果换新检验已完成，而新证书在现有证书期满之日前不能签发或不能存放在船上，主管机关授权的人员或组织可在现有证书上签署，签署后的证书自期满之日起不超过 5 个月的期限内应视为有效。如果证书期满时船舶不在应进行检验的港口，在正当合理的情况下，主管机关可延长该证书的有效期，但此项展期仅以能使船舶完成其驶抵上述港口航次。展期期限不得超过 3 个月。如果证书期满时船舶不在应进行检验的港口，在正当合理的情况下，主管机关可延长该证书的有效期，但此项展期仅以能使船舶完成其驶抵上述港口航次。展期期限不得超过 3 个月。船舶抵达后必须换妥新证书方可驶离。公约规定，在下列情况下证书失效：

① 船舶在规定期限内，或在业已展期的证书期限内，未进行规定的检查或检验。

② 船舶变更船旗国。如果变更船旗是在两缔约国间进行，则在变更船旗后的 3 个月内，前一个船旗国政府如接到申请，应尽快将该船原携证书副本及有关检验报告送交该船的新主管机关。

（2）船舶构造。对于货船破损控制，适用于 1992 年 2 月 1 日以后建造的船舶，为了指导高级船员，在驾驶室内应有固定显示的或可随时使用的破损控制图。该图应表明：各层甲板及货舱水密舱室的界限、界限上的开口及其关闭装置和控制位置，以及因浸水而产生横倾后的扶正装置。高级船员应持有载有此内容的小册子。水密舱壁上的所有滑动门和铰链门都应设有指示器，并在驾驶室给出显示这些门的开/闭状态的指示。一般的安全须知应包括船舶正常营运时为保持水密完整性所需的设备、条件和操作规程清单。特别的安全须知应包括对船舶和船员的生存至关重要的各种事项（即关闭装置、货物系固和声响报警等）。客船上应有永久性固定显示的破损控制图，高级船员应持有载有此内容的小册子。

对于货船水密舱壁和内部甲板上的开口，露天甲板上的所有开口都应可以关闭。露天甲板以上第一层以下的所有舷窗都应保证水密。舱壁甲板上的排水孔应能在任何气候条件下将水迅速排出舷外。用以保证内部开口的水密完整性且通常在航行时关闭的出入门和舱盖，应在该处和驾驶室装设显示这些门或舱盖是开启还是关闭的设施。这类门或舱盖的使用应经值班驾驶员的批准。

对于应急拖带装置，载重量不小于 20 000 吨的液货船（油船、化学品液货船和气体运输船）在其首尾两端应配备应急拖带装置。对于 2002 年 7 月 1 日和以后建造的液货船，该装置始终在被拖船主动力失效时能迅速展开并与拖船容易连接。至少一台应急拖带装置应预先设置成待命状态；首尾两端的应急拖带装置应有足够强度，考虑了该船的大小和载重量以及在恶劣天气条件时的预期力的作用。应急拖带装置的设计与建造以及原型试验应经主管机关根据 IMO 制定的导则批准。对于 2002 年 7 月 1 日以前建造的液货船，应急拖带装置的设计与建造应经主管机关根据 IMO 制定的导则批准。

对于应急电源，每艘船舶均应设有一个独立的应急电源，在船舶处于正浮状态和横倾角不超过 22.5°或纵倾角不超过 10°或在这些范围内的任何组合的倾角时能以额定功率供电。在下列处所，客船应保证 36 小时、货船应保证 18 小时的应急供电：服务和居住处所的走廊、梯道出入口、乘人电梯；储藏消防员装备的处所；操舵装置处；航行灯、信号灯处；甚高频无线电话装置及其他 GMDSS（全球海上遇险与安全系统）设备处。对救生艇筏的每一集合地点、登乘地点和舷外的应急供电时间，货船为 3 小时，客船为 36 小时。

对于驾驶室对推进机器的控制，在包括操纵的所有海况下，螺旋桨的转速、推力方向，如适用时，螺旋桨的螺距应完全由驾驶室控制。每一独立螺旋桨及自动执行机构包括防止超负荷的装置，必要时，应由一个单一的控制装置来执行。主推进机器应备有能在驾驶室紧急停机的装置，该装置应独立于驾驶室控制系统。来自驾驶室的推进机器指令，应在主机控制室或适当的推进机器控制位置显示出来。推进机器的遥控在同一时间只能在一处进行；在这些地点允许互连控制位置。在每一控制地点应能指明哪个控制点正在控制推进机器。驾驶室和机器处所之间的控制转换，应只能在主要机器处所或主机控制室进行，并应有防止控制转换时推力变化的装置。自动控制或遥控系统发生故障时应能发出报警。机器应能就地进行控制。驾驶室应安装指示螺旋桨转速、方向和螺距的指示器。启动失败的连续自动启动次数应加以限制，以确保足够的启动控制压力。应设有指示启动最低空气压力的报警装置。从驾驶室到机器处所或控制室中通常控制发动机的位置，至少应设置两套独立的通信设施，其中一套应为车钟。1994 年 10 月 1 日或以后建造的船舶在其他能控制发动机的任何处所也应配备适当的通信设施。

对于消防，所有船舶应按下列要求设置独立驱动的消防泵：4 000 总吨及以上的客船至少 3 台；4 000 总吨以下的客船和 1 000 总吨以上的货船至少 2 台；1 000 总吨以下的货船，至少 2 台动力泵，其中之一应为独立驱动。客船上每只消防栓上至少配备 1 根消防水带；1 000 总吨以上货船上所需的消防水带数目应为每 30 m 船长 1 根，备用 1 根，但总数不得少于 5 根（此数目不包括机舱或锅炉舱所需的数量）；1 000 总吨以下的货船，按上述方式计算，但消防水带总数不得少于 3 根。船舶的起居处所、服务处所、控制站内应配备数量足够的手提灭火器。1 000 总吨及以上的船舶，至少应配备 5 只。在起居处所内不应布置二氧化碳灭火器。每个干粉或二氧化碳灭火器的质量至少应为 5 千克，而每一泡沫灭火器的容量至少应为 9 升。所有手提式灭火器的质量应不超过 23 千克，而且必须有至少相当于一个 9 升液体灭火器的灭火能力。消防员装备包括一套个人设备和一副呼吸器。其中，个人配备包括防护服、消防靴和手套、一顶消防头盔、一盏安全电灯（手提灯，其照明时间至少为 3 小时）、一把太平斧；呼吸器是一具带有空气泵的防烟面具，或是一具自给式压缩空气呼吸器（可使用至少 30 分钟），并附带一根耐火救生绳。所有船舶至少应携带 2 套消防员装备。在客船每层旅客处所和服务处所的甲板长度每 80 米应备有 2 套消防员装备和 2 套个人配备。消防员装备和个人配备应储存于易于到达之处和随时可用，2 套消防员装备储存位置应尽量远离。在客船上，应在任一存储位置均可获得 2 套消防员装备和 1 套个人配备，每一主竖区内至少应存放 2 套消防员装备。每艘 500 总吨及以上的船舶至少应配备 1 只符合规定的国际通岸接头。所有船上应有固定展示的防火控制总布置图，图上应标明每层甲板的控制站，A 级、B 级分隔围蔽的各防火区域，探火和失火报警系统、灭火设备，各舱室和甲板出入通道的细节以及通风系统（包括风机控制位置、识别号码、挡火闸位置等细节）。控制图和小册子的说明应用船旗国官方文字书写并译成英文或法文，并保持与当时实船情况一致，如有改动，应尽可能立即更正。所有船上应有 1 套防火控制图或具有该图的小册子的复制品，永久性地置于甲板室外面有醒目标志的风雨密盒里。此外，在船的高级船员应人手一册。

对于救生设备与装置，双向甚高频无线电话 VHF 的配备：客船、500 总吨及以上货船，至少应配备 3 台；300～500 总吨的货船，至少应配备 2 台。雷达应答器的配备：客船、500 总吨及以上货船，每舷至少配备 1 台；300～500 总吨的货船，每船至少配备 1 台。遇险火焰信号的配备：每船应配备不少于 12 支火箭降落伞火焰信号，保存在驾驶室或其附近。每一舷至少有一只救生圈装有可浮救生索，其长度不少于它在轻载水线以上高度的 2 倍或 30 米，取大者；不少于总数 1/2 的救生圈应设有自亮灯，这些救生圈中不少于 2 只（两舷均布）应设有自发烟雾信号，并应能自驾驶室迅速抛投。每船救生圈的最少配备数量根据船长确定。应为船上每人配备一件救生衣或气胀式救生衣，并附加足够数量供值班人员使用的救生衣。客船上还应配备占旅客总数 10% 的儿童救生衣。每件救生衣应设有救生衣灯。应为每个被指派为救助艇员或海上撤离系统的工作人员配备 1 件救生服或抗暴露服。从事非短途国际航行的客船，每舷救生艇的总容量应能容纳船上人员总数的 50%。每船还应配备能容纳船上人员总数 25% 的救生筏。货船每舷救生艇的总容量应能容纳船上人员总数 100%。此外，每船还应配备能容纳船上人员总数 100% 的救生筏。如救生筏的存放地点距船首或船尾超 100 米，还应配备 1 只救生筏（尽量靠前或靠后放置）。救生艇乘员定额不许超过 150 人，救生筏乘员定额不得少于 6 人。每艘要使用的救生艇筏，均应设置 1 名驾驶员或持证人员负责指挥。救生艇筏的存放应处在连续使用的准备状态，应使 2 名船员能在不到 5 分钟内完成登乘和降落准备工作。救生艇筏应能在船舶横倾角达 20°、纵倾角达 10°时安全降落。客船上的所有救生艇筏，应能在发出弃船信号后 30 分钟内，载足全部乘客和属具降落，货船上的所有救生艇筏应能在发出弃船信号后 10 分钟内，载足全部人员和属具降落。救生艇在静水中航速至少为 6 海里/小时，当拖带一只载足乘员属具的 25 人救生筏时，航速至少为 2 海里/小时，并应配备有足够供满载艇以 6 海里/小时航速航行不少于 24 小时的燃油。

对于航行安全装备，标准磁罗经或其他装置、磁罗经或罗经方位装置、定位装置等；对于所有 150 总吨及以上的船舶，还应设有 1 台可与磁罗经进行交换的备用磁罗经或其他装置以及不单纯依靠船舶的主电源的通信信号灯一盏；对于所有 300 总吨及以上的船舶，还应设有 1 台测深仪、1 台 9 吉赫雷达、航速航程测量装置（计程仪）、一套电子标绘装置（ARPA）、船首向传送［至雷达、ARPA 及 AIS（船舶自动识别系统）］装置；所有 500 总吨及以上的船舶，另外需要配备陀螺罗经等；引航员登离船装置只能供人员的登船和离船使用，应保持干净，适当维修和存放，定期检查，引航员登离船装置应能达到使引航员安全登离船的目的。在运输繁忙的地区，在能见度受限制的情况下以及在所有其他航行危险的处境中，如使用航向/航线控制系统，应尽可能立即改为人工操舵。在上述情况下，应尽可能毫不迟延地为值班驾驶员配备 1 位合格的舵工，该舵工应随时准备接手操舵工作。从自动操舵转换为人工操舵，以及相反地从人工操舵换为自动操舵，应由 1 位负责的驾驶员操作或在其监督下进行操作。在长期使用航向/航线控制系统以后，以及在进入需要特别谨慎驾驶区域以前，均应试验人工操舵。每艘船舶应配备主管机关认可的主操舵装置和辅助操舵装置。主操舵装置和辅助操舵装置的布置应使两者之一在发生故障时不致另一装置不能工作。如果操舵装置有两台或几台相同的动力装置，则可不设辅助操舵装置；主操舵装置应能在最深航海吃水和以最大营运航速前进时将舵自一舷35°转至另一舷35°，以及相同条件下在 28 秒内将舵自一舷 35°转至另一舷 30°。辅助操舵装置应能在最深航海吃水和以最大营运航速的 1/2 或 7 海里/小时航速前进时（取大者），在 60 秒内将舵自一舷 15°转至另一舷 15°。驾驶室与舵机室之间应设有独立的通信设施。在驾驶室、机舱以及舵机室处所应永久显示操舵装置的遥控系统和动力装置转换程序的操作说明和方框图。应急操舵演习至少每 3 个月进行一次，内容包括在舵机室内直接控制操舵装置、与驾驶台的通信程序和转换动力供应的操作。操舵装置的试验检查以及应急操舵演习的详细内容应记入航海日志。每艘船舶的船长如遇到危险的冰、危险的漂浮物，或其他任何对航行有直接危险的物品，或热带风暴，或遇到伴随强风的低于冰点的气温致使上层建筑严重积聚冰块，或者未曾收到暴风警报而遇到蒲福风级 10 级或 10 级以上的风力时，均有责任自行采取一切措施将此信息通知附近各船及主管当局（冠以安全信号）。发送这种信息，形式不受限制，可以用明语（最好用英文）或用国际信号码发送。

第五节　国际渔船安全公约

《1977 年国际渔船安全公约》于 1977 年 4 月 2 日在西班牙的托列莫利诺斯签订。由于《国际海上人命安全公约》的有关规定明显地不适用于渔船，经各缔约国的共同努力，商订了有关渔船的构造和装备的统一原则和规则，借以指导渔船及其船员的安全，这里只介绍附则中渔船构造和设备规则的有关内容。

本附则适用于长度为 24 米或 24 米以上的新渔船，包括加工本船渔获物的渔船。但不适用于专门从事下列用途的船舶：

① 体育或游览的船舶；

② 加工鱼类或其他海洋生物的船舶；

③ 调查船和实习船；

④ 鱼货运输船。

渔船构造和设备规则共 10 章 154 条，包括：总则；构造、水密完整性和设备；稳性与适航性；机电设备和定期无人机舱；防火、探火、灭火和救火；船员的保护；救生设备；应变部署、集合与操练；无线电报与无线电话；船上航行设备。现按我国农业农村部颁发的职务船员考试大纲的要求，将有关内容摘录如下：

1. 船舶检验与证书

（1）检验。

① 每艘船舶应接受下列检验。

a. 初次检验。船舶营运前和首次签发国际渔船安全证书前进行，以确保渔船构造和设备完全符合本附则的要求。

b. 定期检验的间隔和期限。

船舶的结构和机器定为 4 年。如果船舶内外部经过检验，认为合理和实际可行的范围内，则可展期一年。船舶其他设备定为两年。船舶无线电设备和无线电测向仪定为两年。

定期检验应保证初次检验项目，尤其是安全设备，完全符合本附则的要求。

c. 期中间检验。是由主管机关对船舶结构或机器与设备按一定间隔期限进行的检验。这项检验应保证不致产生对船舶或船员安全有不利影响的变更，这种期中间检验和其间隔期限应填入国际渔船安全证书和国际渔船免除证书中。

② 凡实施本附则各项规定的船舶检验，应由主管机关的官员来执行。但是，主管机关可以委托为此目的而指定的验船师或其认可的机构来执行检验。在各种情况下，主管机关应确保检验的完整性和有效性。

③ 根据本条款规定的任何检验完成后，凡是经过检验的结构、设备、部件、布置或材料直接替换这些设备或部件者外，非经主管机关准许，一概不得有重大变动。

（2）证书的签发。

① 船舶经检验，符合本附则相应的要求而签发的证书称为国际渔船安全证书。对于根据和按照本附则的规定受到某项免除的船舶，除发给国际渔船安全证书以外，尚应发给国际渔船免除证书。

② 上述证书，均应由主管机关或经主管机关正式授权的任何个人或组织签发。但无论谁签发，主管机关都应对证书完全负责。

（3）另一缔约国代发证书。

① 一个缔约国可应另一缔约国的请求对船舶进行检验，如认为符合本附则的要求，应按本附则规定发给或授权发给证书。

② 证书和检验报告的文本应尽快提交给请求国主管机关。

③ 如此签发的证书务必载明是受他国主管机关的委托而签发的。此项证书与上述国际渔船安全证书和国际渔船免除证书具有同等效力，并受同样的承认。

根据本附则签发的各项证书或核实无误的副本都应贴在船上显明易见的地方。

（4）证书有效期限。

① 国际渔船安全证书期限不超过 4 年。除下列②、③、④项规定者外，还需经过定期检验和中间检验，证书展期不应超过一年，国际渔船免除证书有效期不应超过国际渔船安全证书。

② 证书期满或中止时，如船舶不在船旗国的港口，当事国可将该证书展期，但此项展期仅以能使该船完成其驶抵缔约国港口或预定检验国家的航次为限，而且仅在正当合理的情况下才能如此办理。

③ 证书展期的期限不得超过 5 个月，经过这样展期的船舶，在抵达船旗国或预定检验国家的港口之后，不得因获得上述展期而未领到新证书前驶离该港。

④ 未按②规定进行展期的证书，主管机关可自该证书所载日期届满之日起，给予至多一个月的宽限期。

⑤ 在下述情况下证书将失效：

a. 未经主管机关许可，船舶结构、设备、属具、布置和材料发生重大变更者，但直接代替这些设备或属具者除外。

b. 船舶在规定的期限内，或在业已展期的证书期限内，未进行规定的定期检验和中间检验者。

c. 就缔约国之间而论，当船舶更换别国的国旗时，船舶原来的船旗国，应尽可能快地和更换前船上所持有的各种证书的文本邮寄给另一个缔约国，若备有有关检验报告文本，也应随寄。

2. 操舵装置

（1）船舶应当具备经主管机关认可的主操舵装置和驱动舵叶的辅助设施。两者的布置应尽可能合理可行，不致因其中之一有简单失误而导致另一套无效。

（2）如果在主操舵装置处具有两个或两个以上相同的动力机组，当其中的任一机组不能工作时，该主操舵装置仍有能力按下述（10）款的要求进行操舵，则不需配备辅助操舵装置，每一个动力机组应由各自分立的电路进行操作。

（3）当动力启动后，应在驾驶室显示舵的位置。动力操舵装置的舵角指示器，应独立于操舵控制系统。

（4）任一操舵装置机组的失误事故均应在驾驶室获得警报。

（5）驾驶室中应装有显示电机和电动液压操舵装置运转状态的指示器。线路和电机应装有短路保护、过载报警器和无压报警器。若设电流保护装置，则保护电流应定为不小于所保护电路或电机的满载电流的两倍，并应规定为允许适宜的启动电流通过。

（6）主操舵装置应具有足够的强度和在最大营运航速时充分操纵船舶。主操舵装置的舵杆应设计成当船舶处在最大速度倒车时，或当渔捞作业中作机动航行时应不致损坏。

（7）主操舵装置应能使船舶在最大容许营运吃水以最大航速前进时，把舵自一舷 35°转至另一舷 35°，同时，舵从一舷 35°转至另一舷 30°应不超过 28 秒。凡须实现上述要求的船舶，其主操舵装置应为动力操作。

（8）主操舵装置的动力机组应设置成当动力经失误而恢复后，能在驾驶室借手动启动或自动启动。

（9）驱动舵叶的辅助设施应有足够强度和足以操纵处于可航速度的船舶，并在应急情况下能迅速投入使用。

（10）辅助操舵设施应能使船舶在 1/2 最大营运航速或以 7 海里航速（取大者）前进时，把舵从一舷侧 15°转至另一舷侧 15°并不超过 60 秒。凡须实现上述要求的辅助操舵设施，应是动力操纵。

（11）长度为 75 米或 75 米以上的船舶，其电动或电动液压操舵装置应至少被双回路的来自主配电板的电路所反馈，线路且应尽可能相离。

3. 航行设备

（1）罗经。

① 长度为 45 米和 45 米以上的船舶应安装：

a. 一具装在合适罗经柜里的经主管机关认可的标准磁罗经，其位置应安装在船舶中心线上。

b. 一具装在合适罗经柜里的操舵罗经，其位置应邻近舵工的主操舵位置。但在此位置上应能提供 a 项所要求的标准罗经的反射像，此操舵罗经应安装在主管机关认可的适当位置上。

② 长度小于 45 米的船舶应安装：

a. 一具装在合适的罗经柜里的标准磁罗经，其位置应在船舶的中心线上，并应在邻近主操舵位置上提供其反射像以供舵工操舵。该设备的安装应符合主管机关的要求。

b. 一具装在罗经柜里的操舵磁罗经，其位置靠近主舵，在此位置处不必提供舵工操舵用的标准罗经的反射像。

③ 一具经主管机关认可的电罗经应安装于：

a. 在长度为 75 米或 75 米以上的船舶上；b. 长度小于 75 米，预计要在某些其总地磁力的水平分力不足以为磁罗经提供足够航向稳定性的海区作业的船舶。

电罗经的位置应设置在舵工能直接地或从主操舵位置处的复示器上能读数之外，并应安装经主管机关认可的一个附带复示器或用以测方位的多个复示器。

④ 安装电罗经处能被舵工从上操舵位置上直接或从复示器上读数，又若标准磁罗经的反射像已可被舵工用于操舵者，则不须再设操舵罗经。

⑤ 应提供设备使能于昼夜都能观测罗经方位。

⑥ 磁罗经应经适当校正，且在船上应备有一份剩余自差曲线图表或曲线。

⑦ 装有带传送装置的磁罗经和复示器处应备有经主管机关同意的应急电源。

⑧ 应提供照明和使之变暗淡的设备，以便随时都能阅读罗经卡，若照明系由船舶主用电源供电，则应急照明须有效。

⑨ 在仅有一具磁罗经的船上，应配有备用的可与磁罗经互换的磁罗经盆。

⑩ 在标准罗经位置与正常航行操纵位置（若设有）和应急操舵位置之间，应设通话管或其他适当的联络装置并经主管机关同意。

（2）测深设备。

① 长度为 45 米和 45 米以上的船舶，应配备回声测深装置并经主管机关同意。

② 长度小于 45 米的船舶，应根据主管机关的要求配备适用于测定船底下水深的工具。

（3）雷达设备。

① 长度为 45 米和 45 米以上的船舶，应安装雷达设备并经主管机关同意。

② 长度小于 45 米的船舶上装有雷达者，其设备应经主管机关同意。

（4）航海仪器与图书资料。合适的航海仪器、足够的最新海图、航路指南、灯标表、航海通告、潮汐表和一切其他对预计航行所必需的航海图书资料，皆应配备并经主管机关同意。

（5）信号设备。

① 应配备一盏白昼信号灯，其操作不应完全依赖主用电源。在任何情况下不供电都应包括一组可携电池。

② 长度为 45 米和 45 米以上的船舶，应配备整套的信号旗和三角旗，以便能使用生效的国际信号规则进行通信。

③ 在所有的船舶上都应备有生效的国际信号规则。

（6）测向仪。长度为 75 米和 75 米以上的船舶应安装符合规定的无线电测向仪。

（7）速度与计程仪器。长度为 75 米和 75 米以上的船舶，应安装合适的仪器用以测量速度和距离。

主管机关认为因航线性质或船舶的近海特性而不必执行时，则可免除以上各项要求。

第三章
渔业安全生产责任与监督管理

第一节　安全生产责任概况

一、安全生产责任的概念

安全生产责任是指为了实现安全生产，管理部门和管理相对人依法应当履行的职责和应当承担的义务，以及由于管理缺位或者人为因素导致发生事故，造成人员伤亡、财产损失或环境破坏的，依法应当承担相应的法律责任。因此，安全生产责任应对自我、社会和法律三方面负责。安全事故的发生，直接受到伤害的是自己，依法落实安全生产责任就是对自我负责，不伤害自己；安全事故的发生，不但会给他人造成伤害和财产损失，使事故受害者家属遭受精神痛苦，同时也对经济发展、社会稳定、环境保护产生不良影响，因此依法落实安全生产责任就是对社会负责，避免对社会造成危害和不良影响；发生安全事故，造成了人员伤亡、财产损失及环境破坏的，应承担相应的法律责任。依照我国现行有关安全生产法律法规规定，安全事故的责任人必须承担相应的民事、行政、刑事等法律责任。

责任心和责任能力是安全生产责任的基础，具备良好的责任心和责任能力，并协调责任心与责任能力的关系可以有效减少安全事故的发生。责任心是指个人对自己和他人、对家庭和集体、对国家和社会所负的责任的认识、情感与信念，以及与之相应的规范行为负责的自觉意识、态度和行动。它是社会个体从责任赋予者那里接受责任之后，内化于内心世界的一种心理状态，这种心理状态是个体履行责任行为的精神驱动力。一个人的责任心并不是先天形成的，是在秉承了一定遗传基因的基础上，通过后天履行一定的责任要求逐步形成的。责任是责任心形成的源头。因此，要让每一个公民和社会成员都具有责任心，首先必须明确其责任，培养其责任意识，否则，就根本谈不上责任心。而责任能力是指从事本职工作的能力。不同的人有不同的责任能力，它与一个人的文化程度、年龄、工作经历、兴趣爱好和性格特点等因素有关。

责任心与责任能力并不成正比，但在渔业安全生产工作中，却可以有效互补。责任心是以一定的责任能力为基础，没有责任能力，就不能做好相应的工作，也就谈不上责任心。一个人有责任能力，并不等于这个人有责任心。没有责任心，工作技能再高，其责任能力也是不高的。在安全生产工作中，责任能力不足者，可以通过提高责任心进行弥补。而责任心不足，对一个责任能力较强的人可能是一个致命的弱点。例如，一个缺乏经验的渔船船长，其驾驶技术可能并不很高，但是，其谨小慎微、如履薄冰的责任心，却会让他遵章守纪，严格遵守操作规程，反而能实现安全航行生产；相反，一个驾驶技术很高的渔船船长，如果把安全责任心抛到了脑后，违章操作，冒险航行，则事故的发生是不可避免的。

在安全生产中，通过明确安全生产责任，确定管理部门、管理相对人依法应当履行的职责和应当承担的义务，对提高管理部门和管理相对人的工作责任心，调动工作积极性，促进安全生产，防止和减少安全事故的发生，保障人民生命财产安全具有重要意义。同时，明确安全生产责任，使安全生产管理工作的评估更具有可操作性，便于对安全生产管理工作情况进行奖惩，也使安全生产管理的责任追究落到实处。

安全生产责任按照不同性质有不同的分类，一般按照责任主体、责任性质和事故致因关系划分。

（1）按责任主体划分。按责任主体的不同，安全生产责任主要分为生产经营单位的安全生产主体责任和政府及安全监督管理部门的安全生产监管责任。

①安全生产主体责任。是指安全生产经营单位遵守有关安全生产的法律、法规、规章的规定，加强安全生产管理，建立安全生产责任制，完善安全生产条件，执行国家、行业标准确保安全生产，以及事故报告、救援和善后赔偿的责任。

②安全生产监管责任。是指政府及安全监督管理部门对安全生产经营单位遵守有关安全生产法律法规，加强安全生产管理，建立安全生产责任制，完善安全生产条件，执行国家、行业标准，确保安全生产等依法进行监督以及对发现的违法行为依法进行处理的责任。

（2）按责任性质划分。按违反安全管理法规的不同，安全生产责任可分为行政责任、刑事责任、民事责任和道德责任4类。

①行政责任。是指违反有关行政管理的法律法规的规定，但尚未构成犯罪的行为，依法应当承担的法律后果。根据处罚的对象和性质不同，一般可分为行政处分和行政处罚。

行政处分适用的对象是国家工作人员及由国家机关委派到企事业单位任职的人员的行政违法行为，由所在单位或者其上级主管机关所给予的一种制裁性处理。按照《中华人民共和国行政监察法》及国务院的有关规定，行政处分的种类包括警告、记过、记大过、降级、撤职和开除。

行政处罚是指国家行政机关及其他依法可以实施行政处罚权的组织，对违反行政法律、法规、规章尚不构成犯罪的公民、法人及其他组织实施的一种制裁行为。行政处罚是追究行政责任的主要方式。根据《中华人民共和国行政处罚法》的规定，行政处罚主要有警告、罚款、没收违法所得、没收非法财物、责令停产停业、暂扣或者吊销许可证、暂扣或者吊销执照、行政拘留，以及法律、行政法规规定的其他行政处罚。《中华人民共和国渔业港航监督行政处罚规定》对违反渔业港航法律法规的行政处罚分为警告、罚款、扣留或吊销船舶证书或船员证书，以及法律法规规定的其他行政处罚。

②刑事责任。是指犯罪行为应当承担的法律后果，即对犯罪分子依照刑事法律的规定追究的法律责任。根据《中华人民共和国刑法》，故意犯罪，应当负刑事责任；过失犯

罪，法律有规定的才负刑事责任。

犯罪是承担刑事责任的前提，刑罚是追究刑事责任的手段。刑罚是由国家最高立法机关在《中华人民共和国刑法》中确定的，由人民法院对犯罪分子适用并由专门机构执行的最为严厉的国家强制措施。根据《中华人民共和国刑法》规定，刑罚分为主刑（管制、拘役、有期徒刑、无期徒刑和死刑）和附加刑（罚金、剥夺政治权利、没收财产）。对犯罪的外国人，也可以独立或者附加适用驱除出境。此外，《中华人民共和国刑法》还规定了非刑罚的处理方法，即对犯罪分子判处刑罚以外的其他方法。包括：由于犯罪行为而使被害人遭受经济损失的，对犯罪分子除刑事处罚外，判处赔偿经济损失；对于犯罪情节轻微不需要判处刑罚的，根据情况予以训诫或者责令具结悔过、赔礼道歉，赔偿损失，或者由主管部门给予行政处罚或者行政处分。

刑事责任与行政责任的区别：一是追究的违法行为不同，行政责任追究的是一般违法行为，刑事责任追究的是犯罪行为；二是追究责任的机关不同，追究行政责任由国家特定的行政机关依照有关法律的规定决定，追究刑事责任只能由司法机关依照《中华人民共和国刑法》的规定决定；三是承担法律责任的后果不同，追究刑事责任是最严厉的制裁，可以判处死刑，比追究行政责任严厉得多。

行为人实施刑事法律禁止的行为，必须承担法律后果。负刑事责任意味着应受刑罚处罚。这是刑事责任与民事责任、行政责任和道德责任的根本区别。

③ 民事责任。是指民事法律关系的主体没有按照法律规定或合同约定履行自己的民事义务，或者侵害了他人的合法权益，所应承担的法律后果。民事责任体现的是一种民事救济手段，旨在使受害人被侵犯的权益得以恢复。

民事责任通常可以分成两类，即合同责任和侵权责任。合同责任（或称违约责任）是指合同当事人在合同订立后，没有按照合同的约定履行自己的义务而应当承担的民事责任。侵权责任是指民事主体因为自己的过错侵犯他人财产权或者人身权造成损害而应当承担的对受害人负责赔偿的民事责任。《中华人民共和国民法通则》第一百三十四条规定的承担民事责任的方式主要有：停止侵害、排除妨碍、消除危险、返还财产恢复原状、修理、重作、更换、赔偿损失、支付违约金、消除影响、恢复名誉、赔礼道歉。以上承担民事责任的方式可以单独适用，也可以合并适用。

某种行为在追究了民事责任后，是否还追究刑事责任、行政责任，关键看该行为是否还违反了行政法规、触犯了刑律。行为违反了行政法规、触犯了刑律就应当追究行政或刑事责任，否则不追究行政、刑事责任。

④ 道德责任。是指人们在社会生活中应当遵守的社会共同的生活准则和规范，违背这些道德准则和规范，就会受到社会舆论的谴责。安全生产的道德责任，包括公众道德责任、社会道德责任、家庭道德责任和人类道德责任 4 类。

公众道德责任，就是关注安全，关爱生命，严格律己，遵章守纪，防范事故发生，不对别人造成伤害，不使他人受到不应有的精神痛苦或财产损失。

社会道德责任，就是胸怀全局，站在全社会的高度，大力宣传安全生产的重要性，抵制、纠正一切不安全的恶习和行为，避免事故发生后，对经济发展、社会稳定、自然环境保护、家庭生活等造成不良影响。

家庭道德责任，就是从家庭完整、幸福的角度去看待自身的安全与健康对家庭幸福美满生活的重要性，树立为自己、为家人（父母妻儿）健康活着的一种责任观念，约束自己的行为，不因自己受到伤害而给家庭带来损失和痛苦。

人类道德责任，就是做到安全生产，保障人的生命与健康，保障企业的生产运行，促进经济发展，保护自然环境免遭破坏，实现人与自然的和谐发展，促进人类文明进步。若从人类共同进步的高度去看待安全，推进人类文明进步的道德责任就会被全社会所接受。

（3）按事故致因关系划分。按导致事故的原因的关系，安全生产责任可分为直接责任和间接责任。

① 直接责任。是指因当事人不履行、未履行或者不正确履行职责，而直接引发渔业船舶水上安全事故所应负的责任。

② 间接责任。是指因当事人发现直接责任者错误履行职责时不阻止或者协助配合直接责任者错误履行职责，而引发的渔业船舶水上安全事故所应负的责任。

二、安全生产责任制度

安全生产责任制是根据我国"安全第一，预防为主，综合治理"的安全生产方针和安全生产法规建立的各级领导、职能部门、工程技术人员、岗位操作人员在劳动生产过程中对安全生产层层负责的制度。

安全生产责任制是企业岗位责任制的一个组成部分，是企业中最基本的一项安全制度，也是企业安全生产、劳动保护管理制度的核心。实践证明，凡是建立、健全了安全生产责任制的企业，各级领导重视安全生产、劳动保护工作，切实贯彻执行党的安全生产、劳动保护方针、政策和国家的安全生产、劳动保护法规，在认真负责地组织生产的同时，积极采取措施，改善劳动条件，工伤事故和职业性疾病就会减少；反之，就会职责不清，相互推诿，而使安全生产、劳动保护工作无人负责，无法进行，工伤事故与职业病就会不断发生。

安全生产责任制是经长期的安全生产、劳动保护管理实践证明的成功制度与措施。这一制度与措施最早见于国务院 1963 年 3 月 30 日颁布的《关于加强企业生产中安全工作的几项规定》（简称《五项规定》）。《五项规定》要求，企业的各级领导、职能部门、有关工程技术人员和生产工人，各自在生产过程中应负的安全责任，必须加以明确的规定。《五项规定》还要求企业单位的各级领导人员在管理生产的同时，必须负责管理安全工作，认真贯彻执行国家有关劳动保护的法令和制度，在计划、布置、检查、总结、评比生产的同时，计划、布置、检查、总结、评比安全工作（即"五同时"制度）；企业单位中的生产、技术、设计、供销、运输、财务等各有关专职机构，都应在各自的企业业务范围内，对实现安全生产的要求负责；企业单位都应根据实际情况加强劳动保护机构或专职人员的工作；企业单位各生产小组都应设置不脱产的安全生产管理员；企业职工应自觉遵守安全生产规章制度。1978 年，中共中央下发的《关于认真做好劳动保护工作的通知》规定：一个企业发生伤亡事故，首先要追查厂长的责任，不能姑息迁就。由于生产经营单位和企业采取的防止伤亡事故和职业病危害的措施，常常不是哪一个职能部门就能单独完成的，需要各有关职能部门和车间相互配合，因此没有生产经营单位和企业主要负责人对安全生产全面负责，这些措施就难于实现。

安全生产责任制是生产经营单位和企业岗位责任制的一个组成部分，根据"管理生产必须管安全"的原则，安全生产责任制综合各种安全生产管理、安全操作制度，对生产经营单位和企业各级领导、各职能部门、有关工程技术人员和生产工人在生产中应负的安全责任加以明确规定。《中华人民共和国安全生产法》把建立和健全安全生产责任制作为生产经营单位和企业安全管理必须实行的一项基本制度，在第二章第十七条第一款做了明确规定，要求生产经营单位的主要负责人要建立、健全本单位安全生产责任制。

生产经营单位和企业安全生产责任制的主要内容是：法定代表人是生产经营单位和企业安全生产的第一责任人，对生产经营单位和企业的安全生产负全面责任；生产经营单位、企业的各级领导和生产管理人员，在管理生产的同时，必须负责管理安全工作，在计划、布置、检查、总结、评比生产的时候，必须同时计划、布置、检查、总结、评比安全生产工作；有关的职能机构和人员，必须在自己的业务工作范围内，对实现安全生产负责；职工必须遵守以岗位现任制为主的安全生产制度，严格遵守安全生产法规、制度，不违章作业，并有权拒绝违章指挥，险情严重时有权停止作业，采取紧急防范措施。

《五项规定》要求企业劳动保护管理必须坚持安全生产责任制度，并明确规定：企业领导（厂长、经理）对本单位劳动保护工作负全面责任（或总的责任），在管理生产的同时要管理安全生产工作，认真执行国家劳动保护的方针、政策和法规。

实践证明，实行安全生产责任制有利于增加生产经营单位和企业职工的责任感和调动他们搞好安全生产的积极性。安全不是离开生产而独立存在的，是贯穿于生产整个过程之中体现出来的。只有从上到下建立起严格的安全生产责任制，责任分明，各司其职，各负其责，将法规赋予生产经营单位和企业的安全生产责任由大家来共同承担，安全工作才能形成一个整体，各类生产中的事故隐患无机可乘，从而避免或减少事故的发生。因此，许多生产经营单位和企业在实行中按照责、权、利相结合的原则，对安全工作采用目标管理的方法，并与奖惩制度紧密结合，使生产经营单位和企业的安全工作得到加强，这种做法是将生产安全所要达到的目标事先制定，并层层分解，落实到各部门、各班组，在规定的时间内完成或达到这个目标，在奖金或其他方面要给予奖励；若完不成目标，要扣罚奖金或给予其他处罚。在实行时，通常考虑了责、权、利统一的原则，即权力大所应承担的责任就重，因此在奖惩方面也要重奖、重罚，做到有权就要负责，责权统一。

第二节　渔业安全生产主体责任

一、渔业安全生产主体责任的概念

渔业安全生产主体责任是指在渔业生产经营活动中，依法履行渔业安全生产义务的渔业生产经营单位、渔业船舶所有人或经营人、渔业从业人员等由于不履行、未履行或没有完全履行法律、法规、规章规定的义务而导致渔业水上安全事故的发生所应当承担的责任。

《中华人民共和国安全生产法》总则第四至六条对生产经营单位、生产经营单位的主要负责人、生产经营单位的从业人员必须依法履行安全生产方面的义务做了原则规定。

《中华人民共和国安全生产法》第二章、第三章分别对生产经营单位的安全生产保障、从业人员的权利和义务做了详细规定。

为使渔业安全生产责任主体较好地承担相应的安全生产主体责任，对各渔业安全生产责任主体有如下要求：

1. 经营主体 渔业生产经营单位、渔业船舶所有人或经营人、渔船船长是渔业生产经营主体，当然也是安全生产的责任主体，应当承担安全生产主体责任，因此必须对渔业安全生产全面负责。其主要要求有以下几个方面：

（1）资金保障。按规定提取和使用安全生产费用，确保资金投入满足安全生产条件需要；按规定缴纳安全生产风险抵押金；依法为从业人员办理工伤保险；保证安全生产教育培训的资金。

（2）物质保障。具备法律法规和国家标准、行业标准规定的安全生产条件；依法为从业人员提供劳动防护用品，并监督、教育其正确佩戴和使用。

（3）机构和人员保障。依法设置安全生产管理组织，配备具有相应资质的安全生产管理人员，海上作业渔船应配置安全员。

（4）规章制度保障。建立健全安全生产责任制和各项规章制度、操作规程。

（5）教育培训保障。依法组织从业人员参加安全生产教育培训，取得相应适任证书或专业技能训练合格证书，做到持证上岗。

（6）生产管理保障。依法加强安全生产管理；定期组织开展安全自查；依法取得安全生产许可；依法对重大危险源实施监控；及时消除事故隐患；开展安全生产宣传教育；统一协调管理渔船租赁、挂靠单位的安全生产工作。

（7）事故报告和应急救援保障。按规定报告渔业船舶水上安全事故；及时有效地开展事故抢险救援工作；妥善处理事故善后工作。

（8）法律、法规、规章规定的其他安全生产责任。

2. 从业人员 渔业从业人员作为安全生产的行为主体，既是安全生产管理的对象，也是保护对象，既享有安全生产的权利，也承担着履行安全生产的义务，因此如果违反操作规程或劳动纪律导致灾害事故的发生，同样要承担相关责任。渔业从业人员的责任包括以下内容：

（1）遵守法律规范、安全管理制度和操作规程。《中华人民共和国安全生产法》第五十四条规定："从业人员在作业过程中，应当严格遵守本单位的安全生产规章制度和操作规程，服从管理，正确佩戴和使用劳动防护用品。"安全生产规章制度和操作规程是从业人员从事生产经营活动，确保安全的具体规范和依据。从这个意义上说，遵守规章制度和操作规程，就是依法进行安全生产。事实表明，从业人员违反规章制度和操作规程，是导致渔业水上安全事故发生的原因之一。生产经营单位的负责人和管理人员有依照规章制度和操作规程进行安全管理、对从业人员遵守规则的情况进行监督检查的权利。从业人员必须按照安全生产管理要求，落实各项安全生产措施。

（2）加强安全生产技能学习，增加安全生产意识。《中华人民共和国安全生产法》第五十条规定："从业人员应当接受安全生产教育和培训，掌握本职工作所需的安全生产知识，提高安全生产技能，增强事故预防和应急处理能力。"从业人员的安全生产意识和安全技能的高低，直接关系到生产经营活动的安全可靠性。随着生产经营领域的不断扩大和新安全技术装备的推广使用，对从业人员的安全素质要求也越来越高。因此，从业人员应加强学习，全面提高自身素质和安全操作技能，确保生产安全。

（3）履行事故隐患报告的义务，及时排除事故隐患。《中华人民共和国安全生产法》第五十六条规定："从业人员发现事故隐患或者其他不安全因素，应当立即向现场安全生产管理人员或者本单位负责人报告。"《中华人民共和国安全生产法》第五十一条规定："从业人员有权对本单位安全生产工作中存在的问题提出批评、检举、控告；有权拒绝违章指挥和强令冒险作业。"《中华人民共和国安全生产法》第五十二条规定："从业人员发现直接危及人身安全的紧急情况时，有权停止作业或者在采取可能的应急措施后撤离作业场所。"

二、渔业安全生产主体责任的内容

各渔业安全生产主体应承担相应的主体责任，才能保证对渔业安全生产全面负责。

1. 渔业生产经营主体 国务院在《关于加强企业生产中安全工作的几项规定》中明确指出：各级领导人员在管理生产的同时，必须负责管理安全工作。管生产同时管安全，明确各级领导及与生产有关的机构、人员的安全管理责任。

（1）保障安全生产条件。渔业生产经营单位应当具备《中华人民共和国安全生产法》和有关法律法规规定的安全生产条件，不具备安全生产条件的，不得从事生产经营活动。安全生产条件主要包括：安全生产责任制、安全生产规章制度和安全操作规程；按有关规定签订渔业安全生产责任状，并落实安全生产责任；渔船证书证件（船舶检验证书、国籍登记证书、捕捞许可证等）齐全有效；渔船船体结构、性能及配备的设备应符合《渔业船舶法定检验规则》要求；有关航行安全的重要设施，如救生、消防、航行、无线电信号等设备配备齐全并处于良好使用状态；按照规定足额配备职务船员和专业技术训练合格的船员；渔业作业防护用品配备齐全有效；渔船燃料、给养充足；装载合理；船名标写清楚；遵守并履行有关安全生产法律法规的规定。

（2）建立安全生产责任制。通过安全生产责任制度可以明确劳动生产过程中生产经营单位的各级负责人、职能部门、岗位操作人员对安全生产所应承担的责任。渔业生产经营单位的安全生产责任制主要包括：生产经营单位主要负责人安全生产责任制度、其他管理人员和各职能部门安全生产责任制度、各岗位操作人员安全生产责任制度等。

（3）制定安全管理制度和操作规程。安全管理制度是生产经营单位搞好安全生产，保证其生产正常运转的重要手段，也是党和国家安全生产方针、政策、法律、法规在生产经营活动中的具体化。党和国家安全生产方针、政策、法律、法规及政府部门有关安全生产的规定，需要通过安全管理制度的方式具体化，以便落到实处，也就是落实到每个岗位、每个人。生产经营单位的安全管理制度主要包括：安全生产责任制度、安全生产例会制度、安全生产宣传教育制度、安全生产监督检查制度、事故隐患排查整改制度、事故统计报告制度、事故责任追究制度等。

安全操作规程是生产经营单位针对具体的设备、岗位所制定的具体操作程序和技术要求。主要包括：驾驶室操作规程、恶劣天气和雾中航行操作规程、狭水道和岛礁区航行操作规程、离靠码头和起抛锚操作规程、锚泊值班操作规程、交接班操作规程、安全事故救助操作规程、消防与救生操作规程、大风浪中航行操作规程、捕捞作业操作规程、主机启动操作规程、主机停车操作规程、柴油机拆卸与安装操作规程、电器设备维修操作规程、明火作业（电焊、风焊、加热零件）操作规程等。

（4）设置安全管理机构及人员。生产经营单位必须设置相应的安全生产管理机构，配备安全生产管理专（兼）职人员，明确安全生产管理机构及人员的职责。安全生产管理机构指的是生产经营单位专门负责安全生产管理和检查的内设机构，专门从事安全生产管理工作，它是生产经营单位安全生产监督管理的重要组织保证。其作用是落实国家有关渔业安全生产的法律法规，组织生产经营单位内部各种安全检查活动，负责日常安全检查，及时排查和督促整改各种事故隐患，监督安全生产责任制的落实等。

根据《中华人民共和国安全生产法》第二十一条规定，除矿山、金属冶炼、建筑施工、道路运输单位和危险物品的生产、经营、储存单位以外的其他生产经营单位外，从业人员超过一百人的，应当设置安全生产管理机构或者配备专职安全生产管理人员；从业人员在一百人以下的，应当配备专职或者兼职的安全生产管理人员。为此，渔船应建立安全员制度，配备兼职安全员，协助船长做好日常安全生产管理工作。

（5）保障渔业安全生产投入。要想安全生产，就要有安全投入，有付出才会有回报，安全生产投入是保障生产经营单位安全生产的重要基础。生产经营单位要实现安全生产，首先必须满足安全生产的基本条件，其关键是依靠安全生产的投入。从经济学的角度看，安全生产投入一是活劳动的投入，即专业人员的配置；二是资金的投入，用于安全技术、管理和教育措施的费用。因此，渔业生产经营单位一方面要按规定配备安全管理人员、职务船员及普通船员；另一方面要保证安全生产所需的资金投入，如改善船舶适航和工作条件，强化救生、消防、通信等安全设备的配备和日常维护，有关预防安全事故发生的技术措施，事故隐患的整改，船员安全生产培训教育和办理雇主责任保险等所发生的资金投入。

（6）制定应对突发事件防范措施。突发事件防范措施是指在渔业船舶水上安全突发事件发生之前，针对可能发生的渔业安全生产事故所制定的应急处置方案。渔业船舶水上安全突发事件一旦发生，生产经营单位就能够按照突发事件应急处置方案及时科学处理，以避免事件的扩大，从而最大限度地减少人员伤亡和财产损失。生产经营单位应根据本单位情况，组织有关部门、专家和专业技术人员认真研究评估本单位可能出现的渔业船舶水上安全事故，采取切实可行的安全措施，明确每个岗位人员的责任，制定出符合实际、操作性强的突发事件防范措施。

渔业船舶水上安全突发事件防范措施通常按救生、消防、堵漏3种类型分别制定，并根据船员定额情况编制相应的应变部署表，张贴在驾驶室、机舱、餐厅和生活区走廊的主要部位，供船员学习。

（7）加强对从业人员的培训教育。据统计，大部分的渔业安全事故与从业人员的违规操作有关。按照《中华人民共和国安全生产法》的要求，未经安全生产教育和培训合格的从业人员不得上岗作业。为此，生产经营单位应采取多种途径，加强对从业人员的安全生产教育和培训，制定出切实可行的安全生产教育培训规划和工作计划，逐步形成灵活的教育培训机制，完善教育培训制度，建立健全培训管理制度，使教育培训工作走上正规化轨道，增加广大从业人员的安全生产知识，促进渔业安全生产。重点是做好对新录用从业人员的安全生产教育和培训，以及对采用新工艺、新技术、新材料或者使用新设备的操作人员进行安全生产教育和培训。通过安全生产教育和培训，使从业人员具备必要的安全生产知识，包括有关安全生产的法律法规知识、生产过程中的安全知识和有关事故应急处理知识，熟悉有关的安全生产规章制度和安全操作规程，掌握本岗位的安全操作技能。

（8）组织开展渔业安全生产评估。要想较好地进行安全生产活动，就要对生产工作进行安全评估，因此生产经营单位对安全生产工作组织安全评估，这是一项重要的工作。安全评估包括安全预评估、安全验收评估、安全现状综合评估和专项安全评估。安全预评估是对渔业安全生产基础设施状况、捕捞生产水域环境对渔业安全的影响等进行分析和预测，提出合理可行的安全设施改进方案、安全应对方案和安全管理的措施。安全验收评估是对实施的渔业安全生产项目进行检测、考察，查找可能存在的危险、有害因素，提出合理可行的安全技术调整方案和安全管理对策。验船师对渔船进行的监督检验工作，就是渔船安全验收评估的一种表现形式。安全现状综合评估是针对渔业生产经营活动的总体或局部安全现状进行全面评价。专项安全评估是针对渔业生产过程中某一水域或某一个阶段的操作方式所存在的危险进行的专项评估，如对起吊渔获物中吊钩的承重安全系数、渔获物变质后产生有害气体对人体的伤害进行评估等。

（9）为从业人员投保雇主责任险。生产经营单位要依法为所雇用的从业人员办理人身意外伤害保险。人身意外伤害险的主要作用是保障因工作遭受事故伤害、患职业病的从业人员获得医疗救治、职业康复和经济补偿。人身意外伤害险是渔业船舶水上安全事故发生后的一种救济途径，参加人身意外伤害险后，从业人员可以安心工作，遵守安全生产操作规程和管理制度，从而促进渔业生产安全。

2. 渔业从业人员

（1）生产经营单位主要负责人、船舶所有人或经营人。生产经营单位主要负责人、船舶所有人或经营人对本单位安全生产工作全面负责，具体负有下列职责：建立健全本单位安全生产责任制度；组织制定本单位安全生产规章制度和操作规程；保证本单位安全生产投入的有效实施；督促、检查本单位的安全生产工作，及时消除生产安全事故隐患；组织制定并实施本单位的渔业船舶水上安全事故应急救援预案；及时、如实报告渔业水上安全事故。

（2）渔业船舶船长。船长对渔业船舶的安全生产负有直接责任，具体负有以下职责：组织实施水上航行、生产作业安全制度和规程；出航前，收听气象海况预报，检查船舶的适航状况和安全设备情况；保持出海期间通讯畅通，保证船位监控设备处于使用状态，及时报告船舶动态；执行安全值班瞭望制度和航行、作业及锚泊的各项规则，督促并做好航行、捕捞、轮机日志的记录工作；遇有热带气旋时，应当及时驾驶渔业船舶到锚地避风，必要时组织船员撤离；督促船员在作业时采取相应的安全防范措施；实施编组生产的渔业船舶，由带头船船长负责组织船队的进出港、航行和作业等，并督促编组中的渔业船舶船长做好船舶安全管理工作。

（3）其他职务船员。其他职务船员应当履行本岗位的安全职责，协助船长、配合安全员、督促普通船员遵守有关安全生产规章制度和安全操作规程，不违章指挥、不违章操作、不冒险作业。

（4）普通船员。普通船员应接受必要的业务培训，经考核合格后，持证上岗作业。接受安全生产教育和培训，遵守有关安全生产规章制度和操作规程，对本岗位的安全生产负责。爱护船舶、机器、仪器、设备等，节约油、水、电，减少物料消耗，降低生产成本，提高经济效益。

3. 渔业基层组织　渔业基层组织主要有村民委员会和渔业专业合作组织等形式，是渔业安全生产管理的关键环节。渔业安全生产的法律法规及有关方针政策需要依靠他们去宣传及贯彻落实。他们对渔业安全生产法律法规的执行具有很大的推动力，如做好本村渔民群众的安全宣传教育工作；组织本村渔船实行"编组生产、互救互助"，建立和完善渔区渔业生产安全通信网络等各项安全保障制度；配备专职安全管理人员，及时了解和掌握所辖渔船的安全适航状况、持证情况、职务船员配备和安全设备配备情况，随时掌握船员的变动情况及船舶进出港的动态情况，并按规定报告渔船动态情况，建立各类安全台账；及时上报渔船存在的问题及安全隐患，并配合职能部门查处；督促渔民落实各级安全管理机构提出的整改意见；规范管理雇用外来劳动力，制止无资质劳动力出海生产，督促渔村与各渔业船舶所有人或经营人签订渔业安全生产责任状，确保渔业安全生产各项制度落实到位。

4. 渔业（行业）协会等社团组织　渔业（行业）协会是渔民自愿参与、自主管理的民间组织，是政府及渔业行政主管部门的参谋和助手，是渔业行政主管部门与渔民之间的桥梁。在渔业安全生产管理中，渔业（行业）协会能较好地协助主管部门加强对入会渔民的安全监督管理，督促渔民及时消除安全隐患。

第三节　渔业安全生产监管责任

一、渔业安全生产监管责任的概念

实际情况与目标、计划、标准相比较，并采取相应措施纠正偏差，以求目标实现的管理行为就是监管。政府及其有关部门对渔业生产经营单位及其生产人员在遵守安全生产法律、法规和国家安全生产标准等各方面情况进行监督检查，判断渔业生产经营单位及从业人员的行为是否出现偏差、有关设施设备是否处于安全运行状态，及时地控制、制止违法和不当行为，消除事故隐患，防止和减少事故的发生就是渔业安全生产监管的过程。渔业安全生产监督也是以合理划分政府、渔业管理部门、渔业生产经营单位的安全责任，强化责任落实，有效提高依法行政效能为主要目的，并通过科学合理地界定落实各级政府、渔业行政主管部门及其渔政渔港监督管理机构的安全监管职责，运用先进有效的手段加强执法监督，控制和减少安全事故的发生，确保渔业安全生产各项制度得以有效实施，实现渔业安全生产目标。

导致事故的主要原因是物的不安全状态和人的不安全行为。建立安全监督机制，保证安全生产管理的工作到位、措施到位、责任到位，以及现场安全生产的监督到位。公平、公正、公开，以事实为依据，以法规、标准为准绳，是监督工作中所必须遵循的原则。渔业安全生产监督以各级政府及其相关安全监管部门为主，新闻、出版、广播、电影、电视单位和社会民众对渔业安全生产都享有舆论监督的权利与义务。

二、渔业安全生产监管责任的要求

渔业安全生产的监管主体包括各级人民政府、安全生产综合监督管理部门、渔业行政主管部门及其渔政渔港监督管理机构等，渔业安全生产的监管主体依法对渔业安全生产实施监督管理。根据渔业船舶水上生产安全事故发生的前后，安全生产监管责任大致分为事前和事后监管两个阶段。

事前监管主要是指渔业安全生产法律法规的制定和落实行业安全标准、安全教育与培训、安全控制指标的下达与分解、安全检查（如安全隐患排查治理）、行政执法、安全经济政策（企业安全费用提取、安全生产风险抵押金缴纳、安全事故赔偿）、劳动保护、职业病防治、制定安全生产应急预案及演练等。事后监管主要是指事故应急救援响应、事故善后处理、事故报告、事故调查处理、事故通报、行政责任追究、事故赔偿、新闻发布等。

各渔业安全生产的监管主体依法对渔业安全生产实施监督管理，各监管主体根据主体性质和职责要求，履行不同的监督管理职责。

1. 渔政渔港监督管理机构　各级渔政渔港监督管理机构在法律法规授权的范围，履行相应的渔业安全生产监管职责：

（1）负责渔港水域交通安全秩序的监督管理，依法查处违法、违章行为。

（2）负责渔业船舶的登记管理工作。

（3）督促落实渔业安全培训，负责渔业船员的考试发证工作。

（4）负责船舶进出渔港的进出港报告，对进出渔港船舶的安全设施配备和船员证书证件进行检查。

（5）负责渔港防污染管理，对进出渔港危险品的运输进行监督管理。

（6）负责监督渔港基础设施的建设与维护管理。

（7）负责渔业船舶水上生产安全事故的调查处理和统计报告。

（8）法律法规规定的其他职责。

2. 应急管理部门　中华人民共和国应急管理部对全国安全生产工作实施综合监督管理，县级以上地方各级人民政府负责安全生产监督管理的部门，对本行政区域内安全生产工作实施综合监督管理。在安全生产管理中，应急管理部主要从综合监督管理安全生产工作的角度，指导、协调和监督行业主管部门的安全生产监督管理工作。安全生产监督管理机构的主要职责是：

（1）负责起草安全生产方面的综合性法律文件和行政法规，拟定有关政策及安全生产规章、规程和安全技术标准。

（2）综合管理安全生产工作，分析和预测安全生产形势，拟定安全生产工作计划，依法行使安全生产监督管理职权，指导、协调和监督质量技术监督等有关部门承担的专项安全监察、监督工作。

（3）负责发布安全生产信息，综合管理安全事故统计工作，组织协调重大、特大事故的调查处理，受国务院委托对特大事故调查报告进行批复。

（4）指导、协调安全生产检测检验工作，并负责监督检查。

（5）负责新建、改建、扩建工程项目的安全设施与主体工程同时设计、同时施工、同时投产使用（简称"三同时"）的安全监督检查工作，依法监督检查重大危险源的监控和重大事故隐患的整改工作，组织对不具备安全生产条件的生产经营单位的查处工作。

（6）拟定安全生产科研规划，组织、指导安全生产重大科学技术研究和技术示范工作。

3. 国务院和地方各级人民政府　根据《中华人民共和国安全生产法》规定，国务院和地方各级人民政府对安全生产实施监督管理，其主要职责是：

（1）加强对安全生产工作的领导，支持、督促各有关部门依法履行安全生产监督管理职责。

（2）及时协调、解决安全生产监督管理中存在的重大问题。

（3）加强对有关安全生产的法律、法规和安全生产知识的宣传，提高渔业从业人员的安全生产意识。

（4）根据本行政区域内的安全生产状况，组织有关部门按照职责分工，对本行政区域内容易发生重大水上安全事故的生产经营单位或船舶进行严格检查，及时处理发现的事故隐患。

（5）鼓励和支持安全生产科学技术研究和安全生产先进技术的推广应用，提高安全生产水平。

（6）对在改善安全生产条件、防止水上安全事故、参加抢险救助等方面取得显著成绩的单位和个人，给予奖励。

4. 渔业行政主管部门　国务院渔业行政主管部门依照《中华人民共和国安全生产法》和其他有关法律、行政法规的规定，对有关渔业安全生产工作实施监督管理。县级以上地方各级政府渔业行政主管部门依法对本辖区内的渔业安全生产工作实施监督管理。其中，包括以下几个方面的职责：

（1）研究起草渔业安全生产方面的法律、法规、政策和行业标准。

（2）依法对渔业生产经营单位或个人执行有关渔业安全生产的法律、法规、国家标准或者行业标准的情况进行监督检查。

（3）对涉及渔业安全生产需要审查批准（包括批准、核准、许可、注册、认证、颁发许可证等）或者验收的事项，依照有关法律、法规或国家标准、行业标准规定的安全生产条件与程序进行审查或验收。

（4）督促落实渔业从业人员安全生产的宣传教育和培训工作。

（5）协调各级政府和有关部门加强渔业安全基础设施建设，鼓励新技术在渔业安全生产领域的应用和推广。

（6）法律法规规定的其他职责。

5. 其他管理部门

（1）发展与改革委员会。各级发展与改革委员会负责统筹安排渔业安全生产监管的有关项目与建设规划。

（2）财政部门。财政部门根据渔业安全生产法律、法规、标准和实际需要，将渔业安全生产综合监管与监督检查经费纳入同级财政预算，确保渔业安全生产专项资金及时到位，并按规定落实配套资金。指导、督促对渔业安全生产的投入，并对渔业安全生产资金的使用情况进行监督。

（3）人事部门。人事部门依法核定渔业安全生产管理人员编制；将渔业安全生产法律法规纳入行政机关、事业单位工作人员普法教育的内容和培训学习计划，并指导实施；将渔业安全生产责任履行情况作为相关主管部门工作人员奖惩、考核的重要内容；会同有关部门制定和实施渔业安全生产管理人员教育培训、考核、奖惩等相关政策。

（4）监察部门。监察部门对负有渔业安全生产监管职责的部门及其工作人员，履行渔业安全生产监管职责的情况实施监察，按照有关规定参与渔业船舶水上重特大安全事故的调查处理工作，对不履行或不正确履行职责而发生重特大事故的，依照有关规定追究相关责任人的行政责任。

（5）公安部门。公安部门依法对本行政区域内的渔港消防安全实施监管。负责渔港消防安全教育和组织渔港消防安全综合检查，对渔港易燃易爆物品的消防安全工作进行监督指导，监督渔港重大火灾（爆炸）隐患整改措施的落实，并依法对违法违章行为进行处罚。

（6）交通海事部门。交通海事部门作为水上交通安全的主管部门，负责船舶水上交通安全管理和商船与渔船之间事故的调查处理。按照国务院规定，落实海上搜救部际联席会议制度，负责统筹研究全国海上搜救和船舶污染应急反应工作，组织协调重大应急反应行动。

（7）工会组织。工会按照有关法律法规的规定，组织渔业从业人员参与渔业安全生产工作的民主监督，参与渔业船舶水上安全事故的调查处理工作，提出保障渔业安全生产的意见和建议，维护渔业从业者的合法权益。

三、落实渔业安全生产监管责任的内容

为落实渔业安全生产监管责任，渔业安全生产监管主体切实履行监管职责，应采取以下措施。

1. 建设并完善安全生产监管责任制体系　不管在任何情况下，一个好的体系，有利于安全有效的发展，政府行政首长负责制和渔业安全生产监管责任体系是落实渔业安全生产监管责任的基础和前提；层层签订安全生产监管目标责任书，是落实渔业安全生产监督责任制的表现形式。部门主要领导和分管领导要按照管理与监管并举的原则，切实履行领导职责。通过安全监管举措和监管责任的落实，不断提高政府安全生产综合监管的能力和水平，加强对本地区、本部门、本单位渔业安全生产的监管工作，深入渔村、渔港和渔船检查、督促、指导安全生产工作。根据安全生产监督责任书及监管考评办法，加大安全生产监管目标考核力度，切实兑现安全生产监督目标考核奖惩制度和安全生产监管"一票否决"制度，通过考核促进安全生产监管责任制体系的不断完善。

2. 建设并完善基层渔业安全生产管理体系　基层的渔业安全生产管理体系的建设和

完善尤为重要，各级政府要切实加强基层特别是乡村渔业安全生产管理组织体系建设，按照有关规定和标准，健全基层渔业安全生产管理机构，统一配备渔业安全生产管理人员，确保机构、人员、经费、装备、制度落到实处，形成完善的基层渔业安全生产管理体系。加强渔业安全生产法制建设，规范各级渔业安全管理机构、人员、经费、装备、制度等各方面管理工作。渔业生产经营单位要严格按照《中华人民共和国安全生产法》规定，成立渔业安全生产监管专业部门，配备专门人员，努力构建"横向到边、纵向到底"的渔业安全生产监管组织体系。

3. 明确重点，严格执法　渔业安全生产监管工作，因区域、经营者的不同而存在差别。根据各地和经营者的特点，有重点和针对性地开展工作。

（1）依法打击各类非法生产和非法经营行为。目前，非法从事渔业生产和经营活动的人并不鲜见，他们片面追求经营效益而不顾安全生产的行为，给渔业安全生产造成了不良影响，也是导致渔业船舶水上安全事故居高不下的原因之一。全国渔业安全生产领域的除"三无"、打"三非"（非法造船、非法捕捞、非法经营）、杜"三违"工作任务依然十分繁重，并伴随着其他深层次的社会问题。对此，各级政府需要引起高度重视，对于非法生产经营行为，应毫不留情地予以打击。

（2）加大对隐患整治和重点生产水域安全检查和督查的力度，不放过任何一个环节、任何一个细节，对各类事故隐患做到及早发现、找准原因、及时整改，并建立信息管理台账，防患于未然。对于重大安全生产隐患，按照《安全生产事故隐患排查治理暂行规定》督促渔业生产经营单位进行整治，必要时报告同级人民政府并对重大事故隐患实行挂牌督办，限期整改销号。渔业生产经营单位的整治工作应落实责任、措施、期限、经费和应急预案。

（3）切实加强事故应急管理，完善应急预案体系，保障应急救援装备物资，有效处置和应对各种突发渔业船舶水上安全事故，把事故造成的损失和社会影响程度降到最低点。

（4）加大事故查处力度。对发生的渔业船舶水上安全事故，要快速组织调查，依法查明原因，判明事故责任。同时，对因工作不到位、疏于防范、整改不力、玩忽职守等情况引发的渔业船舶水上安全事故，应当追究事故责任人的责任。

4. 建设并完善安全生产宣传教育体系

（1）建立舆论宣传和社会监督机制。紧紧围绕渔业安全生产大局和工作重点，及时准确、公正客观地向社会发布安全生产信息，大力宣传渔业安全生产法律法规、国家采取的重大举措、工作中涌现的先进典型和取得的先进经验；公开曝光隐患严重、管理不善并导致事故的典型案例和违法行为。在新闻媒体上开办渔业安全生产宣传专栏，加强安全生产法律法规宣传，开展渔业安全生产公益广告宣传，普及渔业安全生产知识，逐步将渔业安全生产法律法规纳入渔民普法教育范围之中，提高广大渔民的安全生产法律意识。

（2）建立渔业安全生产考培机制。按照"统一规划、归口管理、分级培训、考培分离"的原则，整合培训资源，建立"布局合理、分工明确、优势互补"的渔业安全生产培训网络。探索专业培训与社会化培训相结合、法定职能和社会责任相统一的培训体系；落实考培分离制度，以促进培训质量的提高。

（3）重视渔业安全文化建设。提高群众的总体素质对安全生产有着很大影响，渔业安全文化的核心是树立讲渔业安全生产道德、守渔业安全生产法律、有渔业安全生产技能、做渔业安全生产模范。为适应渔业从业人员安全技能培训和安全文化建设的需求，按照国家的安全生产规划要求，认真抓好以安全法制、安全诚信、安全科技、职业道德、素质技能为主要内容的渔业安全文化建设，培养和造就更多的渔业安全生产科技和管理人才，为渔业安全生产提供有力的技术、智力和人才支撑。

5. 强化对渔业安全生产监管主体的监督　安全生产监管主体未履行主体责任应依法处理，如监管责任主体没有树立正确的政绩观，忽视安全生产等民生问题，在安全生产监管工作中搞"上有政策，下有对策"；对渔业监管部门有法不依、有章不循，安全生产监管不到位，失职渎职；对渔业安全生产监管工作部署执行不力，思想不重视，作风不扎实，检查不全面，导致辖区事故多发、频发或因人为因素导致渔业船舶水上重特大安全事故发生的，都应依法做出处理，情节严重的按干部任免权限进行处理。如对有关部门、单位进行警告或训诫谈话、要求相关单位主要负责人做出书面检查和说明。对官商勾结、权钱交易、徇私舞弊、贪赃枉法等腐败行为，不管是否酿成事故，都要依法惩处。

6. 更新渔船通导设备标准，保障渔船作业安全　科技发展迅速，渔船设备更新速度快，渔船通信、导航及搜救装备的日益增多，使得现有渔船设备问题凸显，渔船设备功能重叠、易用性不高等缺点日益突出，渔船通导设备的落后在一定程度上降低了渔业生产作业的效率和质量，也给渔船安全留下隐患。渔船通导设备一体化的探索和实现符合渔业从业人员的切身利益，也符合渔船现代化管理的趋势。同频段的无线电信号或水声信号有着相似的信号传播特性，因而其硬件电路设计与信号处理方法也相似，为工作在相同频段的渔船通导设备一体化提供了可能。渔船通导设备一体化不仅可以实现设备层面的一体化，还解决当前渔船设备配备种类过多和渔船驾驶台空间不足无处安装新增设备等棘手问题。

7. 鼓励中介机构参与渔业安全生产监管　鼓励社会中介服务机构在法律法规许可的范围内，参与渔业安全生产的监管工作。社会中介服务机构一般指具有法定地位和专业知识与技能，并收取一定劳动报酬的法人组织，它已逐渐成为渔业安全生产管理的重要补充力量。从政府方面看，它的存在可以为企业提供更具专家性的意见或建议，使政府的法律、法规、政策要求得到专业化、精辟化的解释，针对性更强，企业更容易接受；从企业方面看，它的服务更符合市场化公平协议下的平等合作，它对安全生产的表达更多是自然科学和科学技术的范畴，它结合自身劳动经验的服务更容易受到企业的欢迎，使法律法规、政府的政策要求更容易得到落实。

第四节　安全生产监管体系

一、渔业安全生产责任监管的对象

渔业安全生产责任监管的对象为渔业安全生产责任追究的对象，包括渔业安全生产责任主体和渔业安全生产监管主体。

1. 渔业生产经营单位　《中华人民共和国安全生产法》对生产经营单位的安全生产行为做出了规范，生产经营单位必须依法从事生产经营活动，否则将承担相应的法律责任。

因此，渔业生产经营单位的主要负责人、分管安全生产的其他负责人和安全生产管理人员是安全生产工作的直接管理者，保障安全生产是他们必须履行的义务。

根据《中华人民共和国安全生产法》及相关法律规定，对于渔业生产经营单位依法应予责任追究的情形主要有下列方面：

（1）主要负责人未履行法律规定的安全生产管理职责。

（2）未按照规定设立安全生产管理机构或者配备安全生产管理人员。

（3）生产经营单位的决策机构、主要负责人、个人经营的投资人不依法保证安全生产所必需的资金投入，致使生产经营不具备安全生产条件。

（4）未按照规定对从业人员进行安全生产教育和培训，或者未按照规定如实告知从业人员有关的安全生产事项。

（5）未在有较大危险因素的生产经营场所和有关设施、设备上设置明显的安全警示标志。

（6）未为从业人员提供符合国家标准或者行业标准的劳动防护用品。

（7）对重大危险源未登记建档，或者未进行评估、监控，或者未制订应急预案。

（8）将不适航的渔业船舶出租给不具备从事渔业安全生产条件的单位或者个人经营；或者未与经营人或承租人签订专门的渔业安全生产管理协议或者未在承包合同、租赁合同中明确各自的渔业安全生产管理职责，或者未对承包单位、承租单位的安全生产统一协调、管理。

（9）与从业人员订立协议，免除或者减轻其对从业人员因生产安全事故伤亡依法应承担的责任。

（10）发生安全事故造成人员伤亡或财产损失；主要负责人对安全事故隐瞒不报、谎报或者拖延不报；或者不立即组织抢救或者在事故调查处理期间擅离职守或者逃匿。

（11）不具备法律、法规和国家标准或者行业标准规定的安全生产条件，经停产停业整顿后仍不具备安全生产条件。

（12）生产经营单位发生生产安全事故造成人员伤亡、他人财产损失的，应当依法承担赔偿责任，拒不承担或者其负责人逃匿的，由人民法院依法强制执行。

生产安全事故的责任人未依法承担赔偿责任，经人民法院依法采取执行措施后，仍不能对受害人给予足额赔偿的，应当继续履行赔偿义务；受害人发现责任人有其他财产的，可以随时请求人民法院执行。

2. 渔业从业人员　渔业从业人员直接从事渔业生产经营活动，是渔业船舶水上安全事故隐患和不安全因素的第一知情人，是渔业船舶水上安全事故最直接的受害者，有时也是导致事故发生的责任人。从业人员的安全素质，对安全生产至关重要。《中华人民共和国安全生产法》赋予他们必要的安全生产权利，也明确了他们必须履行的安全生产义务。如果因从业人员未履行渔业安全生产义务而导致渔业船舶水上重大、特大安全事故，就必须承担相应的法律责任。

对于渔业从业人员应予责任追究的情形主要有下列方面：

（1）不服从管理，违反安全生产规章制度或者操作规程。

（2）未按照规定经过专业知识培训并取得相应合格证书，上岗作业。

（3）渔业安全生产管理人员未按照规定经考核合格。

（4）未对安全设备进行经常性维护、保养和定期检测。

3. 政府和负有渔业安全生产监督管理职责的部门及其工作人员　《中华人民共和国安全生产法》明确规定了各级地方人民政府和负有渔业安全生产监督管理职责的部门，在职权范围内履行渔业安全生产监督管理工作的义务。监督管理既是法定职权，也是法定义务。如果由于有关地方人民政府和负有渔业安全生产监督管理职责的部门负责人，未能履行相关安全监管职责或履职不到位，或者违反法律规定而导致渔业船舶水上重大、特大安全事故发生的，将被追究失职、渎职的法律责任。

对于政府和负有渔业安全生产监督管理职责的部门及其工作人员依法应予责任追究的情形主要有下列方面：

（1）要求被审查、验收的单位购买其指定的安全设备、器材或者其他产品的，在对安全生产事项的审查、验收中收取费用。

（2）安全设备的安装、使用、检测、改造和报废不符合国家标准或者行业标准。

（3）对生产安全事故隐瞒不报、谎报或者拖延不报。

（4）对不符合法定渔业安全生产条件，涉及安全生产的事项予以批准或者验收通过。

（5）发现未依法取得批准、验收的单位擅自从事渔业生产活动或者接到举报后不予取缔或者不依法予以处理。

（6）对已经依法取得安全生产许可的单位不履行安全监督管理职责，或者发现其不再具备安全生产条件而不撤销原批准，或者发现安全生产违法行为不予查处。

4. 渔业安全生产中介服务机构及其工作人员　《中华人民共和国安全生产法》第十三条规定："依法设立的为安全生产提供技术、管理服务的中介机构，依照法律、行政法规和职业准则，接受生产经营单位的委托为其安全生产工作提供技术、管理服务。"从事安全生产评价认证、检测检验、咨询服务等工作的中介机构及其安全生产的专业工程技术人员，必须具有执业资质才能依法为生产经营单位提供服务。如果中介机构及其工作人员对其承担的安全评价、认证、监测、检验事项出具虚假证明，视其情节轻重，将追究其行政责任、民事责任和刑事责任。

承担安全评价、认证、检测、检验工作的机构，出具虚假证明的行为，依法应当追究违反渔业安全生产法律的责任。

二、渔业安全生产监管的依据

《中华人民共和国安全生产法》第九条规定："国务院安全生产监督管理部门依照本法，对全国安全生产工作实施综合监督管理；县级以上地方各级人民政府安全生产监督管理部门依照本法，对本行政区域内安全生产工作实施综合监督管理。国务院有关部门依照本法和其他有关法律、行政法规的规定，在各自的职责范围内对有关行业、领域的安全生产工作实施监督管理；县级以上地方各级人民政府有关部门依照本法和其他法律、法规的规定，在各自的职责范围内对有关行业、领域的安全生产工作实施监督管理。"

《中华人民共和国海上交通安全法》第四十八条规定："国家渔政渔港监督管理机构，在以渔业为主的渔港水域内，行使本法规定的主管机关的职权，负责交通安全的监督管理。"

三、渔业安全生产监管责任的措施

1. 各级政府　根据《中华人民共和国安全生产法》的有关规定，各级政府在渔业安全生产监督管理中履行对安全生产工作的领导、支持、督促各有关部门依法履行安全生产监督管理职责。因此，各级政府要根据有关法律法规规定，发挥统揽全局、协调各方的作用，加强对渔业安全生产工作的统一领导。将渔业安全生产监管工作纳入渔区各级政府的总体工作部署，结合本地实际，研究制定渔业安全生产中长期规划，加强对渔业安全管理工作的宏观指导，及时协调解决渔业安全生产工作中出现的重大问题，组织好渔业船舶水上重大、特大安全事故的应急救援、调查处理以及灾后重建等工作。推动产业政策的制定，对一些在立法上一时难以规范和解决的渔业安全生产问题，通过制定相关的产业政策来加以调整，优化产业结构，强化源头管理。如将渔业安全生产准入条件纳入产业政策的范畴，研究制定渔业行业市场准入制度，防止不具备安全生产条件的渔船和渔民进入渔业生产领域，提高渔业行业市场准入条件。

县乡政府要建立健全行政区域内县、乡、村和渔业船舶所有人或经营人四级渔船安全生产责任制度，建立乡（镇）、村（居）渔业安全监管网络。加强对监管网络工作人员的指导和培训，做好辖区内安全生产的宣传、事故协查报告等工作，发挥渔业安全生产的参谋助手以及桥梁纽带作用。

2. 安全生产监督管理部门　安全生产监督管理部门在渔业安全生产监督管理中，承担的是综合监管责任，具体为：监督检查渔业生产经营单位对安全生产的法规、制度、方针政策的贯彻执行情况；监督检查渔业生产经营单位改善劳动条件计划的实施及安全经费的使用情况；参加渔业重大技术改造项目的设计审查和竣工验收；参加有关渔业安全生产的新技术、新工艺、新设备、新材料的鉴定；检查渔业生产经营单位的安全生产状况，发现危及渔业从业人员的重大隐患，及时向渔业生产经营单位发出安全生产监督指令书，限期消除隐患；参加渔业船舶水上安全事故的调查和处理工作，对事故原因的分析和事故责任者的处理提出意见，处理中发生意见分歧时，安全生产监督部门应提出主导性意见，必要时报同级人民政府或上一级安全生产监督管理机关裁定；对违反渔业安全生产法规，造成严重后果的经营单位及责任人给予处罚，对实现安全生产成绩显著的单位和个人给予奖励。

3. 渔业行政主管部门　渔业行政主管部门在渔业安全生产中具有行业管理和监督管理的双重职责，承担对渔业安全生产监督检查的义务。依照有关法律法规的规定，对涉及渔业安全生产的事项需要审查批准或者验收，必须严格依照有关法律法规和国家标准或者行业标准规定的安全生产条件和程序进行审查；不符合有关法律法规和国家标准或者行业标准规定的安全生产条件的，不得批准或者验收通过。对未获得批准或者验收合格的经营单位擅自从事有关渔业生产经营活动的，负责行政审批的部门发现或者接到举报后应当立即予以查处。对已经取得批准的经营单位，负责行政审批的部门发现其不再具备安全生产条件的，应当撤销原批准。

渔业行政主管部门对渔业安全生产的监管是通过相关职能部门实施的，生产管理部门依照"管生产必须管安全"的原则，负责渔业生产安全管理、制定渔船安全生产操作规程并组织实施；渔业船舶检验机构按照职责分工，负责对渔业船舶及船用产品实施监督检验，把住渔船质量关和救生、消防、信号设备有效配备关；渔政渔港监督管理机构负责职务船员和普通船员考试发证、船舶所有权和国籍登记、船舶渔港进出港报告和渔港安全管理工作；渔政机构对渔业船舶的更新、建造、入渔许可等进行审核管理。

渔业行政执法机构是渔政、渔港监督、渔业船舶检验等机构的总称，负责对渔业安全生产的动态监督管理，依法查处渔业安全生产的违法违规行为，并督促生产经营单位和渔船落实整改措施。

4. 其他有关主管部门　编制部门和人事部门要综合考虑渔业安全监管机构、人员的配置，确保渔业安全监管能力与监管职责相适应。财政部门要将事故预防、海难救助所需资金和渔港、航标等渔业安全基础设施建设资金列入财政预算，切实予以保障。海事机构作为水上交通安全的主管部门，负责船舶水上交通安全管理，负责水上搜寻救助和商船与渔船事故的调查处理。公安边防部门负责海上治安管理，负责船民证和船舶户籍证的发放，严厉查处打击各项违法犯罪活动，维护海上治安稳定。其他相关职能机构按照有关法律法规规定，履行相应的渔业安全生产的监管职责。

第四章

渔业安全通信管理

　　渔业无线电通信是确保渔业安全生产管理的重要手段之一。它对渔业生产的安全指导、遇险时的抢险救灾起到关键的作用，也是实现渔业安全生产管理现代化管理不可缺少的重要组成部分。

第一节　渔业无线电管理概述

一、渔业无线电管理的由来

　　从古代到近代，渔业船舶在海上作业时船与船和船与陆地之间的通信联系一直无法直接完成，渔民们遇到紧急求援时，只能通过燃火、放鞭炮、敲锣、挂衣服等方法发出视觉求救信号。中华人民共和国成立初期，在部分国营海洋渔业公司的渔轮上依靠国民党时期留下来的外国制造的笨重落后的通信设备可以完成无线电通信。为了便于海陆之间、船与船之间的联系，加强海上通信能力，国家推广用手旗、挂旗、灯号等方式的视觉信号通信。1961年水产部在调查研究和总结经验的基础上，在一些国有渔业公司的渔轮和部分地区的机帆渔船上设置无线电台，到1965年全国已有短波无线电台近1 000座，通信技术人员2 000余人，进入20世纪70年代随着无线电通信技术的不断发展，渔业通信进一步发展，为提高渔业无线电的通信能力，保障渔业安全生产，国家于1975年在浙江嵊山镇投资180万元建立了大型的渔业无线电集中台，安装发信机31台，为全国最大的生产指挥和安全救助的通信平台。1983年2月，农牧渔业部召开了渔业无线电通信管理工作座谈会，提出了要加强电信管理，搞好通信队伍建设，提高通信水平，开创渔业通信新局面。在国家高度重视和大力推进下，到1985年全国已有160个单位设立岸台217座，短波电台3 252台，超短波通信机32 051部。此后，随着科学技术的不断发展，通信设备的不断更新，短波单边带电台、电传机等先进的通信设备得到广泛的应用。现在甚高频（Very High Frequency，VHF）无线电装置、数字选择性呼叫（Digital Selective Calling，DSC）设备和卫星应急示位标，以及中高频无线电DSC设备、雷达应答器和双向无线电通话已经作为主要的联系方式，逐步淘汰了以电报为主的通信方式，极大地提高了渔业船舶安全管理的效率。2005年，农业部投资近4 000万元，建立"全国海洋渔业安全通信网"，整合现有海洋渔业通信资源。第一，建立近海渔业安全救助通信网，共建设了121座岸台，覆盖近海50海里作业渔船，被渔民誉为"渔民的保护神"。第二，建立海洋渔业短波安全通信网，农业部于 2005 年投资 300 多万元，在沿海 11 个省份现有 15 座岸台的基础上，增配大功率短波电台、短波有线/无线转接器等设备。第三，建立全国海洋渔业短波安全通信网。目前，各类渔业短波岸台 1 000 余座，同时建立渔业船舶船位监测网。通过卫星、短波、超短波、码分多址（Code Division Multiple Access，CDMA）通信技术对船位进行监测。

为了规范无线电管理工作，1993 年 9 月国务院发布了《中华人民共和国无线电管理条例》。之后，国家无线电管理机构做出了《关于对农业部渔业无线电管理机构的授权决定》，根据此项决定，农业部会同国家无线电管理机构于 1996 年 8 月共同发布了《渔业无线电管理规定》。

目前我国已有 15 万艘以上的渔船装备了比较先进的通信导航设备，现在从陆地到海洋，从近海到远洋，渔业船舶和岸站，渔业船舶与渔业船舶之间，基本上做到了通信全覆盖，极大地保障了渔业船舶和渔民的生命和财产的安全。因此，对渔业通信的管理也在逐步地规范化和法制化，随着科学技术的不断发展和创新，通信设备和技术也在日新月异地变化，我国政府对渔业通信的管理也更加重视，使该项管理工作提高一个层次。

二、渔业无线电管理的法律依据

渔业主管部门在实施渔业无线电管理时主要依照行政法规、规章和规范性文件进行管理，维护渔业通信秩序，有效利用无线电频谱资源，保障各种无线电业务的正常进行。

1. 行政法规 国务院 1993 年 9 月发布的《中华人民共和国无线电管理条例》，第六条规定："国家无线电管理机构在国务院、中央军事委员会的领导下负责全国无线电管理工作"；第九条规定："国务院有关部门的无线电管理机构负责本系统的无线电管理工作。"2016 年 11 月 11 日，中央军委主席习近平、国务院总理李克强签署命令，公布修订后的《中华人民共和国无线电管理条例》，自 2016 年 12 月 1 日起施行。修订后的条例涵盖了无线电频率管理、台站管理、发射设备管理以及无线电涉外管理等方面的内容，完善了有效开发利用无线电频率的管理制度，减少并规范了无线电行政审批，强化事中、事后监管，加大对利用"伪基站"等开展电信诈骗等违法犯罪活动的惩戒力度，为推动无线电管理各项工作，促进无线电事业的持续、健康发展提供有力的法律保障。

2. 规章和规范性文件

（1）《渔业无线电管理规定》。国家无线电管理委员会和农业部于 1996 年 8 月发布的《渔业无线电管理规定》第二条规定："农业部渔业无线电管理领导小组在国家无线电管理委员会领导下负责授权的渔业无线电管理工作。农业部黄渤海区、东海和南海区渔政渔港监督管理局的渔业无线电管理机构，在农业部渔业无线电管理机构领导下负责本海区的渔业无线电管理工作。省、自治区、直辖市和市、县（市）渔业行政主管部门的渔业无线电管理机构，根据本规定负责辖区内的渔业无线电管理工作。"

（2）《无线电管理处罚规定》。国家无线电管理委员会根据《中华人民共和国无线电管理条例》于 1995 年 10 月 28 日以国无管〔1995〕23 号文件形式颁发了该规定，该规定是对违反无线电管理中各项违规事项做了比较全面的处罚规定，也是渔业行政执法部门对渔业船舶在使用无线电的管理中，对违规行为执行处理的主要法律依据。

三、渔业无线电主管机构

我国渔业无线电管理工作实行"统一领导、分级管理"，目前分为国家、省（自治区、直辖市）、市（地）、县（市）四级渔业无线电管理机构，分别设在本级渔业行政主管部门。各级渔业无线电管理机构同时接受同级无线电管理机构的领导。

省级以上渔业无线电管理机构按照行政区划负责实施对渔业无线电的监测工作；上级渔业无线电管理机构负责对下级渔业无线电管理机构的日常管理工作并进行监督检查。

各级渔业无线电管理机构应配备渔业无线电管理检查员。渔业无线电管理检查员须经省级渔业无线电管理机构审查，报农业农村部渔业无线电管理机构批准并取得相应的无线电管理检查员证后，方可在本行政区域内开展渔业无线电执法检查工作。

渔业无线电台操作人员须持证上岗。农业农村部渔业无线电管理机构负责制定渔业无线电台操作人员培训考试大纲，渔政渔港监督管理机构负责受理渔业无线电台操作人员考试申请，并对合格者核发专业技术资格证书。

四、渔业无线电管理内容

渔业无线电管理是国家无线电管理的组成部分，是无线电管理在渔业领域的体现。渔业无线电管理是利用法律、行政、经济和技术等手段，对渔业无线电通信的频率、呼号（包括识别码）资源、无线电设备、通信网络和操作使用人员进行全面、系统管理的行为。具体管理内容如下：

1. 频率和号码资源 渔业无线电管理机构对国家无线电管理委员会分配给渔业系统使用的频段和频率进行规划，报国家无线电管理委员会批准实施，并由国家或省、自治区、直辖市无线电管理委员会按照电台审批权限指配频率。分配和使用渔业使用频率必须遵守频率划分和使用的有关规定。渔业使用频率使用期满时，如需继续使用，应当办理续用手续。任何设台单位和个人未经原审批设置台（站）的渔业无线电管理机构批准，不得转让渔业使用频率。禁止出租或变相出租渔业使用频率。未经原指配单位批准，不得改变渔业使用频率。对有违反上述使用规定，以及对渔业使用频率长期占而不用的设台单位和个人，原指配单位有权收回其使用的渔业使用频率。

无线电号码资源是识别无线电发射台（站）的重要标志，主要作用是保证通信秩序、通畅。渔业电台号码资源分为：电台呼号、窄带直接印字电报号码、数字选择性呼叫号码、船舶无线电台标识、近海渔业安全救助通信网无线电话识别码和卫星地面站识别码等。渔业无线电台号码、频率由渔业无线电管理机构在核发电台执照时指配，或者在申请某种业务时由有指配权的部门指配。

2. 台（站）及执照设置和使用 渔业船舶电台执照由渔业无线电管理机构按管理权限负责核发，并进行日常管理。渔业无线电台（站）主要有岸台和船台两类，岸台核发"中华人民共和国无线电台执照"，船台核发"中华人民共和国船舶电台执照"。需要设置使用渔业无线电台（站）的单位和个人，必须向本辖区内的渔业无线电管理机构提出书面申请，并按有关规定办理设台（站）审批手续，领取国家无线电管理委员会统一印制的电台执照。

《渔业无线电管理规定》第九条规定:"设置使用渔业无线电台(站),必须具备以下条件:(一)工作环境必须安全可靠;(二)操作人员熟悉有关无线电管理规定,并具有相应的业务技能和操作资格;(三)设台(站)单位或个人有相应的管理措施;(四)无线电设备符合国家技术标准和有关渔业行业标准。"

《渔业无线电管理规定》第十条规定:"设置使用下列渔业无线电岸台(站),应按本条规定报请相应渔业无线电管理机构审核后,报国家或省、自治区、直辖市无线电管理委员会审批;(一)短波岸台(站)、农业农村部直属单位的渔业无线电岸台(站),经农业农村部渔业无线电管理机构审核后报国家无线电管理委员会审批;(二)除上述(一)项外的渔业无线电岸台(站),由省、自治区、直辖市渔业无线电管理机构审核后报省、自治区、直辖市无线电管理委员会审批,并报海区渔业无线电管理机构备案。"

《渔业无线电管理规定》第十一条规定:"海洋渔业船舶上的制式无线电台(站),必须按照下述规定到渔业无线电管理机构办理电台执照。核发电台执照的渔业无线电管理机构应将有关资料及时报国家或相应省、自治区、直辖市无线电管理委员会及上级渔业无线电管理机构备案。(一)农业农村部直属单位和远洋渔业船舶上的制式无线电台(站),按有关规定到农业农村部或海区渔业无线电管理机构办理电台执照;(二)省辖海洋渔业船舶上的制式无线电台(站),到省、自治区、直辖市渔业无线电管理机构办理电台执照;(三)市渔业无线电管理机构受省渔业无线电管理机构委托办理省辖海洋渔业船舶制式电台执照。渔业船舶非制式电台的审批和执照核发单位以及内河湖泊渔业船舶制式电台的执照核发单位,由各省、自治区、直辖市无线电管理委员会根据本省的具体情况确定。"

3. 无线电设备 无线电设备是无线电管理的内容之一,主要包括两个方面:一是制定无线电设备的技术标准;二是对无线电设备的研制、生产、进口进行审批或型号核准。具体为:

(1)负责制定渔用频段及渔业无线电话机技术标准。

(2)研制渔业专用无线电发射设备所需要的工作频段和频率应符合国家有关水上无线电业务频率管理的规定,经农业农村部渔业无线电管理机构审核后,报国家无线电管理委员会审批。

(3)生产渔业专用无线电发射设备,其工作频段、频率和有关技术指标应符合有关渔业无线电管理的规定和行业技术标准。

(4)研制、生产渔业无线电发射设备时,必须采取有效措施抑制电波发射。进行实效发射试验时,须按设置渔业无线电台的有关规定办理临时设台手续。

(5)进口渔业用的无线电发射设备应遵守国家有关进口无线电发射设备的规定,其工作频段、频率和有关技术指标应符合我国渔业无线电管理的规定和国家技术标准。经农业农村部渔业无线电管理机构或者省、自治区、直辖市渔业无线电管理机构审核后,报国家或省、自治区、直辖市无线电管理委员会审批。

(6)市场销售的渔业无线电发射设备,必须符合国家技术标准和有关渔业行业标准。各级渔业无线电管理机构可协同有关部门依法对产品实施监督和检查。

4. 渔业无线电监测和监督检查 省、自治区、直辖市渔业无线电监测站负责对本辖区内的渔业无线电信号监测。省级以上渔业无线电管理机构按照行政区划负责实施对渔业无线电的监测工作；上级渔业无线电管理机构负责对下级渔业无线电管理机构的日常管理工作进行监督检查。

渔业安全通信监管检查的内容主要包括：贯彻执行渔业无线电法律法规及其他规范性文件的情况；具体行政行为是否合法、适当；行政违法行为的查处情况；其他需要监督检查的事项。

5. 无线电管理检查员及无线电台操作人员　各级渔业无线电管理机构应配备渔业无线电管理检查员。渔业无线电管理检查员须经省级渔业无线电管理机构审查，报农业农村部渔业无线电管理机构批准并取得相应的无线电管理检查员证后，方可在本行政区域内开展渔业无线电执法检查工作。

渔业无线电台操作人员须持证上岗。农业农村部渔业无线电管理机构负责制定渔业无线电台操作人员培训考试大纲，渔政渔港监督管理机构负责受理渔业无线电台操作人员考试申请，并对合格者核发专业技术资格证书。

6. 无线电干扰协调　无线电干扰协调是保证无线电通信畅通的重要措施，无线电干扰协调遵循"后用让先用、无规划让有规划、次要业务让主要业务"的原则。渔业无线电管理机构负责对渔业无线电台之间、渔业无线电台与非渔业无线电台之间的干扰进行协调。当干扰双方无法协调解决时，一般由发生干扰的两个无线电台的共同上级无线电管理机构进行裁决。

7. 无线电管理收费　无线电管理收费是经国家计划委员会、财政部和物价局批准的行政事业性收费项目，是国家对无线电频谱资源实行有偿使用的具体体现。根据《无线电管理收费规定》和相关规定，渔业无线电管理收费项目有频率占用费和设备检测费。

省级以上渔业无线电管理机构负责直接管理的渔业船舶制式无线电台频率占用费和设备检测费的收取，渔业行政主管部门设置的用于公务的电台免收频率占用费。

五、渔业无线电台（站）设置要求

1. 岸台　渔业短波岸台（站）和农业农村部直属单位的无线电岸台（站）的设置，由所在地的市级渔业无线电管理机构受理设台申请，省级渔业无线电管理机构初审，经农业农村部渔业无线电管理机构复核，报请国家无线电管理机构审批。

其他渔业无线电岸台（站），由所在地的市级渔业无线电管理机构受理设台申请，经省级渔业无线电管理机构审核，报省级无线电管理机构审批，并报农业农村部渔业无线电管理机构备案。

2. 渔船电台（站）　渔船电台（站）的设置，由渔业船舶所有人向所在地的市级渔业无线电管理机构提交办理船舶电台执照申请表，交验国家无线电管理机构核发的设备核准代码及渔业船舶检验机构签发的设备型式认可证书、渔政渔港监督管理机构签发的有效职务船员证书（无线电操作员证书或话务员证书）；远洋渔船还需提供农业农村部远洋项目批件或国际鲜销渔船审核名录（批复）复印件和农业农村部渔业无线电管理机构指配的电台识别码。

无线电台执照的有效期不超过 3 年，临时无线电台执照的有效期不超过半年。有效期满前，持证人需要继续使用无线电台的，应当在有效期限届满一个月前向原执照核发机构申请办理无线电台延续手续。

3. 渔船电台识别码

（1）凡是安装窄带直接印字电报（Narrow Band Direct Printing，NBDP）、DSC 设备、卫星应急无线电示位标（Emergency Position Indicating Radio Beacon，EPIRB）的用户，必须在启用前 20 天向农业农村部渔业无线电管理机构提出书面申请，并按规定填写海上移动通信业务船舶电台标识申请表，农业农村部渔业无线电管理机构核配识别码后批复申请单位。

（2）安装全球海事卫星通信船站的用户，向中国交通通信信息中心申请船台标识，申请时须填写 INMARSAT 船站申请表（INMARSAT 为国际海事卫星通信系统的简称）。

渔业无线电管理监督检查的目的是加强渔业无线电管理，维护渔业无线电通信秩序，有效利用无线电频谱资源，保障渔业无线电通信正常有序地开展，为促进渔业安全生产服务。

六、渔业安全通信分级

渔业安全通信根据安全通信的紧急程度，依次分为遇险通信、紧急通信和安全信息通告 3 级。

1. 遇险通信 为渔业船舶在航行、作业或锚泊中发生重大危急事项，严重危及船舶安全，需要立即救援时执行的通信。

遇险通信较其他通信具有优先权。在无线电台接收到遇险呼叫时，应立即终止可能干扰遇险通信的任何发射，并守听在遇险呼叫发射频率上。只有在不干扰遇险通信的情况下，方可继续正常的通信业务。在发送遇险呼叫和遇险报告时，必须经过船长命令后才可发送，遇险呼叫通常不专对特定的电台呼叫，遇险呼叫未得到回应时，应尽可能在能引起注意的有效频率上发送。如需弃船，应在弃船前，并在必要和环境许可的情况下，使无线电设备处于连续发射状态。

呼叫格式与报告内容有固定的规定格式，遇险呼叫格式："求救"，3 次；"我是×××（遇险船舶名称或其他识别）"，3 次。遇险报告内容为：遇险信号"求救"、遇险船舶名称或其他识别、遇险位置（经纬度）和时间、遇险性质和所需要的援助方法、便于救助的其他资料、船长签名。

对于遇险报告接收处理，渔业安全通信网岸台接收到船舶遇险报告后，应立即报告所在单位领导和当地渔业行政主管部门及海上搜救中心，渔业船舶电台接收到船舶遇险报告后应立即报告船长。接到遇险报告的船舶，在前往救援时，应向求救船舶发送"救援实施报告"。具体格式与内容为：遇险船舶名称或其他识别；"我是×××台（救援船的名称或其他识别）"；救援船的当时位置；到达遇险船舶的大致时间；通信联络方法。遇险船舶已获救或险情解除后，应发送遇险通信解除报告，告知承担遇险通信任务的船（岸）电台及施救船舶。具体格式为："我是×××号渔船，已获救或险情解除，终止遇险通信"。

遇险船舶因通信设备故障等原因本身不能发送遇险报告时，可以通过其他船（岸）电台代为发送；船（岸）电台在获悉他船遇险后，经船长（或岸台负责人）批准后可代发或转发遇险报告。

2. 紧急通信　当船舶发生紧急情况时，如船上人员患有急病、海况或气象突变等，可以在遇险频率上发送的紧急信号或紧急报告。

除遇险外，紧急通信比其他通信享有优先权。听到紧急信号的电台不得干扰紧急通信的发送。船台在遇险频率上发送紧急信号或紧急报告应经船长批准。

紧急通信呼叫格式为："紧急"，3次；"各台注意（或指定电台名称）"，3次；"我是×××（发送台名称）"，3次；"现在发布紧急报告"；上述紧急报告由×××台（发送紧急报告的船名或单位名称）播发。取消紧急通信的格式为："各台注意"，3次；"我是×××（发送通知的电台名称）"，3次；"本次紧急通信取消"；取消紧急通信的电台或单位名称。

紧急通信可以通过其他船（岸）电台代为转发给接受紧急通信的电台；接受代转紧急通信的船（岸）电台应尽其所能提供通信协助，直至紧急通信收受方承认和发送方知悉为止。

3. 安全信息通告　是指发送气象预报及紧急警报、航行警告、搜救协调信息等语音或文字广播。

安全信息通告的基本要求是：应在国际或国内规定的频率上发送；凡收到安全信息的船（岸）电台，无线电操作人员应注意接收；渔业船舶无线电操作人员应将收到的与本船有关的安全信息通告及时送交船长，岸台应及时送交负责人。

进行渔业安全通信时，应注意渔业通信顺序，渔业通信按优先顺序，依次如下：

① 遇险呼叫、遇险电文和遇险通信；

② 冠以紧急信号的通信；

③ 冠以安全信号的通信；

④ 船舶导航、安全运转等需要的通信；

⑤ 渔业行政主管部门指定的气象报告、航行警告的通信；

⑥ 渔业管理业务的通信；

⑦ 渔业日常通信。遇险通信、紧急通信和安全信息通告3级。

七、渔业安全通信网络

渔业安全通信网络是保证渔业安全通信的基础，其网络组成如下：

（一）全球海上遇险与安全系统

全球海上遇险与安全系统（Global Maritime Distress and Safety System，GMDSS），是国际海事组织（IMO）为了最大限度地保障海上人命与财产安全，进一步完善常规海上通信手段，而开发建设的搜救通信网络综合系统。该系统主要由卫星通信系统——INMARSAT（国际海事卫星通信系统）和COS-PAS/SARSAT（极轨道卫星搜救系统）、地面无线电通信系统（即海岸电台）以及海上安全信息播发系统三大部分构成。

1. 系统主要功能　全球海上遇险与安全系统主要具有七大功能，主要功能如下：

（1）遇险报警。报警是当船舶遇险时，将遇险事件向海上救助机构或相邻船舶进行通报。当海上救助机构接收到报警后，通过岸台（站）向遇险船舶附近的船舶发出报警，协调前往救助或监护。报警主要有船对岸、船对船和岸对船3种途径。通过全球海上遇险与安全系统报警设备可以将遇险位置、遇险性质和救助要求等信息对外传输。

（2）搜救协调通信。是在当船舶遇险报警后，救助协调中心通过岸台（站）与遇险船舶和参与救助的船舶、飞机、其他有关的搜救机构进行的通信联系。搜救协调通信是双方进行有关遇险与安全内容的信息交换，即具备双向的通信功能，与报警功能中只具有向某一方向传输特定信息不同。

（3）救助现场通信。在救助现场参与救助的船舶之间、船舶与飞机之间的相互通信称为救助现场通信。它包括救助指挥船与其他船、船与救生艇、指挥船与救助飞机之间的现场通信。通常，这种通信的距离比较近。

（4）寻位功能。是当遇险船舶、遇险人员或救生艇（筏）发出无线电求救信号后，救助船舶或救助飞机通过全球海上遇险与安全系统，搜寻到遇险人员、遇险船舶或救生艇（筏）所在位置的功能，通过寻位功能可以实施有效的救助。

（5）海上安全信息播发功能。海上安全信息（Maritime Safety Information，MSI）主要是提供各种手段发布航行警告、气象预报和其他各种紧急信息，以保证航行安全。

（6）常规的公众业务通信。是指全球海上遇险与安全系统要求船舶配备的通信设备不但能进行遇险、紧急和安全通信外，还能进行有关的公众业务通信。也就是船舶与岸上管理部门之间进行管理、调度等方面的通信以及船舶与船东、用户等通信。

（7）驾驶台对驾驶台的通信。驾驶台之间的通信是有关航行安全等避让信息的传递，属于船舶交通服务方面的通信，这种通信在狭长的水道和繁忙航道航行中是非常重要的。

2. 系统组成　全球海上遇险与安全系统是国际海事组织利用现代化的通信技术改善海上遇险与安全通信，建立新的海上搜救通信程序，并用来进一步完善现行常规海上通信的一套庞大的综合的全球性的通信搜救网络。该系统主要由卫星通信系统——INMARSAT（国际海事卫星通信系统）和 COSPAS-SARSAT（全球卫星搜救系统）、地面无线电通信系统（即海岸电台）以及海上安全信息播发系统三大部分构成。

（1）地面通信系统。为无线电波在地球表面上传播的通信系统，全球海上遇险与安全系统功能主要应用地面通信系统的中/高/甚高频频段及所属设备，包括数字选择性呼叫（DSC）、窄带直接印字电报（NBDP）、单边带无线电话（RT）、航行警告接收机（NAVTEX）和搜救雷达应答器（SART）。

（2）卫星通信系统。全球海上遇险与安全系统主要应用国际海事卫星通信系统和搜救卫星系统，实现远距离的遇险报警、遇险通信、日常通信和海上安全信息的收发等功能。

（3）海上安全信息播发系统。由岸基 NAVTEX 系统及国际海事卫星通信系统中的增强群呼系统、船舶交通管理系统等组成。

3. 船用系统设备配备

（1）船载无线电设备配备原则。根据 SOLAS 公约 1988 年修正案第四章的要求，船舶无线电设备配备按船舶航区或海域来确定。船载无线电设备配备原则如下：一是船舶应按航区提供执行全球海上遇险与安全系统功能的设备；二是船舶配备的无线电设备至少能在两种无线电分系统中工作，以提供两种以上的通信方式，并且每种方式能采用独立设备实现连续报警功能；三是每种无线电设备应能执行两种以上的功能，如遇险报警、协调通信和常规通信；四是设备操作简单、工作可靠，不需要人员值守，自动报警；五是救生艇

（筏）配备无线电设备是实施现场通信和发出寻位信号，以便于与搜救船舶或飞机的通信联络。

（2）渔业船舶配备要求。根据《国内海洋渔船法定检验技术规则（2019）》规定，国内渔船应按要求配备 VHF 无线电话设备、DSC 设备和卫星应急示位标，以及中高频无线电 DSC 设备、雷达应答器和双向无线电话（表 4-1）。

表 4-1　无线电设备配备定额

序号	设备名称	遮蔽航区	A1 海区	A2、A3 海区
1	甚高频（VHF）无线电话			1①
2	奈伏泰斯接收机（NAVTEX）			1
3	卫星紧急无线电示位标（1.6 吉赫或 406 兆赫——EPRIB）			1
4	中频（MF）无线电装置			根据实际海区任选一种①
5	中频/高频（MF/HF）无线电装置			
6	INMARSAT 船舶地球站			
7	救生艇筏双向甚高频（Two-way VHF）无线电话		2③	3②
8	搜救雷达应答器（SART）			2②
9	便携式甚高频（VHF）无线电话	1		

注：① 永远处于编队作业的辅船可免配；② 船长小于 45 m 可减少 1 只；③ 不配救生艇筏的渔船可免配。

A1 海区是指至少由一个具有连续 DSC 报警能力的甚高频（VHF）岸台的无线电话所覆盖的区域。

A2 海区指除 A1 海区以外，至少由一个具有连续 DSC 报警能力的中频（MF）岸台的无线电话所覆盖的区域。A3 海区是指 A1 海区和 A2 海区以外，由具有连续报警能力的国际海事卫星组织（INMARSAT）静止卫星覆盖的区域。航行于 A3 海区的渔船应配备双套设备，该 A3 海区的双套设备系指双套甚高频无线电话和双套船舶地球站或双套中频/高频无线电装置，或者双套甚高频和中频/高频船舶地球站各一套。

（二）渔业安全通信短波通信网

短波通信网内船、岸电台间能够实现自动数据传输与语音通信兼容，岸台将获取到的船位数据信息，通过 GIS（地理信息系统）平台显示在电子海图上。全国海洋渔业安全通信网短波通信网，是由农业农村部渔政指挥中心统一组织，在黄渤海海区、东海区、南海区渔政渔港监督管理局和辽宁、河北、天津、山东、江苏、上海、浙江、福建、广东、广西、海南省（自治区、直辖市）设立 14 座海洋渔业短波岸台所构成的全国海洋渔业短波安全通信骨干网，承担全国海洋渔业船舶的短波安全通信任务。

1. 短波通信网的组成　短波通信是外海和远洋作业渔船的主要通信手段之一，短波通信网由岸台（监控中心）和船台组成。我国目前约有 6 万艘渔船装备短波单边带电台。

2. 短波通信网岸台建设　为提高海洋渔业安全通信保障能力，2005 年农业部在原有全国 20 座短波安全通信岸台的基础上选择了 14 个岸台进行升级改造，作为全国海洋渔业安全通信短波通信网国家级岸台，实行 24 小时不间断守听值班，其呼号、守听频率向全国渔船开放，每个岸台的服务对象也从过去岸台辖区内渔船扩大到通信有效覆盖范围内所有渔船。除了 14 个国家级岸台外，地方各级渔业行政主管部门先后设置的岸台达 750 余座。其中，青岛、厦门、港澳地区短波通信网岸台较为完备。

目前，全国海洋渔业安全通信短波通信网岸台已经覆盖所有装备单边带电台的渔业船舶，为渔业船舶提供海洋气象、预警信息、安全救助信息及日常通信服务，成为渔业船舶与陆地联系的重要纽带之一，得到渔民的普遍认可，许多岸台都被渔民群众称为"海上保护神"。

3. 短波通信网的优缺点　短波通信网的优点是不受网络枢纽和有源中继体制约、运行成本低；缺点主要是短波数据通信的稳定性低、船用终端投入高和船台的开机率低。

（三）渔业安全通信超短波通信网

全国海洋渔业安全通信超短波通信网由船台和岸台组成，是在近海渔业安全救助通信网基础上升级改造建设而成。2007 年，网络全部投入使用后，通信距离扩大到沿海 50 海里的海域，部分基站通信距离达到 100 海里。超短波通信网由 78 个无人值守基站和 70 个岸站组成，岸站具有接收海上渔业船舶遇险报警、转发气象预报、日常通信和船位监测等功能。

超短波通信网实现了船、岸台单机全频段多信道、双频道值守、优先自动求救、无中心选择空闲信道进行选呼、群呼、全呼、记忆扫描接收等功能，解决了近海渔船的安全通信和日常通信，同时为配置"90c"渔业专用无线电话机的众多渔船提供接收遇险报警、播发气象预报等安全通信服务。

超短波通信网将全国遇险呼叫频率统一定为：33 兆赫（221 频道），气象与海况预报频率定为：33.10 兆赫（225 频道）。

超短波通信具有操作简单、无通信费用、适合近距离渔船间的通信和近海渔船与岸台之间通信等优点；但传输距离近、数据通信的稳定性不高、没有充分和国际水上安全通信标准接轨、船台的开机率不高等制约着超短波通信的推广普及。

（四）渔业安全移动通信网

渔业安全移动通信网 CDMA 通信系统是基于公众通信网，结合 GPS（全球定位系统）高精度卫星定位与现代 GIS 地理信息技术，所建立的一套集船位监控、遇险救助、通讯指挥于一体的海洋渔船安全生产综合信息管理系统。随着蜂窝移动通信（全球移动通信系统，Global System for Mobile Communication，GSM）、CDMA 的迅猛发展以及 GPS 在各个领域的广泛应用，该系统将 GPS 与移动通信相结合。GPS 定位技术为移动目标的导航提供了高精度的实时定位能力，基于 GPS 可以获得移动目标位置的实时信息，运用 GSM 或 CDMA 网络实现对移动目标的实时监控。

监控系统由移动通信网、GPS 导航定位技术、地理信息系统、计算机网络和数据库所构成。船载终端集成了 GPS 模块和通信模块，GPS 模块采集的船舶定位数据（时间、日期、经纬度、航向、航速）按一定的时间间隔通过通信模块传递到移动通信基站（中继站），移动通信岸基网络将数据传送到控制平台进行处理，运用 GIS 技术，使船位信息显示于电子海图之上。

我国海洋渔业安全移动通信网是利用公众移动通信公司在全国沿海建设适用于渔业通信的大功率移动通信基站，为近岸小型渔船提供安全通信及日常通信服务，监测渔船船位。全国海洋渔业安全移动通信网按"政府引导、部门推动、市场运作"的指导方针，依托公众移动通信公司投资建设，2005 年 10 月，随着中国渔政指挥中心与中国联通公司建设海洋渔业 CDMA 移动通信系统建设协议的签署，加快了海洋渔业 CDMA/GSM 移动通信网的建设的步伐，福建的漳州、泉州等地区的移动通信网已先后建成并投入使用。

渔业安全移动通信网具有气象预警信息发布（语音或短信）、船位监测、指挥救助等功能，有效覆盖范围达 50 千米，为在沿岸作业渔船提供了较为有效的安全通信保障。但渔业安全移动通信网在使用中存在两个方面的问题：一是技术方面，蜂窝移动通信在覆盖范围上具有局限性，50 千米的有效覆盖距离难以满足近海渔业生产的需求，因此该系统只能适用于对沿海航区的小型渔船和部分在近海航区作业的渔船进行船位监控；二是营运费用较高，市场化的运作模式增加了渔船的通信成本，在渔业经营效益并不乐观的情况下，难以充分发挥其通信功能。

第二节　渔业安全通信监管体系

一、监管的依据

渔业安全通信监管检查的法律依据有《中华人民共和国无线电管理条例》《渔业无线电管理规定》《无线电台（站）呼号管理规定》《无线电执照管理办法》《无线电管理收费规定》和《无线电管理处罚规定》等无线电管理的法规。

《渔业无线电管理规定》第二十七条和第三十六条分别规定：渔业无线电管理机构可对国家无线电管理法律法规贯彻执行情况进行监督检查，对违反渔业无线电管理的单位和个人按照《中华人民共和国行政处罚法》和《无线电管理处罚规定》实施处罚。

渔业安全通信监管是渔业行政执法的组成部分，是渔业无线电管理部门依照国家有关渔业无线电管理的法律、法规和规章，对公民、法人和其他组织的渔业无线电相关活动实施管理、监督和检查，并对违法行为实施处罚的行政行为。

二、监管的内容

在对渔业船舶无线电通信设备（制式无线电台）认可时，加强产品频率范围的审核，检查设备的频率范围是否符合国家规定。在渔业船舶出厂检验环节，渔业船舶检验机构要检查渔业船舶设置使用渔业无线电台的环境和条件，并在渔业船舶检验证书中注明电台使用的频段、呼号等信息。在渔业船舶营运环节，要加强对渔业无线电台使用情况的检查，严厉查处违法违规行为。主要内容如下：

（1）设置使用渔业无线电台（站）的单位和个人执行遵守《中华人民共和国无线电管理条例》和相关法律法规和地方性规定的情况。

（2）研制、生产、进口渔业无线电设备的单位和个人执行《中华人民共和国无线电管理条例》及相关法律法规情况。

（3）销售渔用无线电设备的单位执行国家技术标准和质量管理法规及《中华人民共和国无线电管理条例》的情况。

（4）渔业无线电管理机构贯彻《中华人民共和国无线电管理条例》《渔业无线电管理规定》及其他规范性文件的情况。

（5）渔业无线电管理机构具体行政行为是否合法、适当。

（6）渔业无线电管理机构对行政违法行为的查处情况。

（7）其他与渔业无线电管理工作有关的情况。

三、渔业无线电违法行为处罚

根据《中华人民共和国无线电管理条例》和《无线电管理处罚规定》，渔业无线电管理机构在实施渔业安全通信监管管理中对违反渔业无线电管理规定的单位和个人，按照《中华人民共和国行政处罚法》和《无线电管理处罚规定》实施处罚。渔业无线电违法行为的处罚种类有：

（1）警告。是对轻微无线电违法行为的公民、法人或者其他组织提出告诫的一种处罚，一般采用书面形式。

（2）罚款。是依法强制无线电违法行为人在一定期限内缴付一定数量货币的行政处罚行为。《无线电管理处罚规定》对无线电违法行为的罚款不超过 5 000 元。

（3）查封设备。是对违法行为人非法使用、生产、进口、销售或者研制的无线电发射设备采取行政强制措施的行政处罚，查封设备属于行政处罚过程中的一项措施，其后还需无线电行政执法机构做出处罚决定。

（4）没收设备。是对无线电违法行为人非法使用、生产、进口、销售或者研制的无线电发射设备强制无偿收归国有的行政处罚。没收设备是一项较为严厉的处罚，仅适用于严重违反无线电管理行为的处罚。

（5）没收非法所得。是对出于营利目的而实施违反无线电管理法规，并获得非法所得的违法行为人给予经济上的行政处罚。

（6）吊销电台（站）执照。就是取消严重违反渔业无线电管理规定的持照者的法定资格，是无线电行政处罚中最为严厉的处罚措施。

第三节　渔业安全救助信息系统

一、系统概述

1. 系统组成　渔业安全救助信息系统由系统数据库、电子海图、GIS、管理信息系统（Management Information System，MIS）、通信模块以及计算机网络设备等组成。

渔业安全救助信息系统与国际海事卫星、北斗卫星、船舶自动识别系统（Automatic Indentification System，AIS）、CDMA/GSM、短波、超短波、无线射频识别技术（Radio Frequency Indentification，RFID）等船位信息和渔港视频监控信息系统相兼容；同时还预留远程雷达监控、视频会议通信数据接口，可扩展升级和进行二次开发。

2. 系统功能　渔业安全救助信息系统具有空间数据库管理、海图显示功能、海图作业、海图改正、接口系统、信息查询等功能。

（1）海图数据平台。所有监控管理功能都在电子海图数据的基础上完成，提供对电子海图数据的查询。

（2）渔船信息管理。能够在卫星船位信息和 AIS 船舶信息内进行搜索，快速定位到搜索的船舶，以便对搜索到的船舶进行通信操作；在完成对渔船信息进行查、检、索的同时，还可以修改和管理渔船信息。

（3）渔船位置自动获取。能随时或定时调取船位信息，将渔船船位实时、准确地显示在电子海图上，并通过不同颜色图标区分正在作业或航行状态信息。

（4）船舶报警接收和处置。当渔船在海上发生紧急情况请求援助时，通过人工按下终端按钮自动向管理中心发出求救信号和船位信息，系统就能接收渔船报警信息，提供声、光报警提示，并将接收到报警的确认信息返回给渔船。

（5）船舶搜救。在遇险船舶周围划定搜索区域，并给搜索区域内的船舶发送搜救指令，组织遇险救援。

（6）调度指令下发。可以将调度指挥的指令发送到渔船卫星/AIS 终端，并接收渔船的报告信息。

（7）渔船进出港及航程统计。能够接收船舶发送的进出港报告，并根据进出港报告信息，对船舶的航行里程进行统计。

（8）双向数据通信。在船舶和管理中心之间实现双向数据通信，传送报文。

（9）AIS 船舶信息获取。从 AIS 基站接收所有 AIS 船舶的信息，并显示在管理平台上。

（10）船舶信息统计。根据渔船所属单位信息和渔船报位信息进行统计，报告船舶在线和离线情况。

（11）渔船分区统计。根据预定义的港口区域，统计船舶在港情况及船舶在不同港口分布情况，对于不在港区的船舶，统计船舶所在的渔区。

（12）辖区管理及越界自动报警。当渔船靠近预定义区域时，系统自动发出声、光报警提示信息。

（13）船舶卫星终端和 AIS 终端数据回放。能够对接收到的船舶卫星终端和 AIS 的位置信息进行回放；通过指定区域或船舶，定义事故可能的时间段，读取船舶卫星船位数据和 AIS 船位数据信息，并对没有船位的位置点进行推算，以图形化的方式展示出来，用于渔船碰撞事故分析。

（14）渔船数据黑匣子记录和读取。渔船卫星终端可以将详细的位置数据存储在终端设备里，至少保存 10 000 个位置信息。当渔船遇险时，可以通过管理中心的命令读取黑匣子数据，并展示在电子海图界面上。

（15）热带气旋预测及报警功能。能手工或自动接入热带气旋预报信息数据，可以模拟热带气旋 24 小时和 48 小时的运行轨迹，分析热带气旋对渔船安全的影响。

（16）渔船航线管理与监控。渔船可以将计划航线发送到管理中心，由管理中心进行管理，当渔船航迹与计划航线发生偏离时，系统自动报警。

（17）管理中心分层管理。按照渔业管理部门的需要，对省、市、县和乡渔船的管理权限进行划分，并实现统一管理和数据共享，最大限度地节省系统资源。

（18）用户分层管理和权限认证。对用户的权限进行授权管理，按用户要求分配权限，对登录的用户信息进行加密认证，保证系统的实用性和安全性。

（19）满足系统管理需要的其他功能。

二、系统介绍

1. 船用卫星信息系统　渔船船用卫星信息系统是基于北斗或 INMARSAT 卫星开发的船舶监控系统，作为船舶和船舶之间、船舶和岸上中心平台之间通信的支撑，并通过卫星系统的信息通信功能，为渔船提供渔政通告、管理法规、气象、潮汐、渔情、渔市行情等各种增值信息。

（1）系统组成与功能。船用卫星信息系统主要由渔业船台和陆地监控台（站）两部分组成，分别构成卫星通信网络和陆地计算机广域网，实现管理中心与渔船卫星终端之间的通信，渔船卫星终端接受并完成管理中心的各种指令与信息管理。

（2）海事卫星船舶监控系统。利用海事卫星系统传输 GPS 定位（船位）信息可以实现船舶动态的监控，它具有以下特点：电信级运营服务；可以提供多种扩展和增值服务；设备安装与维护简单；抗雨衰；抗干扰、保密性强；覆盖范围大，无盲区。缺点是通信费用和终端设备价格较高。

（3）北斗卫星船位监控系统。北斗卫星导航系统（Bei Dou Navigation Satellite System，BDS）是我国自行研制的全球卫星导航系统，是继 GPS、全球卫星导航系统（Gobal Navigation Satellite System，GLONASS）之后第三个成熟的卫星导航系统。北斗卫星导航系统（BDS）和美国 GPS、俄罗斯 GLONASS、欧盟伽利略卫星导航系统（Galileo Satellite Navigation System，GALILEO），是联合国卫星导航委员会已认定的供应商。该系统由 3 颗北斗定位卫星（2 颗工作卫星、1 颗备用卫星）、地面控制中心和北斗用户终端 3 部分组成。北斗卫星导航系统由空间段、地面段和用户段 3 部分组成，可在全球范围内全天候为各类用户提供高精度、高可靠定位、导航、授时服务，并具短报文通信能力，已经初步具备区域导航、定位和授时能力，定位精度 10 米，测速精度 0.2 米/秒，授时精度 10 纳秒。截至 2018 年 12 月，北斗卫星系统可提供全球服务，在轨工作卫星共 33 颗，包含 15 颗北斗二号卫星和 18 颗北斗三号卫星，具体为 5 颗地球静止轨道卫星、7 颗倾斜地球同步轨道卫星和 21 颗中圆地球轨道卫星。

① 系统主要功能。北斗卫星系统主要具有以下功能：

a. 快速定位：为服务区域内的用户提供全天候、高精度、快速实时的定位服务。

b. 短报文通信：北斗卫星系统用户终端具有双向报文通信功能，用户可以达到一次传送达 120 个汉字的信息，在远洋航行中有重要的应用价值。

c. 精密授时：北斗卫星系统具有精密授时功能，可向用户提供 20～100 纳秒同步精度。

② 应用优势。北斗卫星系统具备定位与通信双重功能，无须其他通信系统支持；覆盖我国及周边国家和地区，24 小时全天候服务；适合集团用户大范围监控与管理，以及无依托地区数据采集和用户数据传输应用；独特的中心节点式定位处理和指挥型用户机设计，可同时解决"我在哪"和"你在哪"；自主系统，高强度加密设计，安全、可靠、稳定。2018 年 12 月 27 日北斗三号基本系统完成建设，开始提供全球服务。这标志着北斗

卫星系统服务范围由区域扩展为全球，北斗卫星系统正式迈入全球时代。

③北斗船载终端功能。

a. 信息服务。北斗船载终端利用北斗卫星通信功能实现船岸、船船之间的数据、文字和信息的互联传递。可发送信息报告，根据监控中心的指令，搜索作业渔船当前的位置、航速、航向等信息传送至监控中心。作业渔船之间的通信，实现作业渔船之间的文字通信，并将通信内容发送至北斗显控终端显示。渔船与运营中心之间的通信，北斗船载终端能接收由监控中心发送的文字信息，如作业调度信息、渔政通告信息、管理法规信息等；同时也可以将显控终端上输入的文字信息发送给运营中心，使渔船能便捷地向中心通报各种信息和情况。作业渔船和移动网之间的通信，通过北斗导航卫星的通信链路和岸上移动通信的信息链路，船载终端既可以接收移动通信手机发送的短消息，也可以发送短消息给岸上移动通信手机，方便渔民和家人、渔民和渔业企业之间的信息交流。增值服务信息，北斗卫星的通信功能为渔船提供天气预报、气象报告、潮汐情况、渔情、渔市行情等各种信息服务。

b. 船舶定位显示及发送。船载终端可以接收北斗和 GPS 的卫星信号，实时显示本船的当前位置、速度、航向和渔区号；实时显示目的地（或游标）所在位置、渔区号、目的地到当前船位距离；实时显示当前时间、日期；实时跟踪并显示卫星状态和卫星信号强度。完成船舶的自动定位，对航速、航向等信息进行处理，同时将信息报告至监控中心，并在船载终端的显控设备上显示。

c. 报警。北斗船载终端具备报警求助功能，当渔船发生紧急情况请求援助时，可按下终端上的"紧急"按钮，船载终端就会自动和连续地向监控中心发出紧急报警信息报告，直至监控中心确认或船上人工解除为止。报警信息内容包括请求援助、出事渔船的船位及报警补充信息，可以方便平台的管理用户组织应急救援。

d. 北斗船载终端状态报告。北斗船载终端可以实时连续地向监控中心报告自身的工作状态、用电类型、电池电量，方便监控中心实时掌握北斗船载终端的工作情况，出现问题时也可以及时发现。同时，监控中心可以通过北斗船载终端的状态报告统计北斗船载终端用户的使用情况和工作时间，方便了中心的管理工作。

e. 电子海图显示功能。显示全中国海域电子地图，并可实现多级缩放及任意移动和旋转海图功能；在电子海图上记录船只的航行轨迹；灵活调节亮度，使其适应航行中频繁交替出现的晴天、阴天、傍晚和夜晚。

f. 断电告警功能。当北斗船载终端被人为或意外断电时，定位通信模块能自动将电源切换到内置备用电源，内置备用电源可保持正常工作 8 小时以上；同时，在断电瞬间向运营中心发出断电告警；当外接电源恢复供电时，北斗船载终端能自动向运营中心发送信息报告。

g. 分组管理功能。北斗船载终端能够接受通过卫星下达的分组控制指令，完成下载、修改或删除船队分组码，使终端用户通过唯一的识别码来实现一对一的通信。同时，还具有组建一个或多个临时（或固定）船队分组识别码来实现群呼、通播功能。

h. 响应控制中心的控制指令。北斗船载终端可以根据监控中心的控制指令，改变自身的各项工作参数，包括位置报告采集间隔、定位报告频度、分组编组等，从而更好地根据监控中心的指令实现管理。

2. 渔船身份识别及进出港监管系统　　各级政府和渔业职能部门以 RFID 技术和互联网技术为基础，通过电子标签技术可以进行宣传教育、船检、渔船进出港报告、船员持证上岗、救生设施、通信设备、消防设施等日常监管工作。同时，能够使港口管理人员认真开展渔船、渔港、渔排和渔船停泊点等场所的安全隐患排查治理工作，确保渔业生产安全形势保持平态势。RFID 是 20 世纪 90 年代兴起的一项非接触式自动识别技术。它是利用射频方式进行非接触双向通信，达到自动识别目标并获取相关数据，具有精度高、适应环境能力强、抗干扰强、操作快捷等优点。随着成本的下降和标准化，为无线射频识别技术的全面推广和普及应用创造了良好的条件，也基本能满足现阶段渔船进出港管理的需要。通过 RFID 电子标签平台可以使管理人员采取有效的措施，加大海上和港口安全监管工作力度，可以重点打击未年审、老旧、"三无"、救生设备短缺、未报告、出海未编队、擅自改变作业方式、渔工证件不齐以及船名号标识不清等船舶，促进渔业安全生产管理制度的真正落实，从源头上切实防范和遏制重大渔业安全生产事故的发生。

（1）系统组成。渔船身份识别及进出港自动监管系统由监控中心、港口自动识别系统、电源和信号传输系统、移动式自动识别器和视频探头等部分组成，它是通过渔船上安装的电子身份标志牌（电子标签信息载体，电子身份标志牌中存储加密的船舶信息），经授权的射频读写器对电子身份标志牌存储的信息进行读、写操作，来实现渔船的自动识别和监管。由地面监控中心主计算机在系统软件支持下，通过数据传输接口和沿港道铺设的通讯光/电缆，无间断、即时地对海上安装的无线数据采集器进行数据信息采集，无线数据采集器将自动采集有效识别距离内的标识卡的信息，并无间断、即时地通过传输网络将相关数据传送至地面中心站。数据信息经分析处理后，将海上船舶和人员等动态分布在主计算机界面中得以实时反映，从而实现港口数字化管理的目的。

① 船用射频识别卡。射频识别卡是船舶唯一合法的有效标识。识别卡的主要功能是存储相应的船舶信息，接收或解调读卡器发来的查询信号，并将储存的船舶相关信息转换成信号，传送给读卡器，完成系统自动识别采集功能。

② 远距离读卡器。读卡器与安装在船舶上的射频识别卡构成系统的信息传输核心，读卡器安装在渔船进出港航道一侧的某一位置，以电缆与天线相连，通过标准协议与控制中心电脑进行数据交换。

③ 手持式读写器。手持式读写器可在 50～150 米的范围内读取渔船上的有源无线射频识别芯片的电子身份标志牌，避免了执法人员登船检查而引起的不便和风险，提高了工作效率，当需要时再行登船核查。手持式读写器不受异常天气和恶劣海况的影响。

④ 视频探头。视频探头主要用于渔港视频监控，实时监控渔船进出港动态。通过视频探头，监控人员可以在值班室内的电视屏幕上全方位、全天候地监控港口渔船进出港的动态信息，为渔船进出港监控、港口交通疏导、港内消防管理、创建"平安稳定和谐港口"提供了强有力的保障。

（2）系统功能。渔船身份识别及进出港监管系统的主要功能包括：

① 自动记录渔船进出港信息。渔船在每次进港和出港航经港口监控点时，系统就会自动地将信息反馈到监控中心。渔政渔港监督管理机构可以通过监控平台清楚地掌握每条渔船进出港的信息。此外，还可以在渔船进出港时调用视频监测观看实时进出港情况，进

行视频图像记录,以备后期查询,整个过程不需要渔船进行任何操作。

② 防止不适航渔船出港。将不适航渔船信息存储至系统后,当这些渔船出港时,系统可以自动提醒主管部门,以便采取相应措施阻止不适航渔船出航。

③ 提醒功能。渔船出港时,系统通过通信链路提醒船只开启 AIS 系统及卫星船位监控系统,同时向出港船舶发送各种重要信息。当发现船舶未开启相应 AIS 系统或卫星监控系统时,系统会自动提醒主管部门采取相应措施。船舶进港时,系统可以通过通信链路向船只发送回港问候、主管部门的通知公告等信息。

④ 不停航检查和违章渔船管理。通过远程射频的数据传输功能,渔业行政执法船舶可对航行渔船实现不靠帮检查。在检查过程中,执法船的系统可以实时向中心数据库查询船舶资料,如船舶违章情况、船舶安全证书有效期、登记证书有效期以及职务船员适任证书等信息,为加大对黑名单渔船管理的力度提供了便利。

⑤ 统计功能。可以对进出港渔船的流量进行精确统计,也可以对锚地渔船的数量进行统计,有利于港口管理效率的提高。

3. 船舶自动识别系统 船舶自动识别系统,即 AIS(简称 AIS 系统),诞生在 20 世纪 90 年代,是指一种应用于船和岸、船和船之间的海事安全与通信的新型助航系统。常由甚高频通信机、GPS 定位仪和与船载显示器及传感器等相连接的通信控制器组成,能自动交换船位、航速、航向、船名、呼号等重要信息。装在船上的 AIS 在向外发送这些信息的同时,同样接收甚高频覆盖范围内其他船舶的信息,从而实现了自动应答。此外,作为一种开放式数据传输系统,它可与雷达、自动雷达标绘仪、电子海图显示与信息系统、船舶交通管理系统等终端设备和互联网实现连接,构成海上交管和监视网络,是不用雷达探测也能获得交通信息的有效手段,可以有效减少船舶碰撞事故。AIS 终端设备能够不断地向附近的船舶和负责海事监督的岸台播发自己的身份识别标志、船舶类型、吨位、载货情况、航线、目的港、估计到达时间、当前船位与速度,监控中心对这些信息进行统一管理;同时,接收来自岸台的查询和附近船舶的 AIS 信息,把有关信息以图形和电文方式显示在自己设备终端屏幕上,实现了船与船、船与岸之间的信息交换。

根据 SOLAS 公约要求,所有在 2002 年 7 月 1 日或以后建造的大于等于 300 总吨从事国际航运的船舶、大于等于 500 总吨非国际航运的货船和所有客船均须配备 AIS 设备。并要求所有于 2002 年 7 月 1 日前建造的从事国际航运的各类船舶必须在 2003 年 7 月 1 日至 2008 年 7 月 1 日前装配 AIS 设备。

(1) 系统组成和功能。AIS 系统主要由基站、监控中心、船载终端和传输网络组成。AIS 的正确使用有助于加强海上生命安全、提高航行的安全性和效率,以及对海洋环境的保护。AIS 加强了船舶间避免碰撞的措施,增强了 ARPA 雷达、船舶交通管理系统、船舶报告的功能,在电子海图上显示所有船舶可视化的航向、航线、船名等信息,改进了海事通信的功能,提供了一种与通过 AIS 识别的船舶进行语音和文本通信的方法,增强了船舶的全局意识,其系统主要功能如下:

① 船舶识别监控。在监控中心的电子海图上可实时获取监控船舶的编号、船名、位置、经纬度、航速、航向、时间等信息。

② 船舶分组。根据用户的需求对船舶进行分组,对不同的分组设置不同的标色,提

高船舶信息的管理效率。

③ 轨迹回放。按时间、区域搜索，多目标轨迹回放。并可将轨迹导出制成文件，进行永久性保存。

④ 重点区域监控。用户可以设置报警线、禁航区域等，以便实现对重要航段和重要区域的监控，也可以设定船舶进出港口信息报警。

⑤ 流量统计。对港口或重要航段进出的船舶进行统计，并对历史流量数据进行汇总分析。

(2) 渔船 AIS 终端功能。

① 防碰撞功能。渔船终端可以自动向岸台、AIS 终端船舶发送本船相关动态信息，让附近船舶及时掌握本船动态，尽早采取避让措施；当 AIS 内的非渔船靠近本船，渔船 AIS 终端自动开启声光、语音告警系统，提醒渔船船员注意来船距离、方位、航速、航向，以便尽快采取必要的避碰措施。

② 遇险报警功能。当渔船遇有意外情况危及船舶和船员生命安全时，可以通过渔船终端的 DSC 报警键发出求救信息。

③ GPS 导航功能。渔船终端的 GPS 模块能够为本船提供实时船位信息，操作人员就能实时掌握本船的位置和其他动态导航信息。

④ 船位监控功能。AIS 终端船舶在基站接收信号覆盖范围内，指挥平台可以及时掌握船舶的动态信息，实现基站覆盖区内 AIS 终端船舶的有效监控。

⑤ 碰撞事故船舶查找功能。监控平台的后台服务器可以有效保存所有基站接收到的船舶信息，并可按照需求对 AIS 终端船舶信息进行轨迹回放，为追查肇事逃逸船舶和查清事故责任提供依据。

4. 雷达监控系统 雷达监控系统运用现代自动控制、计算机网络、通信、雷达探测跟踪等技术，选择适合的地点建设无人值守的远程雷达监控站。通过网络连接，在指挥中心实施对监控雷达的远程控制和雷达图像信息收集管理。浙江省宁波市在渔山岛建成了我国渔业系统首座雷达监控系统。

雷达监控系统的主要功能：

(1) 对一定范围以内的渔船进行动态监控，如对港内船舶进行监控，对习惯航线上航行船舶的动态跟踪监控等。

(2) 监控中心通过网络技术，实现对远程监控站雷达的实时遥控。

(3) 接收 AIS 信号，在海图上标注 AIS 信号所示的目标。

(4) 利用中心计算机的存储功能将雷达信号进行数据备份，便于日后调取查阅。

(5) 当接到渔船的遇险报警信号后，根据遇险船舶的位置，在雷达监控范围内对目标进行扫描，协助引导搜救船舶确定遇险船的准确位置和相对位置，便于及时对遇险渔船实施救助。

5. 卫星电话 卫星电话可以在渔船出海作业时，提供高质量的语音、传真和数据通信，可以弥补因移动通信网络或无线电覆盖范围所带来的通信缺陷，特别在应急救援时卫星电话有其不可取代的优势。卫星电话终端具备轻便小巧、通话质量高、覆盖范围广等优点，但卫星电话高昂的通话费用阻碍了其在广大渔民和渔业管理者中推广使用的进程。

6. 渔船监测系统　渔船监测系统（Monitoring Control and Surveillance System of Fishing Vessel），又称渔船监测、控制和监督系统，简称 MCS 系统，有关国际渔业管理组织规定各成员或有关国家对其捕捞渔船从事捕捞活动应遵守养护和管理措施而采取全面管理和监控的总称。主要包括建立船舶监视系统、常规报告制度、应急处理办法以及违规查处等。

MCS 系统由船载卫星终端、卫星链路和卫星地面站、监测指挥中心和渔船船位监测系统网站 4 部分组成。其中，船载卫星终端采集船舶航行状态数据，通过卫星空间链路和卫星地面站传给监测指挥中心；监测指挥中心存储、处理卫星传来的数据，同时远洋渔船船位监测系统网站提供丰富的图形操作界面，各级行政部门和渔业企业可以方便、快捷地获取渔船的动态信息。利用卫星实现渔船船位监测具有覆盖广、全天候工作、可靠性高等特点。

自 2007 年起，为适应国际渔业管理趋势，树立负责任渔业的良好形象，提高我国远洋渔业管理水平，确保渔船海上航行和生产作业安全，农业农村部要求对所有远洋渔船分期分批实施船位监测。

在渔业管理中可以：①检视渔船作业动态，如作业状态或航行状态；②判断渔船是否违规，如侦测跨洋区作业、跨渔区作业、多日未回报船位；③统计渔船长期资料，如回报与未回报天数、进港天数、违规天数；④提供渔业管理决策参考，如渔船在渔场移动实况有助于管理辅导措施的调整；⑤提升渔获回报准确度。

第五章

渔业安全检查

渔业安全检查是实施渔业安全监督管理、预防事故发生的重要保障环节。

第一节　渔业船舶安全检查概述

一、渔业船舶安全检查的目的和意义

1. 渔业安全检查的基本概念　渔业安全检查是指渔业行政主管部门及其所属渔政渔港监督管理机构，根据渔业船舶安全监督管理有关法律、法规或规章，对渔业船舶适航条件和安全生产状况实施监督检查，依法纠正和查处安全管理违法行为的活动。它是渔业行政主管部门及其所属渔政渔港监督管理机构的一项法定职责，也是渔业安全生产监督管理工作中一项常规性、制度性工作。

2. 渔业安全检查的目的　渔业安全检查的目的，一是了解和掌握渔业安全生产状况，为分析渔业安全生产形势，研究和制定渔业安全生产管理制度措施提供信息和依据。二是发现并及时处理渔业生产中存在的事故隐患，消除危险因素，防止和减少生产安全事故的发生，保障渔民生命财产安全，维护渔区社会稳定。所谓的事故隐患，是指可能导致安全生产事故的船舶不适航状态、相关人员的不安全行为及安全管理制度的缺失或执行不到位等。三是加强对有关渔业安全生产的法律、法规或规章和安全生产知识的宣传教育，进一步宣传、贯彻、落实党和国家渔业安全生产方针、政策及各项规章制度、规范，增强从业人员安全生产意识和依法依规航行作业的自觉性。渔船及其设备，受作业环境、疲劳使用、操作不当等方面的影响，易于发生腐蚀、老化、磨损、龟裂等情况，往往成为事故发生的主要原因之一。通过安全检查能够及时发现事故隐患，并采取相应的整改措施，以改善渔船安全性能，提高渔船安全系数。同时，捕捞生产者在恶劣的海况环境下，从事繁重、单调重复的劳动，容易产生麻痹大意、疏忽侥幸的心理，违反安全操作规程随意操作，导致事故的发生。通过安全检查及早发现船员的不安全行为，并予以警告或处罚，及时消除事故隐患。

3. 渔业船舶安全检查的意义　渔业生产安全检查工作是推动落实渔业安全生产法律规范和安全防范措施，避免发生渔业船舶水上安全事故，实现安全生产的重要措施。通过渔业船舶安全检查，可以及时发现存在的安全隐患，也可以通过检查对渔业船舶安全生产管理工作进行总结、评估，对安全生产管理经验进行推广。渔业安全检查的过程也是宣

传、讲解及运用渔业安全生产方针、政策、法规、制度的过程，通过结合实际，深入浅出地宣传，能够达到促进安全生产的效果。

二、安全检查的依据

渔业安全检查是一种行政执法行为，行政主体依照行政执法程序及有关法律法规的规定，对具体事件进行处理并直接影响相对人权利与义务的具体行政法律行为。因此，安全检查的主体、安全检查的程序以及安全检查的方法等必须符合法律规定。

1. 法律

（1）《中华人民共和国安全生产法》。《中华人民共和国安全生产法》第五十九条规定："县级以上地方各级人民政府应当根据本行政区域内的安全生产状况，组织有关部门按照职责分工，对本行政区域内容易发生重大生产安全事故的生产经营单位进行严格检查安全生产监督管理部门应当按照分类分级监督管理的要求，制定安全生产年度监督检查计划，并按照年度监督检查计划进行监督检查，发现事故隐患，应当及时处理。"

第六十二条规定："安全生产监督管理部门和其他负有安全生产监督管理职责的部门依法开展安全生产行政执法工作，对生产经营单位执行有关安全生产的法律、法规和国家标准或者行业标准的情况进行监督检查，行使以下职权：进入生产经营单位进行检查，调阅有关资料，向有关单位和人员了解情况；对检查中发现的安全生产违法行为，当场予以纠正或者要求限期改正；对依法应当给予行政处罚的行为，依照本法和其他有关法律、行政法规的规定做出行政处罚决定；对检查中发现的事故隐患，应当责令立即排除；重大事故隐患排除前或者排除过程中无法保证安全的，应当责令从危险区域内撤出作业人员，责令暂时停产停业或者停止使用相关设施、设备；重大事故隐患排除后，经审查同意，方可恢复生产经营和使用；对有根据认为不符合保障安全生产的国家标准或者行业标准的设施、设备、器材以及违法生产、储存、使用、经营、运输的危险物品予以查封或者扣押，对违法生产、储存、使用、经营危险物品的作业场所予以查封，并依法做出处理决定。监督检查不得影响被检查单位的正常生产经营活动。"

（2）《中华人民共和国海上交通安全法》。《中华人民共和国海上交通安全法》第四十八条规定："国家渔政渔港监督管理机构，在以渔业为主的渔港水域内，行使本法规定的主管机关的职权，负责交通安全的监督管理"。

（3）《中华人民共和国海洋环境保护法》。《中华人民共和国海洋环境保护法》第五条规定："国家渔业行政主管部门负责渔港水域内非军事船舶和渔港水域外渔业船舶污染海洋环境的监督管理"。

2. 行政法规

（1）《中华人民共和国渔港水域交通安全管理条例》。《中华人民共和国渔港水域交通安全管理条例》第六条规定："船舶进出渔港必须遵守渔港管理章程以及国际海上避碰规则，并依照规定办理签证，接受安全检查。渔港内的船舶必须服从渔政渔港监督管理机关对水域交通安全秩序的管理。"

（2）《中华人民共和国渔业船舶检验条例》。《中华人民共和国渔业船舶检验条例》第三条规定："国务院渔业行政主管部门主管全国渔业船舶检验及其监督管理工作。中华人民共和国渔业船舶检验局行使渔业船舶检验及其监督管理职能。地方渔业船舶检验机构依照本条例规定，负责有关的渔业船舶检验工作。各级公安边防、质量监督和工商行政管理等部门，应当在各自的职责范围内对渔业船舶检验和监督管理工作予以协助。"

3. 规章

（1）《中华人民共和国渔业港航监督行政处罚规定》。《中华人民共和国渔业港航监督行政处罚规定》第三条规定："中华人民共和国渔政渔港监督管理机关依据本规定行使渔业港航监督行政处罚权。"

（2）《中华人民共和国渔业船舶进出港报告制度》。《中华人民共和国渔业船舶进出港报告制度》第五条规定：为加强渔船安全生产管理，对未报告、系统校验不合格进出港的渔船，管理部门应实行重点监控检查。对报告虚假信息或拒不整改的渔船，管理部门应依据相关法律法规对其进行处罚。

三、安全检查的对象

安全检查的对象分为主体执行对象和客体执行对象，在安全检查中主体和客体相互作用影响，协调配合，才能切实保证安全检查的执行。

1. 安全检查的主体　行政执法主体，是指行政执法活动的承担者。行政执法活动是行使国家行政权的活动，这就要求承担行政执法活动的机关或组织要具备相应的条件或资格并经国家有关机关的合法许可。安全检查的主体是指享有国家行政执法职权，能以自己的名义从事行政执法的活动，并能独立承担由此产生的法律后果的组织。根据有关法律法规规定，各级人民政府及其安全生产监督管理部门、渔业行政主管部门及其渔政渔港监督管理机构都是渔业安全检查的主体。县级以上人民政府及其安全生产监督管理部门、渔业行政主管部门及其渔政渔港监督管理机构在渔业安全检查中依法享有行政处罚权。

各级人民政府负责对本级政府所属相关部门和下级政府的渔业安全管理工作进行监督检查；各级安全生产监督管理部门依法行使安全生产综合监督管理的指导、协调，监督检查下级政府及其安全生产监督管理部门的渔业安全生产工作；各级渔业行政主管部门及其渔政渔港监督管理机构负责渔港、渔港水域、渔业企业及渔业船舶的安全检查。

2. 安全检查的客体　行政执法的客体，是指行政执法活动的被执行者，渔业安全生产检查的客体就是渔业船舶安全检查的对象，包括渔业生产经营单位、渔港及其设施、渔船、渔业船员。

（1）渔业生产经营单位。渔业生产经营单位是从事捕捞、养殖等渔业生产经营活动的组织。对渔业生产经营单位安全检查的重点是安全管理情况，如安全生产投入资金保障、安全生产责任制落实、渔业船舶水上突发事件应急管理以及安全知识培训等方面情况。

（2）渔港及其设施。渔港及其设施是渔业生产补给、销售、避风的基地，渔港航道、航标的完好状况，码头消防、防污染等配备使用的状况都是渔业安全检查的对象。

（3）渔船。渔船是从事渔业生产的船舶和为渔业生产服务的船舶，是捕捞和采收水生动植物的船舶，也包括现代捕捞生产的一些辅助船舶。对渔船实施安全检查的重点是各种证书证件与设施设备，包括船舶登记证书与检验证书的有效性，救生、消防、通讯、信号的配备与完好状况，防污设施的完好状况等。

（4）渔业船员。船员是在渔业船舶上工作的人员。对船员安全检查的重点主要是岗前培训及持证情况、岗位职责情况、安全知识掌握情况等。

第二节　渔业安全检查程序

一、安全检查原则

渔业安全检查是一种行政执法行为，为贯彻落实安全生产要求，切实加强渔业安全生产工作，全面排查渔业生产领域安全隐患，有效防范和坚决遏制渔业生产事故发生，确保渔民群众生命财产安全，进一步推进平安渔业建设，在进行渔业安全检查时应坚持以下原则：

1. 依法行政　行政执法的基本准则是依法行政。因此，在进行渔业安全检查时应按照依法行政的要求，各级渔政渔港监督管理机构及其执法人员在履行安全检查职责时要做到：

（1）符合法定的职责权限，各级渔政渔港监督管理机构及其执法人员应在法律法规授权的范围内行使安全检查职权，即做到职权法定。

（2）各级渔政渔港监督管理机构及其执法人员在实施安全检查时，制服着装整齐，主动向被检查对象出示渔业行政执法证件，表明自己的身份，责令检查对象配合检查，检查时执法人员不得少于2人。

（3）符合法定的程序，检查中各级渔政渔港监督管理机构及其执法人员根据现场检查取得的证据，确定渔船的违规事实与性质，对照有关的法律法规规定条款实施处罚。渔业行政处罚程序分为简易程序、一般程序、听证程序。

2. 文明执法　各级渔政渔港监督管理机构及其执法人员行使安全检查职权时，要端正思想观念，树立安全检查就是履行法律、法规、规章赋予的职责，执法就是服务，执法就是维护渔民群众合法利益的理念，要严格遵守农业农村部《渔业行政执法六条禁令》，做到文明执法。

在执行安全检查过程中，要按规定着装，做到衣容整洁、仪表端正、亮证执法，"请"字在先；安全检查执法用语要标准，规范询问、谈话、记录和制作执法文书；做出的行政处罚要做到事实清楚、证据充分、程序合法、适用法律正确，处罚公正合理，自由裁量适当，罚没有据，手续齐全；严格执行廉政纪律，做到廉洁自律。

3. 安全第一　渔业安全检查中，与陆上行政执法不同，会受到天气海况的影响，风险性较高，应注意安全，海上执法不能强行追赶靠帮，以免造成碰撞引起财产损失甚至人身伤亡事故。

在大风浪天气，船舶摇摆加剧，此时登临渔船实施安全检查，首先应注意人身安全。应在海况许可和保证安全的情况下实施船舶靠帮作业。靠帮前应进行详细观察、取证，并与登临船舶进行沟通，确认有无安全威胁；渔业行政执法船舶船长负责靠帮的现场指挥，视海上情况及时指定实施靠帮具体位置，明确操作要求；执法船舶调整好靠泊角度，控制余速，指令登临船舶在执法船舶的适当舷位靠帮；登临的检查人员须着装整齐，并穿好救生衣，携带渔业行政执法证件、执法器材，在跳帮时要把握好时机，等待两船在风浪作用下相互靠近时，迅速跃过，千万不能在两船相互分离时强行跳帮，以免发生意外事故。

夜间、能见度不良情况下实施安全检查时，为保证人身安全，检查人员应注意：检查中应加强与同伴联络，做到共同行动，相互照应；登临渔船时，要特别留意脚下，是否有水渍或异物，防止滑倒、绊倒、落水等意外事件的发生。

二、安全检查形式

为保证安全检查的正确执行，落实渔业安全生产的监督管理，防止和减少渔业生产安全事故，保障生命和财产安全，安全检查会根据检查内容、检查时间、检查水域、检查主体结构、检查对象等，采取不同的检查形式。

1. 按照检查内容分 按照检查内容的不同，可分为全面检查与专项检查。

（1）全面检查是综合性的检查，是对渔业船舶及其安全设施设备的配备、安装情况、船员持证情况、管理制度制订与执行情况等方面实施的检查。

（2）专项检查是针对特定内容事项所进行的检查，如渔船船名标识整治、隐患排查治理、"三无"船舶、"三证"不齐渔船整治检查等。

2. 按检查时间分 按检查时间的不同，可分为定期检查与不定期检查。

（1）定期检查是指根据所制定的渔业安全生产检查制度、计划的时间进行的检查，按照年度安全生产工作计划所进行的检查。

（2）不定期检查就是根据渔业生产的实际状况所进行的检查，如在船舶进出渔港的高峰时间段所进行的安全检查，发生渔业船舶水上突发事件后所实施的针对性检查等。

3. 按照检查水域范围分 按照检查水域范围的不同，可分为港口检查与港外检查。

（1）港口检查是指对渔港内停泊的船舶所实行的检查。渔业安全检查活动，大多是通过港口检查的形式来实施。通过登船对船员的持证情况、安全设施设备配备及完好等情况进行检查；通过港内水上巡航，对泊位、值班及适航状况进行检查等。

（2）港外检查也称为水上检查，可以综合反映出渔业船舶的实际安全生产状况，特别是随船人员状况和航行作业过程中守法情况，但其成本较高。港外检查，重点对航行、作业、锚泊在商船习惯航线附近及事故多发水域的渔船进行检查。

4. 按照检查主体分 按照检查主体构成的不同，可分为联合检查与单独检查。

（1）联合检查有两种，一是系统外联合检查，通常由安全生产委员会牵头，渔业行政主管部门及其渔政渔港监督管理机构、安全生产监督管理部门、海事部门、边防及公安消防等部门一并参与的检查，国家法定节日或重大活动前所进行的渔业安全生产检查多属于这一类型；二是系统内联合检查，通常由渔业行政主管部门牵头，渔政渔港监督管理机构、渔业船舶检验机构、渔政执法机构参加的渔业安全生产检查组织。联合检查通常以系统内联合检查为主，又可分为交叉检查和巡回检查两种形式。

（2）单独检查是指渔政渔港监督管理机构、渔业船舶检验机构、渔政执法机构等部门在各自的职责范围内单独开展的渔业安全生产检查活动。

5. 按照检查对象分 按照检查对象的不同，可分为安全检查与安全督查。

（1）安全检查是指渔业行政主管部门及其渔政渔港监督管理机构对管理相对人安全生产状况所实施的检查。

（2）安全督查是指上级渔业行政主管部门及其渔政渔港监督管理机构对下级渔业行政主管部门及其渔政渔港监督管理机构渔业安全生产管理工作开展情况所实施的检查。

除以上检查形式外，在长期的渔业安全生产管理中，主管机关根据不同区域的特殊情况和安全管理的需要，可以采用以下安全检查形式配合安全检查，做到切实掌握渔业安全生产的真实情况，消除渔业安全生产的盲点。

① 巡航式检查。针对重点水域，如沿海主要商船习惯航线及事故多发水域，渔政渔港监督管理机构组织渔业行政执法船舶实施巡航式检查。检查预先搜集沿海主要商船习惯航线及事故多发水域等有关资料，筛选归纳客货轮往返通行频率较高的主要航线和渔船事故多发的水域，制订详细的巡航方案，然后组织渔业行政执法船舶按照方案，有计划、有步骤地进行巡逻检查，对渔船违反有关锚泊规定和航行、停泊、作业中未按规定显示号灯、号型或鸣放声号等违法违规行为，依法予以处理，及时排除事故隐患。

② 抽样式检查。根据安全管理的需要，渔政渔港监督管理机构在渔船安全检查时，可采取抽样式检查。检查中，按照不同的船籍港分别抽取一定数量的各种作业方式的渔船，将有关检查情况进行汇总，对其安全状况进行分析评估，供管理决策参考。

③ 针对式检查。通过分析渔业资源的洄游规律、捕捞生产作业汛期特点，以及渔民的传统作业习惯等因素，来确定并提前部署渔业行政执法船舶，在渔船较为集中的作业区域进行漂流，有针对性地进行检查。

④ 突击式检查。为了掌握某个地区渔业安全生产管理工作的真实情况，上级渔业行政主管部门及其渔政渔港监督管理机构在事前不通知的情况下，对该地区的渔船安全状况实施检查。

⑤ 地毯式检查。为消除渔船安全监督检查的盲点，渔政渔港监督管理机构可以采取水上与港口联动检查的方式，对辖区内的渔船逐艘进行检查。

三、安全检查注意事项

渔业安全生产执法检查执行时，因检查内容较多，安全生产情况复杂，为排除渔船存在的安全生产隐患，防止和减少渔业生产安全事故，在执行安全检查时应注意以下事项：

1. 对渔业安全生产情况的介绍和汇报认真分析　安全检查时，为充分了解渔业生产信息和情况，执法人员在检查前会听取渔业安全生产管理人员、渔业船舶所有人或经营人等对渔业安全生产情况的介绍和汇报。因此，在听汇报时，首先，用心听清楚，并认真记录陈述的内容，特别是一些关键用词；其次，要听懂，并对听到的信息进行思考，去理解、处理和反馈信息，掌握信息的真实含义，在诸多信息中去伪存真；最后，将掌握的所有情况进行对比、筛选和整理，找出其中的矛盾或者不相符之处，要善于听取多方面的意见，以便进一步询问或者调查。在听的过程中，可以根据需要穿插一些提问，做到听问结合。

2. 对有关渔业安全生产知识和安全生产状况进行询问　询问是获得检查信息、查证现场所看的情况是否属实，或政策和程序是否被贯彻执行的一种有效手段。通过对有关渔业安全生产知识和安全生产状况的询问，能够将注意力集中于关键性问题，针对该问题直接采取对策，并了解渔业安全生产管理人员、渔业船舶所有人或经营人对有关安全生产知识和技能的熟练程度等。对有关渔业安全生产知识和安全生产状况的询问可分为随机询问和有针对性的询问两种形式。对于安全生产违法行为的调查，可以依据事先制定的询问提纲有针对性地选取询问对象；对于一般性了解的问题可以随机询问。

3. 对船舶和船员相关证书和记录进行检查　检查主要查看船舶的证书证件和船员的持证情况，安全会议记录，航海、轮机与报务日志，安全设备维护保养情况记录等。安全检查中通过对船舶和船员相关证书和记录的检查，可以避免靠询问等方法得到所需信息不详细不真实等情况，许多异常情况通过检查人员的进一步调查，可以发现并减少个别渔业生产企业或船舶在船员持证、安全设备配备或者台账方面的不实行为。

4. 对船舶和船员证书和设备进行查验　主要是指在安全检查过程中查验管理相对人所提供的船舶、船员证件证书是否与实际相符，船舶安全设施设备是否按检验证书的要求配备，船名号、船籍港刷写是否规范，船名牌是否按规定悬挂等。

5. 被检查单位的人员进行实地演练或者演示　通过让被检查单位的人员对某项检查内容进行实地演练或者演示，以确定渔业企业或渔业船员对渔业安全生产知识的掌握程度以及规章制度或者预案的执行情况。

检查时，一般应综合运用各种方法，通过听取渔业生产经营者的工作汇报和情况介绍，询问安全工作开展情况，查阅安全档案资料，检查渔业安全设施情况，以及进行应急预案现场演练等方式，对安全生产工作进行全面的检查，及时发现存在的问题和隐患。

四、安全违法行为的处罚

法律责任同违法行为相联系，是指违反法律行为规范应当承担的法律后果。这种法律后果就是法律责任，它通常表现为违法者受到法律的相应制裁。否则，便不能更有效地规范人们的行为，也不能对公众起到教育和威慑的作用。法律责任只能由法律法规或者规章预先规定，并由法律法规或者规章规定的机关依法追究。换言之，法律责任的追究必须要有明确的法律法规或者规章的依据。

渔业船舶安全管理违法行为法律责任涉及的法律依据较多且复杂，主要包括：一是《中华人民共和国海上交通安全法》《中华人民共和国渔港水域交通安全管理条例》《中华人民共和国渔业港航监督行政处罚规定》等渔业水上交通专门法律规范。二是《中华人民共和国安全生产法》《中华人民共和国生产安全事故报告和调查处理条例》等安全生产综合性法律规范。根据《中华人民共和国安全生产法》第二条关于该法适用范围和该法与水上交通安全专门法律法规的衔接规定，第一百一十条关于行使安全生产法规定的行政处罚机关的规定，以及《中华人民共和国立法法》确立的特别规定优于一般规定的法律适用规则，对安全检查中发现的渔业船舶安全管理违法行为的责任追究，其法律依据的适用应遵循以下规则：一是检查中发现的违法行为及其法律责任追究，现行渔业水上交通法律、法规及其配套的规章已对其责任追究做出规定的，适用其规定；二是检查中发现的违法行为及其法律责任追究，现行的渔业水上交通法律法规及其配套规章没有另外规定的，依据《中华人民共和国安全生产法》有关规定追究相关责任人员的法律责任。

对于渔业安全违法行为应进行处罚，采用教育、处罚和整改相结合的方式进行。

1. 教育　渔业安全违法行为的处置，应遵循处罚与教育相结合的原则。处罚可以防止其再次违法，但在按照有关规定处罚违法行为的同时，通过对当事人进行宣传教育，使当事人认识到自身违法行为可能导致的后果，令其心服口服，从而提高安全生产意识；并且寓教育于处罚之中，使违法者通过处罚受到教育，自觉遵守法律秩序，同时也教育他人遵守渔业安全法规，提高法制观念。

通过安全检查，针对存在的违法行为的特点，加强渔业安全宣传或者组织违法者培训，学习相关知识，主要形式有：

（1）宣传教育。是引导渔业违法者遵守渔业安全生产法律法规，执行安全生产操作规程的重要手段。宣传教育的形式很多，有广播、电视、报纸、网络、书刊，还有各种会议、板报、宣传标语等。

（2）强制学习。是通过强制渔业安全违法行为者学习有关安全生产法律法规及安全生产知识，增强违规当事人的法律意识和安全意识，使其不再出现违规行为。地方政府和渔业基层组织，根据渔业违法的性质，也可以组织渔民参加统一组织举办的学习班。

（3）通报批评。是指以公开的方式，对一些典型的违法行为予以通报，旨在广泛教育他人。通报批评只适用于违法的法人或者其他组织，以及典型的违法行为，一般涉及违法当事人的名誉，通过报刊或政府文件在一定范围公开，会造成一定的影响。

2. 处罚　渔业安全生产违法违章行为的处罚种类包括：警告、罚款、责令改正、禁止船舶航行作业、扣留或吊销船舶证书或船员证书，以及安全生产法律、行政法规规定的其他行政处罚。

（1）违法行为。根据相关法律法规，渔业安全生产中通常存在以下违法行为。

《中华人民共和国渔业船舶检验条例》所规定的应受到行政处罚的渔业违法行为：

① 渔业船舶未经检验、未取得渔业船舶检验证书擅自从事生产作业；应当报废的渔业船舶继续从事生产作业。

② 渔业船舶应当申报营运检验或临时检验而不申报的。

③ 使用未经检验合格或擅自拆除渔业船舶上有关航行、作业和人身财产安全，以及防止污染环境的重要设备、部件和材料，擅自制造、改造、维修渔业船舶；擅自改变渔业船舶的吨位、载重线、主机功率、人员定额或适航区域。

《中华人民共和国渔港水域交通安全管理条例》所规定的应受到行政处罚的渔业违法行为：

① 不服从渔政渔港监督管理机构对渔港水域实施的水上交通安全管理。

② 未经批准或者未按照批准文件的规定，在渔港内装卸易燃、易爆、有毒等危险货物；未经批准在渔港内新建、改建、扩建各种设施或进行其他水上水下施工作业；在渔港航道、港池、锚地或停泊区从事有碍安全作业的捕捞、养殖等活动。

③ 未按规定持有船舶证书、船员证书。

④ 不执行渔政渔港监督管理机构做出的停航、改航、停止作业的决定等。

《中华人民共和国渔业港航监督行政处罚规定》明确的应受到行政处罚的渔业违法行为：

① 违反渔港管理的行为。

a. 船舶进出渔港应当按照有关规定进行进出港报告而未报告的；在渔港内不服从渔

政渔港监督管理机构对渔港水域交通安全秩序管理；在渔港内停泊期间，未留足值班人员。

b. 未经渔政渔港监督管理机构批准或未按批准文件的规定，在渔港内装卸易燃、易爆、有毒等危险货物；未经渔政渔港监督管理机构批准，在渔港内新建、改建、扩建各种设施，或者进行其他水上、水下施工作业；在渔港内的航道、港池、锚地和停泊区从事有碍水上交通安全的捕捞、养殖等生产活动。

c. 停泊或进行装卸作业时，造成腐蚀、有毒或放射性等有害物质散落或溢漏，污染渔港或渔港水域；或者排放油类或油性混合物，造成渔港或渔港水域污染；向渔港港池内倾倒污染物、船舶垃圾及其他有害物质。

d. 未经批准，擅自使用化学消油剂；未按规定持有防止海洋环境污染的证书与文书，或不如实记录涉及污染物排放及操作；或者在渔港内进行明火作业与燃放烟花爆竹。

② 违反渔业船舶管理的行为。

a. 已办理渔业船舶相关证书，但未按规定持有渔业船舶登记证书（或国籍证书）、船舶检验证书；使用过期渔业船舶登记证书（或国籍证书）；将渔业船舶证书转让他船使用；无有效的渔业船舶船名号、船舶登记证书（或国籍证书）或检验证书；渔业船舶改建后，未按规定办理变更登记。

b. 未按规定配备救生、消防设备；未按规定配齐职务船，普通船员未取得专业训练合格证或基础训练合格证。

c. 未按规定标写船名号、船籍港，没有悬挂船名牌的；未经批准，滥用烟火信号、信号枪、无线电设备、号笛及其他遇险求救信号；没有配备、不正确填写或污损、丢弃航海日志、轮机日志。

d. 未经渔政渔港监督管理机构批准，违章装载货物且影响船舶适航性能；违章载客；超过核定航区航行或超过抗风等级出航。

e. 拒不执行渔政渔港监督管理机构做出的离港、禁止离港、停航、改航、停止作业等决定。

③ 违反渔业船员管理的行为。

a. 冒用、租借他人或涂改职务船员适任证书、普通船员证书。

b. 对因违规被扣留或吊销船员证书而谎报遗失，申请补发。

c. 向主管机关提供虚假证明材料、伪造资历或以其他舞弊方式获取船员证书。

d. 船员证书持证人与证书所载内容不符。

e. 到期未办理证书审验。

④ 违反其他安全管理的行为。

a. 损坏航标或其他助航、导航标志和设施，或造成上述标志、设施失效、移位、流失。

b. 造成事故或事故发生后，不向主管机关报告、拒绝接受主管机关调查或在接受调查时故意隐瞒事实、提供虚假证词或证明；发生水上安全事故的船舶，未按规定时间向主管机关提交渔业船舶水上安全事故报告书或者报告书的内容不真实，影响渔业船舶水上安全事故调查处理。

c. 发现有人遇险、遇难或收到求救信号，在不危及自身安全的情况下，不提供救助或不服从渔政渔港监督管理机构救助指挥；发生碰撞事故，接到主管机关守候现场或到指定地点接受调查的指令后，擅离现场或拒不到指定地点。

根据 2014 年 8 月修订的《中华人民共和国安全生产法》，下列渔业安全生产违法行为的责任主体，应依法承担其法律责任：

① 渔业船舶的生产经营单位决策机构、主要负责人、个人经营的投资人未依法保证安全生产所必需的资金投入，致使生产经营单位不具备安全生产条件的法律责任。

根据《中华人民共和国安全生产法》第二十条规定，"生产经营单位应当具备的安全生产条件所需的资金投入，由生产经营单位的决策机构、主要负责人或者个人经营的投资人予以保证，并对由于安全生产所必需的资金投入不足导致的后果承担责任。"保证本单位安全生产资金投入的上述责任主体未按《中华人民共和国安全生产法》第二十条规定，致使安全生产经营单位不具备安全生产条件，导致发生生产安全事故的，应承担《中华人民共和国安全生产法》第九十条规定的法律责任。具体的责任：一是"责令限期改正，提供必需的资金；逾期未改正的，责令生产经营单位停产停业整顿"；二是上述违法行为导致发生生产安全事故的，"对生产经营单位的主要负责人给予撤职处分，对个人经营的投资人处 2 万元以上 20 万元以下的罚款"；三是"构成犯罪的，依照刑法有关规定追究刑事责任。"需注意的是，撤职的行政处分仅适用属于国家工作人员的生产经营单位负责人。

② 渔业船舶生产经营单位的主要负责人未履行《中华人民共和国安全生产法》规定的安全生产管理职责的法律责任。

《中华人民共和国安全生产法》第五条明确规定："生产经营单位的主要负责人对本单位的安全生产工作全面负责。"第十八条进一步列举规定生产经营单位的主要负责人对本单位安全生产工作应负有的 7 个方面的具体职责。渔业船舶生产经营单位的主要负责人作为其单位安全生产的主要责任人，未履行《中华人民共和国安全生产法》第十八条规定的安全生产管理职责的，应根据《中华人民共和国安全生产法》第九十一条、第九十二条规定，追究其相应的法律责任。

a. 行政处罚。依据《中华人民共和国安全生产法》第九十一条规定，一是责令其限期改正，要求其在规定期限内履行法定的职责；逾期未改正的，处 2 万元以上 5 万元以下罚款，责令生产经营单位停产停业整顿。二是主要负责人有上述违法行为导致发生生产安全事故的，还应同时按《中华人民共和国安全生产法》第九十二条规定，并根据发生事故的等级和主要负责人上一年年收入为基数，处以罚款：发生一般事故的，处上一年年收入 30％的罚款；发生较大事故的，处上一年年收入 40％的罚款；发生重大事故的，处上一年年收入 60％的罚款；发生特别重大事故的，处上一年年收入 80％的罚款。

b. 行政处分。主要负责人有上述不履行安全生产管理职责行为导致发生生产安全事故的，根据《中华人民共和国安全生产法》第九十一条规定，对其主要负责人给予撤职处分。

c. 刑事处罚。生产经营单位的主要负责人有未依法履行安全生产管理法定职责，导致发生生产安全事故，构成犯罪，依照刑法有关重大劳动安全事故、重大责任事故或者其他罪的规定，追究刑事责任。

d. 资格罚。生产经营单位的主要负责人依照《中华人民共和国安全生产法》第九十一条第二款规定受到刑事处罚或者撤职处分的，还应依该条第三款规定，对主要负责人给予"资格罚"。即"自刑罚执行完毕或者受处分之日，五年内不得担任任何生产经营单位的主要负责人；对重大、特别重大生产安全事故负有责任的，终身不得担任本行业生产经营单位的主要负责人。"

（2）处罚程序。

① 当场处罚程序。又称简易程序，是指根据《中华人民共和国行政处罚法》或《中华人民共和国治安管理处罚条例》的规定，由法定的行政机关对符合法定条件的处罚事项当场进行处罚所应遵循的程序。适用简易程序的处罚案件，是当场发现的案情简单、事实清楚、违法情节轻微、处罚较轻的渔业违法案件。根据《中华人民共和国行政处罚法》规定，适用简易程序当场做出处罚决定的，必须符合：

a. 违法事实确凿，有证据证明违法事实的存在，证明违法事实证据必须充分，没有证据或证据不足，或者违法事实没能查清，不能给予行政处罚；

b. 有法定依据，渔业违法行为是法律、行政法规、地方性法规或规章条款中明确规定应给予处罚的，否则不能给予行政处罚；

c. 罚款数额较小或者警告处罚的，可以当场处罚。可以当场做出行政处罚决定的种类是警告和对公民处 50 元以下、对法人或其他组织处 1 000 元以下的罚款。适用简易程序的案件，确认违法事实，说明处罚理由和听取当事人的意见或申辩，做出行政处罚决定，当场交付行政处罚决定书，告知诉权，向所属行政机关或授权组织备案等环节不能缺少。

当场收缴罚款的情况分为依法给予 20 元以下的罚款，或者经当事人提出向指定的银行缴纳罚款确有困难，或者不当场收缴事后难以执行（渔业船舶的流动性较大）等 3 种情况。当场收缴罚款，必须向当事人出具省级财政部门统一制发的罚款收据；收缴的罚款应当自收缴之日（水上执法自行政执法船舶抵岸之日）起 2 日内交至行政机关，行政机关应当在 2 日内将罚款缴付指定的银行。当事人确有经济困难，需要延期或者分期缴纳罚款的，经当事人申请和行政机关批准，可以暂缓或者分期缴纳。

② 一般程序。是指除法律特别规定，不适用当场处罚程序和听证程序的所有行政处罚所适用的程序。一般程序中，从立案审批到调查取证与收集证据，从渔业违法案件处理意见书到制作行政处罚决定书及行政处罚决定书的送达等都必须严格按照规定程序操作。

③ 听证程序。是指行政机关为了查明案件事实、公正合理地实施行政处罚，在做出行政处罚决定前通过公开举行由有关利害关系人参加的听证会广泛听取意见的程序。处罚机关在做出行政处罚决定之前，听取当事人的陈述和申辩，由听证程序参加人就有关问题相互质询、辩论和反驳，从而查明违法事实的过程。目的是通过公开、合理的形式将行政处罚决定建立在合法的基础上，避免行政处罚决定给行政管理相对一方带来不利或不公正影响。听证程序适用于：在行政机关做出行政处罚决定之前，责令停产停业、吊销许可证或执照、较大数额的罚款，当事人要求听证的案件。根据农业部《关于渔业系统贯彻〈中华人民共和国行政处罚法〉实施意见的通知》（农通发〔1997〕4 号）精神，对渔民个人罚款超过 3 000 元、对法人或其他组织罚款超过 30 000 元的，属较大数额罚款；对渔船实

施处罚时，按法人或其他组织的要求实施。

3. 整改　渔政渔港监督管理机构开展渔业安全检查、处罚违法行为的根本目的是通过对违法行为的处置和整改，排除各种事故隐患，防止和避免事故发生，实现安全生产。因此，在渔业安全检查中，渔政渔港监督管理机构应责令并督促违法当事人采取有效的措施，对各种事故隐患进行整改。在进行整改时应做到如下要求：

① 对当场可以整改的违法违章行为，按照有关法律法规规定，检查人员应责令当事人当场予以纠正，可视情况给予相应的行政处罚。对超越渔业行政主管部门监督管理职责范围、危及渔业安全生产的问题，应当及时移送其他相关部门处理，并记录在案备查。

② 对当场不能整改的违法违章行为，按照有关法律法规规定，检查人员要向被检查单位、渔业船舶所有人或经营人及时反馈检查情况，及时下达责令整改通知书，明确整改内容、整改期限、整改责任人，由检查人员和被检查单位、渔业船舶所有人或经营人签字，并给予相应的行政处罚。被检查单位、渔业船舶所有人或经营人拒绝签字的，检查人员应当将情况记录在案，并向单位领导报告。

③ 渔业行政主管部门及渔政渔港监督管理机构应建立"编号登记、限期整改、专人负责、复查销号"制度，对无法整改的渔业生产经营单位、渔业船舶所有人或经营人，应当责令停产或停业，事故隐患排除后经审查达到安全生产标准的，方可恢复生产活动。

第三节　渔业安全检查内容

根据渔业船舶安全管理要求和特点，渔业船舶安全检查的主要内容：一是船舶的适航条件的检查，包括船舶证书是否齐全，通信、信号设备、救生消防和防污设备的配备；二是渔业船员的配备和适任情况等；三是渔港及其设施情况的检查；四是船舶航行作业情况的检查；五是渔业船舶港航安全检查；六是船舶安全生产管理制度措施的检查。

一、船舶适航条件

1. 渔业船舶证书的检查

（1）登记（国籍）证书的检查。根据《中华人民共和国渔港水域交通安全管理条例》规定，渔政渔港监督管理机构对渔业船舶必须依法登记，远洋渔业船舶必须取得国籍证书、国内渔业船舶必须取得登记证书后，方可悬挂中华人民共和国国旗航行作业。渔政渔港监督管理机构对渔业船舶登记（国籍）证书检查的内容主要是：一是检查证书签发机关。渔业船舶国籍登记实行分级管理，国籍证书由省级渔政渔港监督管理机构签发；登记证书由省、市、县级渔政渔港监督管理机构签发，具体分工由各省确定。检查中应注意有无越权签发登记证书或异地签发登记证书的情况；签发机关的印章是否清晰等。二是检查证书所载内容。检查登记证书所载内容是否完整、填写是否规范，对于证书内容填写不完整，如缺填船名号、船籍港，或船舶重要参数与其他证书不一致的，应责令持有人限期到原发证机关更正或补齐。三是检查证书的有效期。核查登记证书的发证日期与证书使用的截止日期，登记（国籍）证书的有效期为 5 年，临时登记证书的有效期不超过 2 年。登记证书有效期限届满后为失效证书，依据《中华人民共和国海上交通安全法》的规定，该船舶就丧失了悬挂我国国旗航行作业的权利。

（2）检验证书的检查。渔业船舶检验证书是渔船航行必配的技术文书，是渔船适航的重要依据之一，是渔船检验机构依据有关检验规则、规范、规程，进行相关检验后所签发的一种法定文书。对渔业船舶检验证书的检查，一般从以下几方面进行：一是证书是否齐全，包括船舶技术资料、渔业船舶安全证书、渔业船舶吨位证书、渔业船舶载重线证书；二是证书是否有效（是否在有效期内，有无按规定进行相应的年度检验或期间检验，验船师是否已签署，签发机关是否具有法定权限）；三是证书内容与实际是否相符等。

2. 通信、信号设备的检查　渔业船舶通信设备是指用于渔业船舶与渔业船舶之间或渔业船舶与岸台之间通信联系的无线电设备，它为船舶正常航行和避让提供及时准确的安全信息，是船舶与船舶信息交换的重要手段。船舶的号灯、号型和声响信号是船舶在相遇时相互识别、表达操纵意图和操纵行动的一种重要手段，船舶应按照《国际海上避碰规则》及相关规定配备。

（1）按规定配备的通信设备。

① 是否按规定配有无线电通信设备以及配备的设备是否经渔船检验部门检验或认可。

② 船上是否持有电台执照，并配有岸台频率表、无线电信号规则、操作说明书、应急操作指南及无线电记录簿等文件资料。

③ 甚高频无线电装置控制器是否设在驾驶台指挥位置附近，并随时可用。

④ 无线电室是否清楚标明呼号、船台识别号及其他用于无线电装置使用的代码。

⑤ 供无线电装置使用的电源是否正常，是否配有备用电源。

（2）按规定配备的信号设备。号灯是夜间用来表示船舶种类、大小和动态的灯光，在能见度不良情况下或其他认为必要时，也应在白天显示号灯。

① 号灯的种类。号灯分为桅灯、舷灯、尾灯、拖带灯、环照灯和闪光灯。桅灯是安装在船舶中心线上方的一盏白灯，在225°的水平弧度内显示不间断的灯光，其安装要求应使灯光从船首的正前方到每一舷正横后22.5°内显示。舷灯是指左舷的红灯和右舷的绿灯，各在112.5°的水平弧度内显示不间断的灯光，其安装要求应使灯光从船首正前方到各自一舷正横后22.5°内显示。尾灯是指设在尽可能接近船尾的白灯，在135°的水平弧度内显示不间断的灯光，其安装要求应使灯光从船尾正后方到每一舷67.5°内显示。拖带灯与尾灯的性质相同，安装在尾灯垂直上方的一盏黄色灯光。环照灯是在360°的水平弧度内显示不间断的灯光，灯光颜色有红、白、绿、黄等。闪光灯是按每分钟≥120闪次的闪光号灯。

② 号灯的检查。由于船长、船东对号灯作用的重要性认识不一，当渔业船舶号灯受损时，有时会用普通灯泡代替，而普通灯泡与船舶专用号灯光谱频率不同，往往会削弱渔船号灯的照射距离，不易被其他船及时发现，形成近距离会遇，甚至出现避让时的紧迫局面。在检查时应给予特别注意，同时还需注意船舶配备号灯的数量、安装的位置是否符合要求，灯具、灯座是否牢固，遮光板是否锈蚀，其内侧的油漆是否为亚光漆，是否有两路电源供电，转换电源后能否正常工作，检查航行灯的故障报警是否有效等。渔业船舶配备号灯的标准如表5-1、5-2所示。

表 5-1 渔船基本号灯的配备标准（盏）

号灯类别	总长≥50米		50米>总长≥20米		20米>总长≥12米		总长<12米	
	机动船	非机动船	机动船	非机动船	机动船	非机动船	机动船	非机动船
桅灯（航行用）	2		1		1		1	
左舷灯（航行用）	1	1	1	1	1	1	1	1
右舷灯（航行用）	1	1	1	1	1	1	1	1
尾灯（航行用）	1	1	1	1	1	1	1	1
白照环灯（锚泊用）	2	2	1	1	1	1	1	1
红照环灯（失控用）	2	2	2	2	2	2		

表 5-2 渔业船舶作业号灯配备标准（盏）

号灯类别	拖船	拖网渔船		非拖网渔船	
		总长≥50米	总长<50米	总长≥50米	总长<50米
桅灯	2	2			
拖带灯	1				
白环照灯	1	3	3	3	3
红环照灯	2	2	2	3	2
绿环照灯		1	1		
黄环照灯				2	2
探照灯		1	1		

③ 号灯的型号。号型是白天用来表示船舶种类、大小和动态的型体信号。渔业船舶的号型分黑色圆锥体（底部直径为 0.6 米，高度与底部直径相等）和黑色球体（直径为 0.6 米）两种。检查号型时，主要查看号型的数量、大小与颜色是否符合要求，显示方法是否正确，是否易于升降。号型的配备标准如表 5-3 所示。

表 5-3 号型的配备标准

总长（米）	号型（个）	
	球体	圆锥体
≥24	2	2
≥12，<24	2	2
<12		2

④ 声响器具。渔业船舶的声响器具分为号笛、号钟、号锣等。主要检查渔业船舶配备声响器具的数量、规格和安装与布置是否符合要求；对汽笛进行效用试验，检查其是否能正常发出声响。

⑤ 通信原始记录。渔业船舶在航行、生产中，在通信设备中的无线电以及号灯和声响设备使用过程中有无问题都要详细记载，每次发生故障更要记录发生的原因和排除故障的主要过程，并实施跟踪，以备检查。

3. 救生、消防、防污设备的检查

（1）渔业船舶上的救生设备。渔业船舶上的救生设备是为在紧急情况下脱离危险区域、从遇难船舶紧急撤离或处于遇险状态时，可供迅速组织搜救使用的设施和装备，包括救生筏、救生圈、救生衣等。

① 救生筏的检查。检查救生筏配备是否符合规范要求，如救生筏的数量、安装是否符合规定，救生筏是否安装在专用筏架上、筏体有无捆绑现象、筏体上方有无覆盖物，静水压力释放器安装是否正确，救生筏首缆是否按规定系牢等，以及救生筏证书的有效期，并核对检修合格证书与筏体型号是否一致。

② 救生艇的检查。渔业船舶须检查救生艇配备是否符合规范要求，如救生艇的数量、安装是否符合规定，救生艇是否按照要求安装在专用艇架上并是否按规定系牢等，静水压力释放器安装是否正确，艇机能够按规范要求启动，正倒车操作运行正常，以及救生艇证书的有效期，并核对检修合格证书与阀体型号是否一致。

③ 救生圈的检查。检查渔业船舶救生圈是否按规定配备，即船上配备的救生圈数量应与船舶检验证书所载相一致，救生圈应有渔船检验机构的检验标志；救生圈的安放是否符合要求，通常救生圈应悬挂在船舶两舷专用架上，且至少一个放在船尾附近；救生圈的包布是否褪色，四周绳索和反光片是否完好，佩戴的自亮浮灯状况等。

④ 救生衣的检查。渔业船舶所配救生衣的数量应与船舶检验证书所载相一致，救生衣应有渔船检验机构的检验标志；救生衣的存放位置要恰当，通常应放置在易于取用的地方；检查救生衣的包布是否褪色，口哨、系带、反光片等属具是否完好。

（2）消防设备。为了保证船舶发生火灾后能及时扑救，渔业船舶必须按规定配备有效的消防设备。船舶消防设备有船用消防用品和固定消防系统两大类。

① 船用消防用品。渔业船舶使用的消防用品主要有灭火器、消防斧、消防桶和消防员装备等。

对灭火器的检查，一是检查否按规定配备灭火器，即船上所配灭火器的数量、型号应与船舶检验证书所载相一致；二是检查灭火器有无渔船检验机构的检验标志；三是检查灭火器的安放是否按照船舶检验证书所载要求，分别存放在机舱、驾驶台、厨房等位置；四是检查灭火器是否有效。

消防斧也称太平斧，是专供消防用的长柄钢斧，用于火场上拆除舱壁、门、窗等，排除灭火障碍，切断火源，以及拆除燃烧着的木器。消防斧平时应放置在规定的地点，并定期检查和磨锐。

消防水桶俗称太平桶，外壳涂以红漆、白漆标出编号，按规定固定存放于驾驶室附近或露天甲板的木座上。它的作用是浇灭初期火情。

消防员装备包括个人装备、呼吸器及耐火绳，用于保护船员在执行救火任务时不受伤害。其中，个人装备包括防护服、消防靴、手套、消防头盔、安全灯和消防员手斧等。防护服用于保护皮肤不受火焰和燃烧的热辐射，不受蒸汽的烫伤。衣服的外表应能防火、防水；消防靴和手套由橡胶或绝缘材料制成；消防头盔应坚固结实，能经受撞击；安全灯照明时间不少于 3 小时；消防员手斧的手柄应设有绝缘套；呼吸器的作用是供给新鲜空气，一般能在火场持续供气 30 分钟；耐火绳用于船员进入火区的保护。检查要点为：配备数量是否足够、有效；装备物品是否齐全；各物品保养情况是否良好，如呼吸器报警装置是否正常、备用气瓶是否足够、安全灯是否存在故障等。

② 固定消防系统。固定消防系统用于扑救较大的火灾，渔业船舶上采用的主要是水灭火系统和二氧化碳灭火系统两种。

水灭火系统包括消防泵、消防管系、消防栓、消防水带和水枪。重点检查消防泵、应急消防泵配备数量是否符合要求；消防泵泵体、压力表保养情况；消防总管是否锈蚀、穿孔，是否在机舱外部设置隔离阀；消防栓设置是否满足至少有一股水柱能直接喷射至航行中船员经常到达的任何部位的要求；是否按规定配备消防水带和水枪（每一消防栓配备一根消防水带，每根消防水带附一支水枪和接头），并存放在消防栓附近的专用橱柜内。

使用检查二氧化碳灭火系统时，重点查看：二氧化碳灭火管路是否锈蚀、穿孔；二氧化碳钢瓶重量是否符合标准；系统检测报告等。

（3）防污设备。渔业船舶防污设备主要包括油水分离设备、污油水舱（柜）、标准排放接头等。150 总吨以上的油轮、400 总吨以上的非油轮，应设置污油储存舱，装设标准排放接头，机舱污水与压载水应分别使用不同的管系，应装设油水分离设备或过滤系统。

未满 150 总吨的油轮和未满 400 总吨的非油轮，应设有专用容器，回收残油、废油。

① 油水分离设备有分离器、过滤器或两者组合装置，排放经处理的含油污水的含油量不超过 15 毫克/千克。主要检查船舶实际配备的油水分离装置与防污证书所载是否一致、是否经渔船检验机构检验或认可、安装是否正确、进排出水管是否有效连接等。

② 污油水舱（柜）是指存放含油舱底水的舱（柜）。主要检查污油水舱是否与饮用淡水舱之间设有隔离空舱，污油水舱是否装设空气管和测量管，污油水的实际存量与油类记录簿的记载是否相一致等。

③ 检查标准排放接头时应注意接头的尺寸是否为标准尺寸，是否处于可用状态。

（4）排污的原始记录。油类记录簿是渔业船舶油类作业情况的原始记录，150 总吨以上的油轮、400 总吨以上的非油轮，必须持有油类记录簿等防止水域环境污染的证书与有关污染损害责任赔偿保证文书。在进行涉及污染物排放及操作时，应如实记录，它是按照《中华人民共和国防止船舶污染海域管理条例》等法律法规的要求配备的，主要记载燃油和滑油的添加、含油污水排放、舱底水排放、污油或污水柜使用状况等。

检查油类记录簿时，应注意查看是否按规定记载，书写字迹、符号是否端正；记载是否规范、整洁、认真，是否有错记、漏记或涂改；是否反映了船舶油类作业、排污作业的真实情况；轮机长是否按规定审核并签名，操作人员是否签名等。

二、渔业船员的配备和适任情况

对船员的检查主要从船员持证、证书等级和证书有效期等方面进行。

1. 船员持证 渔业船员是指服务于渔业船舶的船员。具体而言，渔业船员是指经过法律规定的专业培训和训练，经考试或考核合格，取得相应的渔业船员证书，服务于渔业船舶且具有固定工作岗位的人员，包括船长在内的所有任职人员。所有渔业船员都必须接受基本安全培训并考试合格，方可在渔船上从事渔业生产工作。

渔业船员分为渔业职务船员和渔业普通船员。

渔业职务船员是负责渔业船舶管理的人员，须持有与其工作岗位相适应的渔业职务船员证书；普通船员是指除职务船员以外的其他渔业船员。

渔业船员又可分为海洋渔业船员和内陆渔业船员。

据《中华人民共和国渔业船员管理办法》，渔业职务船员包括以下 5 类：

（1）驾驶人员，职级包括船长、船副、助理船副。

（2）轮机人员，职级包括轮机长、管轮、助理管轮。

（3）机驾长。

（4）电机员。

（5）无线电操作员。渔业职务船员包括船长、船副、助理船副等驾驶人员和轮机长、管轮、助理管轮以及轮机人员，以及机驾长、电机员、通信人员等。

在渔船上工作的人员必须持有相应的证书，普通船员应持有渔业船舶普通船员专业基础训练合格证，在 500 总吨以上或主机总功率 750 千瓦以上渔业船舶工作的非职务船员，还应持有渔业船员服务簿。

职务船员应当持有渔业船舶职务船员适任证书。

2. 证书等级　在渔业船舶任职的职务船员应持有渔政渔港监督管理机构签发的有效渔业船舶职务船员适任证书，证书等级、职务、航区等应与船舶相符，高等级或高职务的船员可以在低等级渔业船舶上任相同职务或低级别职务，也可以在同等级渔业船舶上任低级别职务。

渔业船舶在船总人数不得超过渔业船舶检验证书上所核定的乘员总人数。

渔业职务船员中的驾驶人员和轮机人员的适任证书根据船长、主机功率的不同，划分为不同的等级。具体如表 5-4、表 5-5 所示。表中船长，是指公约船长，即渔业船舶国籍证书所登记的船长；主机总功率，是指所有用于推进的发动机持续功率总和，即渔业船舶国籍证书所登记主机总功率（以下同）。

表 5-4　海洋渔业职务船员证书等级

证书类别	证书级别	适用渔业船舶类型	同级证书种类
驾驶人员证书	一级证书	船长≥45 米	一级船长证书、一级船副证书
	二级证书	24 米≤船长＜45 米	二级船长证书、二级船副证书
	三级证书	12 米≤船长＜24 米	三级船长证书
	助理船副证书	所有渔业船舶	
轮机人员证书	一级证书	主机总功率≥750 千瓦	一级轮机长证书、一级管轮证书
	二级证书	250 千瓦≤主机总功率＜750 千瓦	二级轮机长证书、二级管轮证书
	三级证书	50 千瓦≤主机总功率＜250 千瓦	三级轮机长证书
	助理管轮证书	所有渔业船舶	

表 5－5　内陆渔业职务船员证书等级

证书类别	证书级别	适用渔业船舶类型
驾驶人员证书	一级证书	船长≥24 米，设独立机舱
	二级证书	船长<24 米，设独立机舱
轮机人员证书	一级证书	主机总功率≥250 千瓦，设独立机舱
	二级证书	主机总功率<250 千瓦，设独立机舱

机驾长证书不分等级，分别适用于船舶长度不足 12 米或者主机总功率不足 50 千瓦的海洋渔业船舶上、无独立机舱的内河渔业船舶上，驾驶与轮机岗位合一的船员。

电机员证书和无线电操作员均分等级，电机员证书适用于发电机总功率 800 千瓦以上的渔业船舶，无线电操作员证书适用于远洋渔业船舶。

3. 证书期限　职务船员适任证书、渔业船舶船员专业基础训练合格证的有效期一般不超过 5 年，渔业船员服务簿为长期有效。检查时要根据证书的不同类别，对有效期进行核查。另外，证书签发人、发证机关印章、照片骑缝钢印及证书编号等都是检查不可忽视的内容。

4. 海洋渔业船舶的职务船员最低配员标准　海洋渔业船舶的职务船员最低配员标准如表 5－6 所示。海洋渔业船舶的职务船员配员应满足表 5－6 最低配员标准。

表 5－6　海洋渔业船舶职务船员最低配员标准

船舶类型	职务船员最低配员标准		
船长≥45 米远洋渔业船舶	一级船长	一级船副	助理船副 2 名
船长≥45 米非远洋渔业船舶	一级船长	一级船副	助理船副
36 米≤船长<45 米	二级船长	二级船副	助理船副
24 米≤船长<36 米	二级船长	二级船副	
12 米≤船长<24 米	三级船长	助理船副	
主机总功率>3 000 千瓦	一级轮机长	一级管轮	助理管轮 2 名
750 千瓦<主机总功率<3 000 千瓦	一级轮机长	一级管轮	助理管轮
450 千瓦≤主机总功率<750 千瓦	二级轮机长	二级管轮	助理管轮
250 千瓦≤主机总功率<450 千瓦	二级轮机长	二级管轮	
50 千瓦≤主机总功率<250 千瓦	三级轮机长		
船长不足 12 米或者主机总功率不足 50 千瓦	机驾长		
发电机总功率 800 千瓦以上	电机员，可由持有电机员证书的轮机人员兼任		
远洋渔业船舶	无线电操作员，可由持有全球海上遇险与安全系统无线电操作员证书的驾驶人员兼任		

省级人民政府渔业行政主管部门可参照以上标准，根据本地情况，对船长不足 24 米渔业船舶的驾驶人员和主机总功率不足 250 千瓦渔业船舶的轮机人员配备标准，进行适当调整，报农业农村部备案。

渔业船舶所有人或经营人可以根据作业安全和管理的需要，增加职务船员的配员。持有高等级职级船员证书的船员可以担任低等级职级船员职务。

5. 渔业船员特免证明　为满足渔业船舶的职务船员配员要求，确保航行和作业安全，渔业船舶在境外遇有不可抗力或其他持证人不能履行职务的特殊情况，导致无法满足办法规定的职务船员最低配员标准时，可以由船舶所有人或经营人向船籍港所在地省级渔政渔港监督管理机构申请由持下一职级相应证书的船员临时担任上一职级职务，渔政渔港监督管理机构根据拟担任上一级职务船员的任职情况签发特免证明。

在上述情况下可申请临时担任上一职级职务船员的渔业船员应具备以下条件：

（1）持有下一职级相应证书。

（2）申请之日前 5 年内，具有 6 个月以上不低于其船员证书所记载船舶、水域、职务的任职资历。

（3）任职表现和安全记录良好。

特免证明有效期不得超过 6 个月，不得延期，不得连续申请。渔业船舶抵达我国第一个港口后，特免证明自动失效。失效的特免证明应当及时缴回签发机构。另外，一艘渔业船舶上同时持有特免证明的船员，不得超过 2 人。

6. 渔业船员基本信息档案管理　由于渔业船员任职的流动性较强，渔业船舶也存在更换渔业船员的客观情况，为加强渔业船舶配员管理，以及渔业船员就职情况跟踪管理，确保渔船和渔业船员安全，《中华人民共和国渔业船员管理办法》规定，渔业船舶所有人或经营人应当为在渔业船舶上工作的渔业船员建立基本信息档案，并报船籍港所在地渔政渔港监督管理机构或渔政渔港监督管理机构委托的服务机构备案。

有渔业船员变更情况的，渔业船舶所有人或经营人应当在出港前 10 个工作日内报船籍港所在地渔政渔港监督管理机构或渔政渔港监督管理机构委托的服务机构备案，并及时变更渔业船员基本信息档案。

三、渔港及其设施情况

渔港实施安全检查的重点是消防与防污、渔港航标、航道与锚地、渔港管理等方面。

1. 消防与防污　渔港消防设施检查，一要检查渔港配置的消防设施设备是否符合渔港建设规划要求；二要检查渔港消防设施设备的可用状况；三要检查渔港是否构建陆地与水上应急消防通道；四要检查渔港从事危险物品装卸、仓储及购销企业的消防设施及应急预案等方面。

渔港防污检查，一是检查港区企业防污设施的配备与使用情况，污水排放、废弃物处置情况，以及防止污染渔港的制度与应急措施；二是检查进港船舶油污水处理的途径、生活垃圾处理方式以及污染应急措施等。

2. 渔港航标　重点检查渔港航标维护管理制度，航标维护管理经费的落实情况，航标的设置是否合理、位置是否准确，航标颜色与形状是否符合规定要求，夜间能否正常发光等。

对于设有港口信号或灯号的渔港，应检查其是否按规定悬挂信号，以及灯号显示准确与否等。

3. 航道与锚地维护　渔港航道检查主要看有无占用航道情况，航道水深能否保障船舶进出渔港安全，有无在航道从事打捞、捕鱼或其他作业等情况。

渔港锚地检查主要看锚地管理措施落实情况、锚地停泊秩序、进出锚地通航条件、锚泊船舶处置水上突发事件的环境等方面。

4. 渔港经营管理

（1）检查渔港经营管理机构是否落实渔港安全管理目标责任，形成层层签订，层层落实，一级抓一级，一级对一级负责的工作格局。渔港突发事件应急预案制订作为渔港安全管理的主要内容之一，应检查预案的制订、演练与完善情况，渔港消防、救生演练及事故隐患整改与落实情况，渔港建设与渔港工程审批及渔港港章执行情况，以及渔港进出港报告制度的执行情况等。

（2）检查危险品码头设施建设是否规范，管理人员和作业人员是否做到持证上岗，危险品装卸作业是否按规定申报、审批，有无危险货物和普通货物混装现象，渔港危险物品装卸设施及仓储是否符合安全技术标准等。

（3）检查渔港安全警示标志、宣传标语、广播和画廊板报等安全宣传情况。

四、船舶航行作业情况

1. 渔船积载情况　合理的货物积载是保持船舶良好适航性的前提条件之一。渔船超载会使船舶的储备浮力减少；积载不当如在甲板上堆放渔获物，会导致渔船重心上移，在上层甲板堆放渔箱等还会使渔船受风面积增大，影响渔船的稳性，稍有不慎就会发生船翻人亡的严重事故。

检查时主要对照船舶积载的基本要求。例如，比重大的物品是否装在底层货舱，甲板上是否堆放渔获物与网具，特殊情况下在甲板上放置渔获物或网具时，是否进行捆绑固定；蟹笼渔船置放蟹笼的积载高度和受风面积是否超过规定要求；油水等液体货物是否按一般要求满舱积载，左右舱对称使用。

2. 船员操作行为　重点检查航行值班和安全操作规程的执行情况。例如，渔船出航前驾驶人员是否按规定制订航次航行计划；航海日志是否详细记录值班及交接班情况等。

3. 适渔情况检查　检查主要内容：有否按规定取得渔业捕捞许可证，有否违反许可作业类型、渔具数量、作业场所和适航水域规定作业；渔具或渔获物装载是否超过规定要求。

4. 航海日志的检查　航海日志是记录渔业船舶动态的原始记录，是审核和检查渔业船舶航行、作业的重要资料。当发生渔业船舶水上安全事故时，能根据航海日志绘制出船舶当时的航迹和反映当时航行或作业的基本动态。在渔业船舶水上安全事故处理中，航海日志是分析原因、判明责任的法律依据之一。航海日志主要记载：时间、船位、航向、罗经差、风向风力、流向流速、天气与能见度、水深、通过重要转向点或标志物、交接班记录、重大事项记录、值班人员签名等内容。航海日志检查要点：填写时间顺序，航程是否连续、有无缺页（插页），填写用语是否规范，填写的字迹、符号是否端正；船位记录能否反映船舶的实际航迹，能否反映值班交接情况；当班驾驶员是否按规定签名，船长有无审核签名等。

5. 渔捞作业日志的检查　渔捞作业日志是渔业船舶在渔捞作业时全过程的原始记录，要及时准确填写每次起放网时间、渔场、渔获物种类与数量等内容。

6. 轮机日志的检查　轮机日志是渔业船舶机电运行全过程的原始记录，也是审核和检查渔业船舶航行、作业状况的依据之一，当发生渔业船舶水上安全事故时，轮机日志也是处理渔业船舶水上安全事故的法律依据之一。轮机日志主要记载：时间、设备开停时间、设备运行参数、累计运转时间、燃油消耗情况、维修保养记载、重要事项记载、值班签字等内容。

五、船舶港航安全检查

渔业船舶港航安全检查是指对渔业船舶遵守和执行渔业港航安全管理规定情况的检查。重点检查船舶是否按规定进行进出港报告，是否有违反规定在渔港内装卸易燃、易爆、有毒等危险货物；装卸作业时有否造成腐蚀、有毒或放射性等有害物质散落或溢漏，污染渔港水域；是否违反规定在渔港内进行明火作业，或燃放烟花爆竹等。

六、船舶安全生产管理制度

1. 安全管理制度

（1）查看是否制定相关制度，包括安全生产会议制度、安全生产投入及安全生产费用提取使用制度、安全生产教育培训制度、安全生产责任追究制度、事故隐患排查治理制度、重大事故隐患跟踪监控与管理制度、安全事故通报制度、事故应急处置工作制度、事故调查处理工作制度、岗位职责与操作规程等。

（2）查看制度的内容是否全面、完整，是否具有操作性；查看所制定的各项安全生产管理制度是否具有针对性，有无应付现象。

（3）查看渔业安全生产责任落实情况，特别是安全生产领导责任的落实情况。如有无渔业生产经营单位主要负责人和分管负责人安全生产责任的成文规定；安全生产责任制签订的内容是否完整、是否符合客观实际，是否明确安全生产管理机构与管理人员的职责，特别是安全生产隐患排查治理工作情况记录等。

（4）查看渔业安全生产投入保障制度，以及制度的执行情况。如安全生产投入是否纳入本单位预算范围，是否提取安全生产专项费用，渔船的维修保养、安全设施的配备资金是否落实到位等。

2. 防范管理措施　检查渔业生产经营单位是否制定渔业船舶水上突发事件应急管理制度，应变部署表在船员变动后是否及时调整更新，应变部署表是否张贴在醒目的位置，救生、消防器材分布示意图是否准确，每个船员的应变部署职务卡是否配齐，应变部署中的职责是否明确等。

第六章

渔业船舶水上突发事件应急管理

第一节　渔业安全应急事件管理概述

渔业船舶水上安全突发事件应急管理是渔业安全管理中的重要专项内容，对将要发生的渔业船舶突发事件要有所防备（预防），同时还应将事件发生带来的损失尽量减少到最小。

一、突发事件与应急管理的概述

1. 突发事件　突发事件是指突然发生，造成或者可能造成严重社会危害，需要采取应急处置措施予以应对的自然灾害、事故灾难、公共卫生事件和社会安全事件，如人员重大伤亡、财产损失、环境破坏和严重危害社会并且危及公共安全的一类紧急事件。突发事件有两种解释，一种从广义上来讲，突发性事件是指在本组织或者个人的原计划之外或者超出其理解范围内，对其利益造成危害或者潜在危险的所有事件；另一种是从狭义上来讲，突发事件是指在一定范围内造成的，且给社会带来大量的负面影响，对人们生命和财产构成严重威胁的事件或灾难。由于突发事件的规模、地点和危险不同，其影响和后果也不尽相同。这些事件的发生是随机和不确定的，如果处理不当，可能酿成灾难性事故，造成人员伤亡和财产损失，突发事件的特点如下：

（1）引发突然性。突发事件是事物内在矛盾由量变到质变的飞跃过程，是通过一定的契机诱发的，诱因具有一定的偶然性和不易发现的隐蔽性，它以什么方式出现，在什么时候出现，是人们所无法把握的，这就是说突发事件发生的具体时间、实际规模、具体态势和影响深度是难以预测的。

（2）目的明确性。任何突发事件（除自然事件外），都有明确的目的性和欲望性，因为人们选择和行为的目标，都是为了满足某种需要。自然事件本身虽无目的性，但是在处理这类事件的过程中，人们的目的性也是十分明显的。

（3）瞬间的聚众性。任何一类突发事件，都必然要涉及一部分人的切身利益，使其产生心理压力和变化，引起人们的关注和不安也属正常。尤其是社会性的突发事件，多是由少数人操纵，通过宣传鼓动把一些群众卷到事件中来。近期，在一些地方因地界、征地、拆迁安置而发生的突发性事件，往往是一人纠合，数人响应，使其具有聚众性。

（4）行为的破坏性。不论什么性质和规模的突发事件，都必然不同程度地给国家和人民造成政治、经济和精神上的破坏与损失。

（5）状态的失衡性。如果将社会的正常秩序看作均衡状态的话，那么突发事件则使社会偏离正常发展轨道而出现了失衡。由于事件的发生，会使人们生活处于不稳定状态，昔日和谐安宁的社会环境遭到了破坏，组织常规工作方式和工作程序已失去了作用，必须用特殊的手段才能奏效，整个组织处于混乱无序之中。

目前，我国将突发事件分为4类，分别是自然灾害、事故灾难、公共卫生事件和社会安全事件。

（1）自然灾害。是指由自然原因而引起的紧急情况，如地震、热带气旋、海啸、酷热或寒冷、干旱或昆虫侵袭等。

（2）事故灾难。是指由人类自身原因而引起的紧急情况，包括由于人类活动或者人类生产活动的事件或事故。这类事件都是在计划之外的突然发生的，如海上船舶碰撞、车祸、化学品泄漏等。

（3）公共卫生事件。是指由病菌、病毒引起的疾病流行，会带来大面积影响等事件。如非典疫情、H1N1甲型流感疫情、多人食物中毒等。

（4）社会安全事件。是指由人们主观行为造成的，会对社会安全带来一定影响的突发事件，如暴乱、游行引起的社会动荡恐怖活动、战争等事件。

突发事件危害程度可分为特别重大、重大、较大和一般四级。

2. 应急管理　是在应对紧急事件的过程中，基于突发事件发生的原因、过程及后果进行分析，有效组织和利用社会各方面的相关资源，对突发事件进行有效预警、控制和处理的过程，主要是为了减少突发事件所带来的危害，实现优化决策。

突发事件应急管理机制，是指针对突发事件而建立的国家统一领导、综合协调、分类管理、分级负责、属地为主的应急管理体制，是一套集预防与应急准备、监测与预警、应急处置与救援等于一体的应急体系和工作机制，它包括信息披露机制、应急决策机制、处理协调机制、善后处理机制等。突发事件的应急管理的过程主要有：对事件的预警、预案的管理，对事件的处理和事后的处理。其中，预警是其中一个重要的环节。预警的目的就是尽可能地早发现和处理可能发生的事件，以避免某些事件的发生或最大可能地减少事件带来的伤害和损失；对突发事件的处置是应急管理的核心，其表现为对各种资源的组织和利用，以及各种方案的选择和决策。突发事件应急管理实行预防与应急并重、常态与非常态结合的原则，建立统一高效的应急信息平台，建设精干实用的专业应急救援队伍，健全应急预案体系，完善应急管理法律法规，加强应急管理宣传教育，提高公众参与和自救能力，实现社会预警、社会动员、快速反应、应急处置的整体联动，完善安全生产体制机制、法律法规和政策措施，尽量消除重大突发事件风险隐患，最大限度地减轻重大突发事件的影响。

3. 应急管理的作用　突发事件应急管理对突发事件的处置工作提供了处理的一般原理和方法。通过研究一类突发事件发生的普遍规律，提高对突发事件的认识和理解，为今后成功应对突发事件打下良好的基础。应急管理的作用主要有以下两点：

（1）保障安全。突发事件的应急管理是通过对突发事件发生的早期预警和准备，来避免突发事件的发生，或者将事件带来的危害最大限度地降低，从而保证人类生命安全和财产安全。此外，通过对各类突发事件的分析和研究，提高对安全管理方面知识的了解，可以促使人类树立和增强自身的安全意识，确保各类生产、生活的安全、健康、有序地进行下去。

（2）稳定社会。由于突发事件的危害性和扩散性，涉及的范围会从发生的地方慢慢扩展甚至影响到其他区域，会对社会造成不稳定的现象。例如，非典疫情的爆发，不仅损害了人类的生命财产，也给社会造成了恐慌的场面。如果应对突发事件采取适当的保障措施，可以把事件的影响控制在一个局部范围之内，就不会对社会的其他区域带来负面影响，从而保障社会的安全和稳定。

4. 应急管理的意义

（1）应急管理是构建和谐社会的重要内容。落实科学发展观，建设和谐社会，全面建设小康社会，必须以社会稳定和公共安全为首要保障前提。只有维护社会稳定，才能促进经济的持续发展、社会进步和人民的安居乐业。如灾害和事故频繁不断地发生，不仅对社会的稳定性造成严重影响，也将对已经存在的建设成果带来严重损害。

（2）应急管理是加强安全管理的重要任务。统一指挥、结构完整、功能齐全、反应灵敏、运转高效的应急管理机制，能够有效地预防和及时处理各类突发事件，是现代化安全管理的重要任务。

（3）应急管理是提高行政能力的客观要求。自然灾害和事故灾难的发生以及各类不稳定因素的出现，对行政能力和管理水平是一种新的考验。转变政府职能，转变观念，改变不正确的认识，调整不到位的工作，加强薄弱环节的管理，弥补体制机制不足，扭转手段和技术单一落后的局面，增强责任意识，创新应急管理体制和机制，真正把保障安全生产工作放到重要位置上来。

二、渔业安全应急事件管理体系

在 2003 年 SARS 事件之后，我国开始建立符合我国国情的应急管理体系。我国渔业应急管理体系是以"一案三制"为基本框架。"一案三制"的应急管理体系要素是由应急管理预案和应急管理法制、体制、机制构成。应急预案方面，以《国家突发公共事件总体应急预案》为总纲，25 件国务院专项预案、80 件国务院部门预案、34 个省区市总体预案以及企事业单位应急预案和重大活动应急预案等 6 个部分组成的应急预案体系。法制方面，我国应急管理体系以《中华人民共和国突发事件应对法》为基本法，其他单行法与之并存的应急管理法律体系。应急管理体制方面，国务院为国家应急管理工作的最高行政机关，国务院各有关部门依据有关法律法规和各自职责，负责相关类别突发公共事件的应急管理工作，地方各级人民政府是本行政区域应急管理工作的行政领导机关，负责本行政区域各类突发公共事件的应对工作。应急管理机制方面，我国已初步形成了统一指挥、反应灵敏、协调有序、运转高效的应急管理机制，实现社会预警、社会动员、快速反应、应急处置的整体联动，建立起突发公共事件预测预警、信息报告、应急响应、恢复重建及调查评估等机制。

1. 渔业安全应急事件管理系统

（1）目标和原则。应急管理体系的目标是：统一指挥、分工协作、预防为主、平时结合、科学有效地处理突发事件。为了实现这个目标，应急管理体系的建立要坚持的原则是：全面性、层次性、可重构性、可集成性和可演练性等。渔业安全应急事件管理体系的目标是指运用法律与行政等手段，以经济体制为杠杆，充分利用技术以及教育资源，为有效应对即将发生或已经发生的渔业突发公共事件（含其自然与事故方面的灾难、公共卫生与社会安全方面的事件）采取相应的救援策略，构建应急预警机制，做好应急方面的响应与处理工作，优化应急信息系统，建立应急管理指挥部门，明确应急管理方案和措施，合理配置应急的资源，采取行动等决策规划、组织协调、控制等相应活动的称谓。渔业应急管理不仅包括渔业突发公共事件应急反应期间的行动（如搜救、疏散等），更重要的是渔业应急管理还包括渔业突发公共事件发生前的预防及备灾措施和渔业突发事件发生后的恢复工作。

（2）总体结构。渔业安全应急管理体系由指挥调度、处置实施、资源保障、信息管理和决策辅助五大系统组成。其中，指挥调度系统是应急管理体系的主要部分，是系统中的最高决策机构，其他支持系统以指挥调度系统为核心，分别对其提供一定的支持，指挥调度系统也会对其他系统带来作用和影响，它们之间也存在相互协作、相互支持的关系。

（3）系统功能。应急管理体系中各系统的主要功能分别是：

① 指挥调度系统是应急管理的最高决策者，负责应急管理的统一指挥，给其他各支持系统做出指示，提出要求。

② 处置实施系统是针对指挥调度系统形成的预案和指令进行具体实施处理的系统。负责执行指挥调度系统下达的指令，完成各种应急抢险任务。

③ 资源保障系统是负责应急处置过程中的资源保障的系统。主要工作有应急资源的存储，日常养护，在决策辅助系统协助下进行资源评估，负责应急资源调度等。

④ 信息管理系统是应急管理体系的信息中心，负责应急信息的实时共享，为其他系统提供信息支持。主要工作有信息采集、处理、存储、传输、更新、维护等。

⑤ 决策辅助系统建立在信息管理系统传递的信息基础之上，对应急管理中的决策问题提出相关建议或方案，为指挥调度系统提供支持。如预警分析、预案选择、预案效果评估、资源调度方案设计等。

2. 应急管理体系的运行 应急管理体系的各个系统，由不同的组织机构所构成。例如，在处理涉及渔船碰撞的突发事件过程中，处置系统由交通海事部门、渔业行政部门和渔政渔港监督管理机构组成；在处理突发渔业纠纷事件过程中，处置系统是由地方人民政府、公安（边防）部门、渔业行政主管部门及其渔政渔港监督管理机构以及其他相关部门等构成。他们在应急管理工作中通过统一指挥、协同行动来实现应急管理的目标。

当突发事件没有发生时，应急管理系统处于正常运行状态。其主要工作是处理日常管理中的一些事情，及时监控相关的信息，当某些信息达到事故应急预警启动级别条件时，发出预警信号，并根据预警的不同程度调整体系运行状态。

当突发事件应急处置结束后，应急管理体系慢慢恢复到正常状态，并做好资源的补充、维护及相关的补偿、恢复、评价、总结的工作等。

三、渔业安全应急事件管理的内容

应急管理是对突发事件发生全过程的管理，贯穿于事件发生前、中、后的各个环节，充分体现"预防为主，时刻准备"的应急宗旨。应急管理是一个动态的过程，包括预防、准备、响应和恢复4个阶段。在实际的应急过程中，这4个阶段往往是相互交叉、合作的，每一阶段都有自己明确的目标，同时每个阶段是在前一个阶段的基础上建立起来的。因此，预防、准备、响应和恢复的相互关联，构成了突发事件应急管理的整个循环过程。

1. 事件预防　预防在应急管理中有两层含义：一是预防事件的发生工作，即通过安全管理和安全技术等手段，尽可能地防止突发事件的发生，达到本质安全的目的；二是在假定事件不可避免发生的前提下，通过事先采取的预防措施，来达到尽可能降低事件的影响或减缓事件发生后果严重的程度，如扩大建筑物之间的安全距离、渔港选址的安全规划、减少危险物品的存放量、开展公众教育等。花最少的钱实现更高效率的预防措施，是减少突发事件带来严重损失的关键所在。

预防工作是从应急管理的角度出发，为预防、控制和消除事件对人身、财产和环境可能产生的危害所采取的行动。如制定安全法律、法规、安全规划，加强安全管理措施，制定安全技术标准和规范，对员工、管理人员及社区进行应急宣传与教育活动等。

2. 应急准备　应急管理全过程中一个关键的阶段就是应急准备，它是针对可能发生的事件，为迅速有效地开展紧急行动而事先所做的各种准备工作，包括应急体系的建立，应急队伍的建设，相关部门和人员职责、任务的落实，预案的编制，应急设备（施）、物资的准备和维护，预案的演练，与外部应急力量的凝聚等，其目标是应对突发事件发生，提高应急响应能力，有效地推进响应工作。

应急准备工作的重点是应急运行计划及其系统，包括：应急预案、应急训练与演练、应急通告与报警系统，应急资源，互助救援报告协议，实施应急预案等。

3. 应急响应　应急响应就是在事件发生后立即采取的应急与救援行动，包括事件的报警与通报、人员的紧急疏散（或撤离）、急救与医疗、消防和工程抢险措施、信息收集与应急决策和外部救援等，其目标是尽可能地抢救受害人员，尽可能控制并消除事故，保护人民生命财产和环境，使事件损害降低到最低程度。如启动应急通告报警系统、启动应急救援程序、报告有关政府机构应急救援工作的指导等。

应急响应可划分为初级响应和扩大应急两个阶段。初级响应是在事件刚发生的时候，利用自己的救援力量，使事件得到有效控制。如果事件的规模和性质超出自身的应急所能控制的能力，则应请求增援和扩大应急救援活动的强度，最终目的还是为了控制事故。

4. 应急恢复　应急恢复是在突发事件的影响慢慢减弱或事件结束之后，对原本一些状态的恢复，对事件涉及的部门及人员的奖励与责任追究。另外，还要对已经发生的事件及时形成案例，总结突发事件的经验教训，然后使其逐步恢复到正常状态。应急恢复工作包括事件损失评估、原因调查等。在短期恢复中需要注意的是避免出现新的紧急情况；长期恢复中需要吸取事件和应急救援的经验教训，更好地开展进一步的预防工作和减灾行动，避免出现类似的情况。

第二节　渔业船舶水上突发事件应急预案程序

一、应急预案概述

应急预案又称应急计划，是指面对突发事件如自然灾害、重大或特大事故、环境公害及人为破坏的应急管理、指挥、救援计划等，通过分析已经发生的突发事件总结出最有可能发生的事件，为保证更快、有序、有效地开展应急与救援行动，降低人员伤亡数和财产损失量而制订的有关计划或方案。其目的是为了及时、有效地处置突发事件，最大限度地避免和减少突发事件所造成的人员伤亡和财产损失，维护社会稳定。应急预案一般建立在综合防灾规划的基础上，通过对安全生产中的重大危险、事件类型、发生的可能性以及发生过程、事件后果和影响程度等信息进行分析和研究，预测事物的发展趋势，评估事件可能带来的威胁，并根据这些基本情况制订相应的应急机构的职责及人员、技术、装备设施、救援行动及其指挥协调等预备性处置方案，一旦发生和预测的情况类似的事件，就可以按照预定的方案组织实施应急救援行动，并根据事态发展情况及时对预案进行调整，以便控制事态的发展，将可能发生的损失伤害降至最低，维护整体利益和长期利益。

1. 基本原则

（1）以人为本，就近施救，减少伤害。坚持以人为本，把保障渔民群众生命、财产安全作为首要任务。以就近救助为原则，距离事件发生水域最近的县、地（市）、省（区、市）渔业行政主管部门应做出响应措施，协助海上搜救中心开展应急救助行动，尽可能避免或减少渔业船舶水上突发事件所造成的人员伤亡和财产损失。

（2）统一领导，分级负责，属地为主。船籍港所在地渔业行政主管部门在当地人民政府的领导和上级渔业行政主管部门的指导、协调下，按照职责和权限及时处置各类渔业船舶水上突发事件。

（3）快速反应，自救互救，协同应对。各个有关部门加强协同与合作，引导和鼓励渔民自救互救，形成统一指挥、协调有序、反应灵敏、运转高效的应急管理机制。

（4）依靠科学，依法规范，预防为主。依靠先进技术和装备实行科学民主决策，增强应急处置能力。依法规范应急处置工作，采取恰当的方法和策略，做到依据充分、程序合法。坚持预防与应急相结合，建立高效、灵敏的信息网络，形成完善的预警工作机制。

2. 预案的分类　应急预案编制与管理是政府应急管理的重要任务之一。SARS事件以来，国务院花大力量组织制定国家突发公共事件总体应急预案，以及专项应急预案和部门应急预案，国务院第七十九次常务会议通过了《国家突发公共事件总体应急预案》以及25件专项应急预案，80件部门应急预案，基本覆盖了我国经常发生的突发公共事件的主要方面。

（1）按照应急对象的类型划分。突发事件是预案的对象，不同类型的突发事件的发生机理不同，所以针对不同类型的突发事件要建立不同应急预案，如：自然灾害应急预案、事故灾难应急预案、公共卫生事件应急预案、社会安全事件应急预案。在自然灾害应急预案这个大的类型中，又可以分为抗震减灾应急预案、抗洪防涝应急预案、恶劣天气应急预案等。

（2）按照预案的编制与执行主体划分、预案可划分为国家、省、市和企业（包括社区）4类。

① 国家预案是一种宏观、广泛管理，以场外应急救援指挥为主的综合性预案，包括出现涉及全国或性质特别严重的重大事故灾难的危急处置情况。

② 省级预案同国家预案大体相似。

③ 市级预案应既有场外应急指挥，也有场内应急救援指挥，还包括应急响应程序和标准化操作程序。所有应急救援活动的责任、功能、目标都应清晰、准确，每一个重要程序或活动必须通过现场实际演练与评审才可以得到保障。

④ 企业级预案大多是一种现场预案，以场内应急指挥为主，它强调预案的可操作性。

（3）按照功能与目标划分。预案可分为综合预案、专项预案和现场预案 3 类。

① 综合预案。综合预案是总体、全面的预案，以场外指挥与集中指挥为主，侧重在应急救援活动的组织协调方面。

② 专项预案。专项预案主要针对某种特殊和具体的事故，如地震、重大工业事故等，采取综合性与专业性的减灾、防灾、救灾和灾后恢复行动。

③ 现场预案。现场预案是以现场设施或活动为具体目标而制定和实施的应急预案，如针对某一重大工业危险源，特大工程项目的施工现场或拟组织的一项大规模公众集聚活动，预案要具体、细致、严密。

（4）按照可能的事故后果的影响范围、地点及应急方式划分。在建立事故应急救援体系时，可将应急预案分为以下 5 种级别。

① Ⅰ级（企业级）。事故的有害影响仅仅只是在一个单位（如某个工厂、火车站、仓库、农场、煤气或石油输送加压站、终端站等）的范围之内，并且可被现场的操作者遏制和控制在该区域内。这类事故可能需要投入整个单位的力量来控制，但其影响预期不会扩大到社区（公共区）。

② Ⅱ级（县、市/社区级）。所涉及的事故及其影响可扩大到公共区（社区），但可被该县（市、区）或社区的力量加上所涉及的工厂或工业部门的力量所控制。

③ Ⅲ级（地区/市级）。事故影响范围大，后果严重，或是发生在两个县或县级市管辖区边界上的事故。应急救援需动用地区的力量。

④ Ⅳ级（省级）。对可能发生的特大火灾、爆炸、毒物泄漏事故，特大危险品运输事故以及属省级特大事故隐患、省级重大危险源应建立省级事故应急反应预案。它可能是一种规模极大的灾难事故，也可能是一种需要用事故发生的城市或地区所没有的特殊技术和设备进行处理的特殊事故。这类意外事故需用全省范围内的力量来控制。

⑤ Ⅴ级（国家级）。对事故后果超过省、直辖市、自治区边界以及列为国家级事故隐患、重大危险源的设施或场所，应制定国家级应急预案。

（5）按照预案的性质划分。可分为指导性和操作性预案。

① 指导性预案，如国家级和省级预案等。

② 操作性预案，如现场预案和专项预案等。

（6）按照渔业船舶水上安全突发事件等级标准进行划分。

① 特别重大突发事件（Ⅰ级）。是指死亡（失踪）30 人以上，或危及 50 人以上生命安全。

② 重大突发事件（Ⅱ级）。是指死亡（失踪）10～29 人，或危及 30～49 人生命安全。

③ 较大突发事件（Ⅲ级）。是指死亡（失踪）3～9 人，或危及 10～29 人生命安全。

④ 一般突发事件（Ⅳ级）。是指死亡（失踪）1～2人，或危及9人及以下生命安全。

（7）按照可能引发水上安全突发事件的紧迫程度、危害程度和影响范围划分。确定预警信息的风险等级，将预警信息的风险等级从高到低可分为4个等级。

① 特大风险信息（Ⅰ级）

a. 热带气旋、风暴潮、海啸等天气在24小时内对海上造成风力10级及以上、对内河造成风力8级及以上的信息。

b. 雾、雪、暴风雨等造成能见度不足100米的信息。

② 重大风险信息（Ⅱ级）

a. 热带气旋、风暴潮、海啸等天气在48小时内对海上造成风力10级及以上、对内河造成风力8级及以上的信息。

b. 雾、雪、暴风雨等造成能见度不足500米的信息。

③ 较大风险信息（Ⅲ级）

a. 热带气旋、风暴潮、海啸等天气对海上造成风力8级及以上、对内河造成风力6级及以上的信息。

b. 雾、雪、暴风雨等造成能见度不足800米的信息。

④ 一般风险信息（Ⅳ级）

a. 海上风力7级及以上、内河风力6级及以上的信息。

b. 雾、雪、暴风雨等造成能见度不足1 000米的信息。

（8）按照预警信息风险等级相对应的原则划分。预警级别从高到低分为特别严重（Ⅰ级）、严重（Ⅱ级）、较重（Ⅲ级）和一般（Ⅳ级）4级预警，颜色依次为红色、橙色、黄色和蓝色。

（9）根据突发事件的等级标准划分。应急响应级别分为部、省、地（市）县4级。

① 特别重大突发事件造成死亡（失踪）人数在49人及以下的情况，由农业农村部决定启动本级预案，并领导本级渔政渔港监督管理机构在职责范围内采取恰当的应急处置措施；当造成死亡（失踪）人数在50人及以上时，农业农村部除了启动本级预案以外，还应立即报请国务院指导、协调突发事件的应对工作。

② 重大突发事件由省级渔业行政主管部门决定启动本级预案，并领导本级渔政渔港监督管理机构在自己所监管的职责范围内采取恰当的应急处置措施。

③ 较大突发事件由地（市）级渔业行政主管部门决定启动本级预案，并领导本级渔政渔港监督管理机构在自己所监管的职责范围内采取恰当的应急处置措施。

④ 一般突发事件由县级渔业行政主管部门决定启动本级预案并领导本级渔政渔港监督管理机构在自己所监管的职责范围内采取恰当的应急处置措施。

⑤ 发生任何渔业船舶水上安全突发事件，县级渔业行政主管部门应首先启动预案，省、地（市）、县级渔业行政主管部门在启动本级预案时由于能力和条件不足等特殊原因不能有效处置突发事件时，可请求上级渔业行政主管部门启动相应级别的预案。

应急预案的总目标是控制紧急事件的发展并尽可能消除，将事故对人、财产和环境的损失和影响减小到最低限度。统计表明，有效的应急系统可将事故损失降低到无应急系统的6%。《中华人民共和国安全生产法》要求："生产经营单位对重大危险源应当登记建档，进行定期检测、评估、监控，并制订应急预案，告知从业人员和相关人员在紧急情况下应当采取的应急措施。""县级以上地方各级人民政府应当组织有关部门制定本行政区域内生产安全事故应急救援预案，建立应急救援体系。"《国务院关于特大安全事故行政责任追究的规定》要求"市（地、州）、县（市、区）人民政府必须制定本地区特大安全事故应急处理预案。本地区特大安全事故应急处理预案经政府主要领导人签署后，报上一级人民政府备案"。

二、机构及职责

1. 应急组织机构及职责　为了应对渔业生产可能发生的各类安全生产事故，最大限度地减少人员伤亡、财产损失、环境污染，快速、有效处置救援，成立应急组织机构，履行相应的职责。

（1）国家渔业行政主管部门。农业农村部建立全国渔业船舶水上突发事件应急处置领导小组和工作小组。主要职责是：一是及时向国务院及国家安全生产监督管理部门汇报渔业船舶水上突发事件的有关重要信息；二是团聚各省渔业救助力量，积极地参与渔业船舶水上突发事件的救助工作；三是维持好渔业船舶水上突发事件处置过程中的各种相互关系；四是对渔业船舶水上突发事件的善后工作进行指导、开展；五是表彰、奖励在处理事件中的先进单位和个人等事宜。

（2）省级渔业行政主管部门。省级渔业行政主管部门参考按照国家渔业船舶水上突发事件应急处置机构，建立本级渔业船舶水上突发事件处置机构。主要职责是：一是及时向农业农村部、省级人民政府及其安全生产监督管理部门汇报渔业船舶水上突发事件的有关重要信息；二是指挥领导各地（市）渔业救助力量参与渔业船舶水上突发事件的救助工作；三是维持好渔业船舶水上突发事件处置过程中的各种相互关系；四是与有关部门一起共同做好渔业船舶水上突发事件的善后处理工作；五是决定表彰、奖励先进单位和个人等事宜。

（3）地（市）级渔业行政主管部门。地（市）级渔业行政主管部门参考按照省级渔业船舶水上突发事件应急处置机构，建立本级渔业船舶水上突发事件处置机构。主要职责是：一是及时向省级渔业行政主管部门、地（市）级人民政府及其安全生产监督管理部门汇报渔业船舶水上突发事件的有关信息；二是指挥领导县（市、区）渔业救助力量参与渔业船舶水上突发事件的救助工作；三是维持好渔业船舶水上突发事件处置过程中的各种相互关系；四是与有关部门一起共同做好渔业船舶水上突发事件的善后处理工作；五是决定表彰、奖励先进单位和个人等事宜。

（4）县（市、区）级渔业行政主管部门。县（市、区）级渔业行政主管部门参考按照省级渔业船舶水上突发事件应急处置机构，建立本级渔业船舶水上突发事件处置机构。主要职责是：一是决定县级渔业船舶水上突发事件应急预案的启动，研究确定抢险救助方案，组织、指挥、协调应急处置工作；二是知悉事故发生、发展情况，及时向上级渔业行政主管部门、县级人民政府及其安全生产监督管理部门汇报，并针对汇报内容提出相关应急建议和采取措施；三是及时有效地传达、执行上级政府和相关部门下达的各项决策和指令，主要职责是检查和报告落实情况；四是指导、调配管辖区渔业救助力量参与渔业船舶水上突发事件的救助工作；五是维持好渔业船舶水上突发事件处置过程中的各种相互关系、协同有关部门一起研究处置的重要应急事项；六是与事发地政府、有关村一起联手，做好渔业船舶水上突发事件的善后处理工作；七是向上级政府提出救助终止或结束救助工作的应该采取的建议，经批准才可以宣布抢险救助工作结束；八是对事故应急处置工作进行最后总结，并上报给县级人民政府及省、市渔业行政主管部门；九是建议或决定表彰、奖励先进单位和个人等事宜。

2. 应急指挥机构与职责 渔业船舶水上突发事件应急救援指挥部门是处置渔业船舶水上突发事件的现场工作机构，根据渔业船舶的水上突发事件响应级别，分别由相应级别的地方政府和渔业行政主管部门开启应急指挥工作。现场应急指挥机构的主要职责是：

一是指挥、调配辖区内各种救助力量，处置渔业船舶水上突发事件，维护好事件处置过程中的各种相互关系。

二是及时上报渔业船舶水上突发事件中的有关信息，传达上级有关指示精神。

三是保障现场应急指挥通信联络的畅通。

四是决定向社会公众和新闻媒体发布渔业船舶水上突发事件和应急处置情况。

三、应急响应与处置

1. 应急响应级别与条件 按照安全生产事故灾难的可控性、严重程度和影响范围，应急响应级别原则上分为Ⅰ、Ⅱ、Ⅲ、Ⅳ级响应。

（1）Ⅰ级响应。即发生特别重大突发事件，由农业农村部决定启动。其启动条件：

① 死亡（失踪）或危及30人及以上的生命安全事件；

② 具有特别严重政治和社会影响的涉外事件；

③ 参与渔船数量50艘及以上，可能危及30人及以上生命安全的渔事纠纷事件。

（2）Ⅱ级响应。即发生重大突发事件，由省级渔业行政主管部门决定启动。启动条件：

① 死亡（失踪）或危及10～29人生命安全；

② 具有重大政治和社会影响的涉外事件；

③ 参与渔船数量30～49艘，可能危及10人及以上生命安全的渔事纠纷事件。

（3）三级响应。即发生较大突发事件，由地（市）级渔业行政主管部门决定启动。启动条件：

① 死亡（失踪）或危及3～9人生命安全；

② 具有较大政治和社会影响的涉外事件；

③ 参与渔船数量10～29艘，可能危及3人及以上生命安全的渔事纠纷事件。

（4）Ⅳ级响应。即发生一般突发事件，由县级渔业行政主管部门决定启动。启动条件：

① 死亡（失踪）或危及3人以下生命安全；

② 具有一定政治和社会影响的渔业涉外事件；

③ 参与渔船数量10艘以下，可能危及3人以下生命安全的渔事纠纷事件。

渔业船舶水上突发事件发生后，县级渔业行政主管部门应首先启动应急响应。下级渔业行政主管部门在启动本级应急响应时，由于能力和条件不足等特殊原因不能有效处置突发事件时，可请求上级渔业行政主管部门启动相应级别的应急响应。事件确定等级后，因事态发展情况发生变化导致事件等级发生变更的应及时提升或降低事件等级。

2. 应急处置

（1）处置措施。应急救助工作主要是全力配合水上搜救机构的搜救行动，工作的过程中要注意当时的气象条件、预报信息和海况情况。具体为指导渔业船舶人员在一定突发的情况下开展自救；指挥、调度事情发生时水域附近渔业船舶参与救助；组织本辖区内符合适航条件的渔业行政执法船舶及有关力量前往一同救助。

（2）救助管理。渔业行政执法船舶及渔业船舶在接到渔业船舶救助指令后，要服从上级的安排和指挥，在不伤害到自身安全的前提下，及时出航赶往事发水域。因为自身的特殊原因需要离开救助现场时，必须得到应急救援指挥部的批准。当渔业救助力量不能满足救助需求时，应及时上报给中国海上搜救中心或有关部门，请求有关部门一同协调处理。

（3）信息发布。渔业船舶水上突发事件的信息公布工作应由救援指挥部统一向外界进行客观、准确、及时地发布信息，使得外界能够及时、准确地收到消息，并第一时间赶来事发水域救援。

（4）应急结束。当遇险人员的生命安全不再受到威胁、遇险人员不再有任何符合情理的生存希望、渔业救助力量自身安全受到严重威胁时，启动预案的渔业行政主管部门应向同级人民政府提出渔业救助力量终止或结束救助工作的相关建议。

3. 后期处置

（1）善后处理。渔业船舶水上突发事件应急处置终止或完成后，相关渔业行政主管部门应对应急处理情况和损失情况进行评价和估算。涉及人员伤亡的，依据船籍港管辖原则，由渔业船舶船籍港所在地渔业行政主管部门协同做好善后处理工作。各级渔业行政主管部门配合同级政府有关部门处理好发生突发事件中渔民及其家属的安慰工作，帮助其尽快回归到正常的生活、生产。

（2）保险理赔。渔业船舶水上突发事件处置结束后，船籍港所在地的渔业行政主管部门应协同保险机构及时开启理赔工作程序，对相关财产损失和人员伤亡情况进行评估、理赔。

（3）事故调查。渔业船舶水上突发事件处置结束后，相关渔业行政主管部门应对事件应急处置工作整个过程进行总结，吸取经验教训，提出整改措施和建议。相关渔政渔港监督管理机构应按渔业船舶水上安全事故调查处理的有关规定，对事件的性质、类别、成因进行调查，分析事故的原因，判明责任，并对事件相关责任人给出处理意见。

第三节　渔业船舶水上突发事件预警监控体系

预警包括预警分析和预警监控。预警分析是对渔业船舶水上突发事件的征兆进行监测、评估，通过定性分析和评价并及时报警的活动。预警监控是建立在预警分析的基础之下，对突发事件的发展趋势进行甄别并对事件发生的不良趋势进行识别、预防与控制的活动。在因果和证据不确定的情况下，通过预警活动来对事件进行分析判断，确定事件的类型、性质和应急级别，发出预先的警告，实现防范性的预案。

一、预警监控的基本原则

1. 主动性原则　预警系统应能主动地、积极地获取与突发性渔船事件有关的可以变化的因素。

2. 前瞻性原则　收集的信息或资料不仅能够反映当前的事件状况，还要能够凸显出将来会发生的情况，具有预测性。

3. 可操作性原则　即预警系统的程序必须具有可操作性。

4. 系统弹性原则　因为突发事件产生的原因极为复杂，系统不可能全方位涉及，也不能监控所有因素，因而采用的控制工具与方法要具有一定的变动余地和弹性空间。

二、预警监控的程序

1. 应急预警理论　每一次应急事故的发生和处理都是对政府的一大考验，也是政府对应急事故处理制度创新的一大契机。在事故处理的过程中，建立一套与现代社会相适应的有效的应急预警系统，防患于未然，对于防范危机的发生和防止危机的扩散，确保国家和大城市在各种应急事件面前转危为安具有重要的作用。预警是事故处理的重要阶段。

一个完整的事故处理过程包括 3 个阶段：预警、应急、善后。这 3 个阶段分别发生在事前、事中和事后 3 个不同的时间段，形成一个循环的过程。其中，每一个具体的阶段都要求应急事故处理者采取相应的处理策略和措施，准确地估计应急事故的形势，尽可能把事态控制在某一个特定的阶段，以免进一步恶化。

应急预警指的是以先进的信息技术平台，通过预测和仿真等技术对事故态势进行有效的动态监测，做出前瞻性分析和判断，及时评估各种灾害的危险程度，并给出参考性对策建议，提高政府应急管理的效率和科学性。预警是整个过程的第一个阶段，目的是为了有效地预防和避免事件的发生。在某种程度上，事故状态的预防以及危机升级的预防比单纯的某一特定事件的解决显得更加重要，因为如果能够在事故未能发生之前就及时把产生危机的根源消除，则均衡的社会秩序能够得以有效保障，也可以节约大量的人力、物力和财力。美国学者和实务专家戴维·奥斯本和特德·盖布勒也认为，政府管理的目的是"使用少量钱预防，而不是花大量钱治疗"。与危机过程中别的阶段相比较而言，危机避免是一种既经济又简便的方法，只是在日常的危机管理活动对它未予以足够的重视。应急预警系统通过对社会不稳定因素的系统评估，对各类潜在的威胁、危害或当前国家和社会的运行状态进行预防和警示，并通过分析和判断各种影响因素综合发挥作用的状况及各要素系统自身运行的状况等，从而制定较强的针对性措施。

根据应急反应组织体系，按照海上通道的突发事件解决过程，应急流程可以分为信息获取、事件评价、应急响应、应急处置、应急终止 5 个主要环节。渔业应急预警系统流程图如图 6-1 所示。

2. 预警监控手段　目前，预警监控的主要手段有：全球海上遇险与安全系统（船舶海上遇险时可以使用船上配备的甚高频、中频或高频数字选择呼叫设备及国际海事通信卫星，向附近船只或岸站发出求救信号，以便得到及时救助；海事通信卫星还可精确地标注海难船只的方位，引导救援船只前往营救）；专用通信［卫星无线电应急示位标；船舶自动识别系统；高频/中频/甚高频（HF/MF/VHF）无线电话、DSC 设备、单边带电话、卫星电话和卫星电报报警；手机通信系统、固定电话系统、无线电通信系统、电台系统等］；传统媒体、互联网、电子公告牌等。

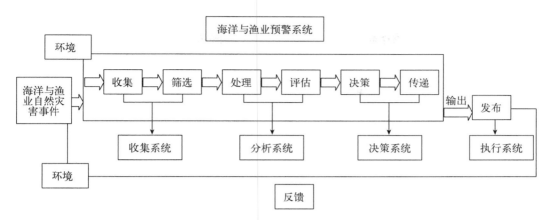

图 6-1　海洋与渔业预警系统流程图

三、预警体系的建设

1. 建立和完善预警支持系统　为确保水上航行作业和停泊的渔业船舶能够及时获得各种预警信息，根据当前世界上通信技术的发展状况，国家和地方政府共同投资建设包括短波渔业安全通信网、超短波渔业安全通信网、渔业船舶船位监测网和 CDMA 公众移动通信网等"四网合一"的渔业安全通信网络，以保障海上作业渔船与各岸台之间无线电通信畅通。渔业预警支持系统的核心部分就是渔业安全通信网络，其构成：一是建设三级短波通信网，一级网络由省级 15 座中心电台组成，二级网络由沿海市、县根据实际需要建立的岸台组成，三级网络由重点渔业乡镇、村及渔业企业根据生产安全需要建立的岸台组成；二是恢复和完善全国近海渔业安全救助通信网岸台，为近海生产渔船提供安全通信和日常通信；三是利用中国电信在全国沿海建设的大功率 CDMA 移动通信基站，解决近岸小型渔船安全通信及日常通信服务；四是在中心渔港和一级渔港组建渔港监控与通信网络，实现对中心渔港和一级渔港的实时视频、雷达监控及港口调度通信。通过加强渔船通信终端设备的部署，以扩大无线电信号在近海和内河水域的覆盖范围；为远洋渔船配备卫星电话，为安全信息的传输和接收、紧急遇险报警、搜救指挥提供通信保障；通过加快大中型渔船船位卫星监控系统建设步伐，实现对作业渔船的动态监控和实时跟踪。

2. 建立健全预警信息共享机制　一是使主体公开预警信息发布具有明确的方向。气象、海洋、水利等预报部门应指导从事监测的单位按规定的信息播发渠道向有关方面发布气象海洋等自然灾害预警信息。二是建立信息共享机制。气象、海洋部门在发布了灾害信息后，应当按照相关规定及时向当地人民政府和渔业部门通报灾害天气和风暴潮、赤潮、海浪、海啸、海冰等灾害信息；渔业、海事部门通过广播、电视、无线电台、海岸电台、手机短信等各种渠道，及时将灾害气象预警信息传递给渔区、渔业企业和渔民，同时发布渔船避险推荐航路、养殖人员撤离事项等，为渔民提供充分的气象预警和避险信息服务。三是建立预警联动机制。渔业行政主管部门应主动与相关部门联系配合，建立预警联动机制。例如，配合交通海事部门做好渔船捕捞作业密集地区碰撞事故预警、事故高发期预警、危险敏感区域渔船禁止航行预警和限制航行等工作。

3. 规范渔业船舶水上事故的统计报告 渔业船舶水上事故统计报告是渔业安全管理工作的重要内容之一。及时、准确、有效地开展统计工作，对于揭示事故发生规律、制定事故预防措施有着重要的指导作用。事故统计工作应做到：一是事故信息统计要科学、合理，不能局限于统计事故数量、沉船数量、死亡（失踪）人数和直接经济损失，要将事故船舶人员结构情况、操作类型、操作的水域、船舶吨位和功率与船舶参数、事故的原因、人员伤亡的原因等纳入采集范围。二是规范事故统计报告程序。指定专人负责报告时限、事故信息等统计报告，加强专业知识培训，不断提高统计工作的效率和质量。三是加强对统计数据的整理和分析。通过研究、分析渔业船舶水上事故、渔船作业区域、船舶建造修理档案、船员培训等方面的信息资料，将事故数据与日常监控数据实时对比，预测安全生产运行情况及其趋势，提出有针对性的建议，使各级各部门能及时对渔业安全生产管理工作进行协调与控制，实现以掌握事故调查为主，防止监控为先的转变。

4. 推进全球海上遇险与安全体系建设 1992 年 2 月 1 日开始实施的全球海上遇险与安全系统，是国际海事组织依靠现代无线电通信技术建立起来的一种现代化搜寻救助与救灾应急通信系统，它使用了陆地中频、高频、甚高频无线通信以及卫星通信技术传递遇险信号，实现了遇险报警信号远距离的发送和接收信号，适用于全球所有海域的各种船舶及海上设施的海难救助和日常业务通信。全球海上遇险与安全系统要求船舶配备相应的码头设备，不同海域对设备的要求也不尽相同。当船舶在海上遇险时通过船上装备的甚高频、中频或高频数字选择呼叫设备及国际海事通信卫星，向附近船只或岸站发出求救信号，世界各地都可以听到并与之迅速进行通讯联络，开展紧急救援工作，即使是突然遇到事故，只要一按电钮，所有有关事故船舶技术参数及地理位置信息将自动地通知救援机构。

第四节　渔业船舶水上突发事件应急救援体系

一、渔业水上突发事件应急救援的特点

1. 事故发生季节、区域性较强 冬季的寒风大潮、夏季的热带气旋、春秋季的大雾，都容易导致发生渔业船舶水上安全突发事件。另外，在水上交通繁忙的航道，由于船舶通航密度大，也容易发生渔业船舶水上安全突发事件。

2. 救援难度大、成本高 受自然条件影响，水上救助的难度与危险远大于一般的陆上施救行动。特别是在渔业船舶遇险信息不明、天气条件恶劣、水域环境复杂的情况下，有的还是在夜间。在这种情况下所实施的水上应急救援工作，不仅时间长、动用救助资源多、付出的成本高，而且参与救助的船舶自身也承受一定风险。

3. 救援时效性强 因水中温度比人体体温要低得多，水上事故发生后，遇险人员往往产生恐惧心理，特别是在冬季或恶劣天气情况下，人的耐力、心理素质都将受到极限的挑战。如果不能及时进行有效的救助，人的意志很容易被摧垮，有的船员可能会放弃求生的念头。因此，水上应急救援工作是一项生命与时间赛跑的工作。

4. 涉及的单位、部门多 渔业船舶水上突发事件的搜救工作需要众多单位、众多部门的配合，包括指挥协调部门、专业救助部门、气象部门、海洋部门、通信保障部门、医疗救助部门、渔业部门、民政部门和当地政府等，任何一个环节出现问题都可能导致错过最佳救助时机。

二、渔业船舶水上应急救援机制

我国应对水上突发事件统一归属于中国海上搜救中心，不按行业或行政区域划分。目前，应对渔业船舶水上突发事件已形成了如下体系：

1. 海上搜救部际联席会议制度　经国务院批准，由交通运输部牵头，会同农业农村部等其他 14 个有关部、委、局，负责统筹全国海上搜救和船舶污染应急反应工作，建立了海上搜救部际联席会议制度，组织协调重大应急反应行动。具体承担防止船舶污染海域、组织船舶防热带气旋、指导渤海的防冻破冰以及协调全国的海难救助工作。

2. 海上搜救组织协调机构　中国海上搜救中心作为国家海上搜救活动的组织协调机构，负责组织、协调重大海上搜救处置行动，承担海上搜救和船舶污染事故应急反应值班及国家海上搜救部际联席会议的日常工作。

3. 专业救捞队伍　我国专业救捞队伍成立于 1951 年。2003 年 6 月，交通部救捞系统实施了救、捞分开的体制改革，成立了由 3 个救助局、4 个救助飞行队组成的国家专业救助队伍和由 3 个打捞局组成的国家专业打捞队伍，现有各类专业技术人员近 8 000 人，拥有专业救助、打捞船舶 180 余艘，自有和租用救助直升机和固定翼飞机共 10 多架，初步建成了海上立体救助体系。

4. 社会辅助力量　农业农村部发布的《渔业船舶水上安全突发事件应急预案》，规范了渔业应急救援工作，引导渔业船舶在突发事件后采取自救与互救，鼓励渔业行政执法船舶、军事船舶和社会其他船舶参与救助。

三、渔业船舶水上突发事件应急救援方式

渔业船舶水上突发事件发生时，应根据当时的实际情况和时间性质采取正确的应急救援方式，才能有效等到救援，减少人命财产损失。渔业船舶水上突发事件发生时，应急救援方式主要有自救、互救、专业救助 3 种方式，在使用时应尽量配合使用。

1. 自救　渔业船舶水上突发事件的特殊性，决定了渔业船舶水上突发事件发生后，最有效的救援行动是自救。通过自救方式营救遇险船员是渔业船舶水上突发事件救援的首要途径。在渔业应急救援行动中，快速、有序、高效地实施对遇险船员的营救、对受伤船员的抢救，是降低事故造成人员伤亡、减少事故损失的关键。

2. 互救　互救是事故应急指挥机构通过调集渔业行政执法船舶、事发水域附近的渔业船舶或者获悉发生突发事件的渔业船舶，在不危及自身安全的前提下，对遇险船舶实施救助，是渔业船舶水上突发事件有效的救助形式之一。

3. 专业救助　在渔业船舶水上突发事件发生后，及时申请国家海上专业救助机构对船舶实施救助。专业救助机构凭借先进的设施、专业的技术、丰富的经验等方面的优势，在渔业船舶水上突发事件救助中起着其他救助行动无法替代的作用。

四、渔业船舶水上突发事件应急救援重点

渔业船舶水上突发事件应急救援是一项涉及面广、专业性强的工作，靠某个部门独自完成是很难，必须把各方面的力量组织起来，形成统一的救援指挥组织，在救援指挥组织的统一指挥下，安全监督、渔政、海事、救助、救护等部门密切合作，协同作战，迅速、

有效地组织和实施应急救援，才能有效地避免和减少事故所造成的损害。

1. 信息管理　信息管理的主要内容有信息采集、信息处理、信息传递。一是信息采集。信息采集就是实时接受渔业船舶水上突发事件信息，并将采集到的信息报告到应急管理部门。目前，渔业船舶水上突发事件的信息来源主要有：海上搜救机构的信息；渔业系统上传下达的信息；渔业船舶的求救信息；其他渠道获得的信息。二是信息处理。接到渔业船舶水上突发事件信息的应急管理部门，要迅速对信息从以下方面进行核实，并采取一切有效通信手段，与渔业船舶和渔业救助力量保持联系，核实的内容应包括：事件性质（热带气旋、大雾等气象灾害、海洋灾害、火灾、碰撞、触礁、机械故障或伤残等）；事件发生的时间、地点及事发海域海况；事件渔业船舶资料、特征；遇险人数及人员伤亡情况。三是事件渔业船舶已采取的措施和效果等。四是信息传递。渔业船舶水上突发事件信息经核实后，按照下列规定进行传递报告：凡发生涉及 3～9 人生命的突发事件，接到渔业船舶水上突发事件信息的应急管理部应通过电话、传真等形式逐级上报，每级间隔时间不超过 2 小时。省级渔业行政主管部接到报告后，应在 1 小时内报告农业农村部渔业渔政管理局。凡发生涉及 10 人及以上生命的突发事件，接到渔业船舶水上突发事件信息的应急管理部门应通过电话、传真等形式向上级部门上报，并将事故情况逐级上报至省级渔业行政主管部门和农业农村部渔业渔政管理局。各级报告间隔时间不超过 2 小时。

2. 应急值班　完善的渔业应急值班体系是渔业船舶水上突发事件得到及时处置的重要保证，通过不断完善各级渔业应急值班制度，进一步健全渔业安全应急值班体系。及时、有效地处置渔业船舶水上安全突发事件。渔业应急值班应做好以下 3 个方面工作：首先，合理布局通讯网岸台，规范岸台值班管理。已建成的岸台要向社会公布电台呼号、工作频率，落实值班岗位责任制，提高值班人员的责任心和业务水平，做到 24 小时全时守听。其次，各级渔业行政主管部门及其渔政渔港监督管理机构要建立渔业应急值班制度，相关领导要在岗值班（带班），保证 24 小时信息畅通。最后，及时向社会公布渔业安全应急工作主要负责人及通讯联络方式，保障相关人员必要的通信手段。渔业安全应急工作负责人或联络方式发生变化，要及时报告上级部门。

3. 组织指挥　组织指挥在有效处置渔业船舶水上突发事件过程中起着决定性的作用，应做到：一是判定事件性质，确定应对方案。根据渔业船舶水上突发事件实时信息，及时对事件性质做出正确分析和判定，并在最短时间内启动相应的应急预案，开展救援行动。二是跟踪与评估。随时掌握事件最新信息和发展态势，对事件发展趋势进行跟踪，对预案的实施效果进行评估。三是动态调整预案。根据跟踪评估的情况和需要，及时调整应对措施。四是技术支持与资源整合。要具备渔业船舶水上突发事件应急救援技术，整合应急救援资源，根据应急需要将技术运用于应急救援之中，通过整合各方面资源，以取得应急救援的预期效果。五是组织协调。负责应急救援的组织协调工作，系统外组织协调工作应符合有关规定，要求避免可能影响安全的应急处置行动；涉及系统外资源整合时，紧急情况下可由相应级别的指挥系统直接牵头，事后及时向上级单位汇报。六是组织事故调查。根据事故调查处理规定和部门的职责分工，做好渔业船舶水上安全事故的调查处理工作，对调查过程、处理过程和处理结果进行评估，总结事件处理过程中的经验教训，根据需要调整预案资源配置。

第七章

渔业船舶水上安全事故调查处理

第一节　渔业船舶水上安全事故概述

一、渔业船舶水上安全事故

1. 渔业船舶水上安全事故的概念　渔业船舶从事渔业生产，自离开码头至作业返港（包括停泊期间）的整个活动过程中，所发生的一切事故均称为渔业船舶水上安全事故，如渔业船舶在航行、作业、锚泊及停靠等过程中因受到热带气旋、大雾、海啸等气象灾害或者海洋灾害的影响，或者发生火灾、碰撞、触损、自沉、浪损、机械伤害、触电等而造成船舶损害或者人员伤亡的事故。而海上抢劫、斗殴、走私、偷渡等违法行为所引发的事件，由公安、海关和边防等机构负责处理，不归为渔业船舶水上安全事故。

2. 渔业船舶水上安全事故的分类和等级　渔业船舶水上安全生产应急管理的对象主要是渔业船舶水上安全事故，根据渔业船舶生产的特点和《渔业船舶水上安全事故报告和调查处理规定》的规定，渔业船舶水上安全事故主要分为生产安全事故和自然灾害事故两大类。

（1）生产安全事故。渔业船舶生产安全事故是指渔业船舶在水上航行、作业过程中所发生的除自然灾害事故外的各类事故，即船舶从离开码头至作业返港（包括停泊期间）的整个活动过程中所发生的一切事故，均为渔业船舶生产安全事故，如渔业船舶在航行、作业、锚泊及停靠等过程中因火灾、碰撞、触损、机械损伤等所造成的船舶损害或者人员伤亡事故。船舶、设施在渔港水域内发生的生产安全事故也属于渔业船舶生产安全事故范畴。另外，在能够预见自然灾害发生或能够防范自然灾害不良后果的情况下，因渔业船舶船长或船员防范应对措施不落实，造成人员伤亡或财产损害的事故，经调查核实后，不能认定为渔业船舶自然灾害事故，应认定为生产安全事故。

根据《渔业船舶水上安全事故报告和调查处理规定》，渔业船舶生产安全事故分为以下类型：

① 碰撞：是指船舶与船舶（包括排筏、水上浮动装置）相互间碰撞造成船舶损坏或沉没，造成人员伤亡，以及船舶航行产生的浪涌冲击他船致他船受损或人员伤亡失踪。

② 风损：是指船舶遭受大风袭击造成船舶损坏或沉没以及人员伤亡失踪。

③ 触损：是指船舶触碰岸壁、码头、航标、桥墩、钻井平台等水上固定物或沉船、木桩、渔栅、潜堤等水下障碍物，以及触礁、搁浅等，造成船舶损坏或沉没以及人员伤亡失踪。

④ 自沉：是指船舶因超载、装载不当、船体漏水等原因或不明原因，造成船舶沉没以及人员伤亡失踪。

⑤ 火灾：是指船舶因非自然因素失火或爆炸，造成船舶损坏或沉没以及人员伤亡失踪。

⑥ 机械损伤：是指在航行中发生影响适航性能的机件或重要属具的损坏或灭失以及操作和使用机械或网具等生产设备时造成人员伤亡失踪。

⑦ 触电：是指不慎接触电流导致人员伤亡。

⑧ 急性工业中毒：是指船上人员身体因接触生产中所使用或产生的有毒物质，使人体在短时间内发生病变，导致人员立即中断工作。

⑨ 溺水：是指因不慎落入水中导致人员伤亡失踪。

⑩ 其他引起财产损失或人身伤亡的渔业水上生产安全事故。

（2）自然灾害事故。渔业船舶水上安全生产应急管理中所述自然灾害事故，主要指热带气旋、风暴潮、龙卷风、海啸、雷击等所引起的灾害事故，其范围的界定如下：

① 准许航行作业区为沿海航区（Ⅲ类）的渔业船舶遭遇 8 级以上风力袭击造成的渔业船舶损坏、沉没或人员伤亡失踪；

② 准许航行作业区为近海航区（Ⅱ类）的渔业船舶遭遇 10 级以上风力袭击造成的渔业船舶损坏、沉没或人员伤亡失踪；

③ 准许航行作业区为远海航区（Ⅰ类）的渔业船舶遭遇 12 级以上风力袭击造成的渔业船舶损坏、沉没或人员伤亡失踪；

④ 因龙卷风、海啸（海啸Ⅱ级预警标准以上）、海冰（海冰预警标准以上）造成的渔业船舶损坏、沉没或人员伤亡失踪；

⑤ 因雷击引起的渔业船舶火灾、爆炸或人员伤亡失踪；

⑥ 渔业船舶在港口、锚地遇到超过港口规定避风等级的风力、风暴潮Ⅱ级以上警报、海浪Ⅱ级以上警报，造成的渔业船舶损坏、沉没或人员伤亡失踪；

⑦ 气象机构或海洋气象机构证明或有关主管机关认定的其他自然灾害事故。

（3）渔业船舶水上安全事故等级划分。根据《渔业船舶水上事故统计规定》，渔业船舶事故分为特别重大事故、重大事故、较大事故和一般事故 4 个等级。

① 特别重大事故，是指造成 30 人以上死亡、失踪，或 100 人以上重伤（包括急性工业中毒，下同），或 1 亿元以上直接经济损失的事故；

② 重大事故，是指造成 10 人以上 30 人以下死亡、失踪，或 50 人以上 100 人以下重伤，或 5 000 万元以上 1 亿元以下直接经济损失的事故；

③ 较大事故，是指造成 3 人以上 10 人以下死亡、失踪，或 10 人以上 50 人以下重伤，或 1 000 万元以上 5 000 万元以下直接经济损失的事故；

④ 一般事故，是指造成 3 人以下死亡、失踪，或 10 人以下重伤，或 1 000 万元以下直接经济损失的事故。

二、渔业船舶水上安全事故报告

事故报告是指渔业行政主管部门或渔政渔港监督管理机构在接到当事渔船、现场渔船或基层渔业组织等事故信息后，按规定的时间要求，以口头（电话）或书面（传真）方式向上级有关部门所做的反映。

县级以上人民政府渔业行政主管部门及其所属的渔政渔港监督管理机构（以下统称为渔船事故调查机关）负责渔业船舶水上安全事故的报告。渔业船舶水上安全事故报告应当及时、准确、完整，任何单位或个人不得迟报、漏报、谎报或者瞒报。各级渔船事故调查机关应当建立二十四小时应急值班制度，并向社会公布值班电话，受理事故报告。发生渔业船舶水上安全事故后，当事人或其他知晓事故发生的人员应当立即向就近渔港或船籍港的渔船事故调查机关报告。渔船事故调查机关接到渔业船舶水上安全事故报告后，应当立即核实情况，采取应急处置措施，并按下列规定及时上报事故情况：

① 特别重大事故、重大事故逐级上报至农业农村部，由农业农村部上报国务院，每级上报时间不得超过一小时；

② 较大事故逐级上报至农业农村部，每级上报时间不得超过两小时；

③ 一般事故上报至省级渔船事故调查机关，每级上报时间不得超过两小时。

必要时渔船事故调查机关可以越级上报。渔船事故调查机关在上报事故的同时，应当报告本级人民政府并通报安全生产监督管理等有关部门。远洋渔业船舶发生水上安全事故，由船舶所属、代理或承租企业向其所在地省级渔船事故调查机关报告，并由省级渔船事故调查机关向农业农村部报告。中央企业所属远洋渔业船舶发生水上安全事故，由中央企业直接报告农业农村部。渔船事故调查机关接到非本地管辖渔业船舶水上安全事故报告，应当在一小时内通报该船船籍港渔船事故调查机关，由其逐级上报。

渔船事故调查机关上报事故时，应当包括下列内容：

① 接报时间；

② 当事船舶概况及救生、通信设备配备情况；

③ 事故发生时间、地点；

④ 事故原因及简要经过；

⑤ 已经造成或可能造成的人员伤亡（包括失踪人数）情况和初步估计的直接经济损失；

⑥ 已经采取的措施；

⑦ 需要上级部门协调的事项；

⑧ 其他应当报告的情况。

情况紧急或短时间内难以掌握事故详细情况的，渔船事故调查机关应当首先报告事故主要情况或已掌握的情况，其他情况待核实后及时补报。重大、特别重大事故应当首先通过电话简要报告，并尽快提交书面报告。事故应急处置结束后，应当及时上报全面情况。

渔业船舶在渔港水域外发生水上安全事故，应当在进入第一个港口或事故发生后 48 小时内向船籍港渔船事故调查机关提交水上安全事故报告书和必要的文书资料。船舶、设施在渔港水域内发生水上安全事故，应当在事故发生后 24 小时内向所在渔港渔船事故调查机关提交水上安全事故报告书和必要的文书资料。

水上安全事故报告书应当包括以下内容：

① 船舶、设施概况和主要性能数据；

② 船舶、设施所有人或经营人名称、地址、联系方式，船长及驾驶值班人员、轮机

长及轮机值班人员姓名、地址、联系方式；

    ③ 事故发生的时间、地点；

    ④ 事故发生时的气象、水域情况；

    ⑤ 事故发生详细经过（碰撞事故应附相对运动示意图）；

    ⑥ 受损情况（附船舶、设施受损部位简图），提交报告时难以查清的，应当及时检验后补报；

    ⑦ 已采取的措施和效果；

    ⑧ 船舶、设施沉没的，说明沉没位置；

    ⑨ 其他与事故有关的情况。

第二节　渔业船舶水上安全事故调查

一、渔业船舶水上安全事故调查概述

一起渔船事故发生后要进行各种调查，如负责水上安全的行政部门的调查、船公司的调查等。如涉及民事赔偿责任，法院、仲裁员、调解人员或各方的律师会进行调查；如船舶已保险，则保险公司会进行调查；如涉及刑事责任，公检法等部门也会进行调查。

在国外，调查有两种情况，一种情况与我国相同，即仅指国家主管水上安全的行政机关对渔船事故所进行的行政调查，如加拿大等；另一种情况与我国不同，渔船事故调查包括国家主管水上安全的主管机关以对渔船事故、船上人员伤亡事故以及船员的称职性或行为所进行的行政调查，如英国等。《1978年海员培训、发证和值班标准国际公约》第Ⅰ章第Ⅰ/4条（监督程序）要求进行的渔船事故调查就是对"船员维持值班标准的能力"的行政调查。同样，外国渔船事故行政调查也与船公司、保险公司、司法机关、仲裁机构以及调解人员对渔船事故进行的调查性质不同。另外，在国内，渔船事故行政调查和行政处理工作是联系在一起并由同一部门进行的，因此我国的有关法规都采用"渔船事故调查和处理"这一术语。在国外，情况有所不同，有些国家与我国一样，而有些国家将渔船事故行政调查与行政处理分成两项独立的工作，由不同的部门进行处理。

由于各国的水上安全管理体制和渔船事故调查与处理的立法有所不同，因此在调查的具体工作中体现出各自的特点。各国需要互相借鉴别国的经验，以取长补短，做好这项工作，确保从渔船事故中吸取教训，增进水上安全。

很多国家都没有对渔船事故调查下定义，但从各国普遍做法来看，正规的渔船事故调查基本上分为两类，即初步调查和正式调查。初步调查一般是在航政管理机关接到渔船事故的报告后立即进行，调查人员需要有专门的任命以具有搜集证据的法定权力，调查工作结束后要撰写并提交渔船事故调查报告书，说明事故经过、事故原因、应吸取的教训以及预防类似事故的措施和建议等。这类调查不是公开进行的，渔船事故调查报告书也不公布。如果初步调查结果表明事故重大或有重要教训值得吸取，就要申请进行正式调查，否则事故的调查工作就以初步调查而结束。正式调查一般是针对重大渔船事故进行的，可以在初步调查工作之后进行，亦可不进行初步调查而直接进行正式调查。正式调查一般是由专门的渔船事故调查机关所组成的事故调查委员会依照专门的渔船事故正式调查法规进行的。这类调查在形式上与法院的调查类似，公开进行庭审调查，调查结果即渔船事故调查报告书要正式公开出版。

在某些国家，在初步调查和正式调查之外还有所谓非正式调查。这类调查一般针对小事故并且是事实和原因都比较简单清楚的事故。调查人员无须专门任命而是作为日常工作去调查。调查后将事故记录在案即可。这类调查在数目和比例上比初步调查和正式调查大得多。

就我国的渔船事故调查法规来说，没有上述调查分类的明确规定。但从渔船事故调查实践看，绝大部分的事故都由渔船事故调查处理人员按渔船事故调查处理规则调查处理，而造成人命或财产巨大损失的极少数恶性海损事故则由国务院或交通运输部专门任命组成的事故调查委员会进行调查处理。但是，不管由谁调查都不公开进行，渔船事故调查报告书也不公布于众。

二、渔业船舶水上安全调查事故的目的

为加强渔业船舶水上安全管理，规范渔业船舶水上安全事故的报告和调查处理工作，落实渔业船舶水上安全事故责任追究制度，渔业安全事故应进行调查。渔业安全事故的调查主要是为了满足四方面的要求。

1. 国际海事组织的要求　国际海事组织是联合国主管水上安全和防止海洋环境污染的专门机构，其工作的目的主要是增进水上安全。在其组织制定的有关国际公约中，对海事调查的目的做了明确的规定，如《1974 年国际海上人命安全公约》《1966 年国际船舶载重线公约》和《1973 年国际防止船舶造成污染公约》等。概括起来，这些公约规定各国政府主管机关进行海事调查的目的就是增进水上人命、财产和环境的安全。国际海事组织 A.849（20）号决议（1997 年 1 月 27 日）海事调查规则中也规定，海事调查的目的是通过调查，核查事故的事实，查明事故的原因和促成因素，防止将来再发生类似的事故。

2. 世界主要海运国家对调查的要求　加拿大运输部海事调查局在其编写的《海事调查手册》中指出海事调查的基本目的是增进水上人命和船舶的安全。例如，美国海岸警备队规则 4（海事调查）中特别指出：海事调查结果在于采取适当措施，以增进水上人命和财产的安全，而不企图确定民事或刑事责任。德国海事调查上诉委员会主席Lamp 博士来我国讲学时指出，海事调查的目的，如所有国家所强调的，是查明事故的原因，从而有助于避免它们将来再发生。总的来说，海事调查的目的是为船舶和人员安全服务。

3. 我国有关海事调查法规的要求　1983 年我国颁布的《中华人民共和国海上交通安全法》规定，海事局负责对海事进行调查处理，即"查明原因，判明责任"。该法第一条规定："为加强海上交通管理，保障船舶、设施和人命财产的安全，维护国家权益，特制定本法。"根据这一基本精神，我国海事调查处理的主要目的是保障海上安全。因此，根据《中华人民共和国海上交通安全法》，1990 年 3 月 3 日发布的《中华人民共和国海上交通事故调查处理条例》，第一条就规定了该条例的目的是加强海上交通安全管理，及时调查处理海上交通事故。同时第四十八条规定国家渔政渔港监督管理机构，在以渔业为主的

渔港水域内，行使本法规定的主管机关的职权，负责交通安全的监督管理，并负责沿海水域渔业船舶之间的交通事故的调查处理。

4. 我国有关渔业水上安全事故法规的要求 2012年我国颁布的《渔业船舶水上安全事故报告和调查处理规定》规定，船舶、设施在中华人民共和国渔港水域内发生的水上安全事故，在中华人民共和国渔港水域外从事渔业活动的渔业船舶以及渔业船舶之间发生的水上安全事故需要调查处理，渔业船舶与非渔业船舶之间在渔港水域外发生的水上安全事故，按照有关规定调查处理。除特别重大事故外，碰撞、风损、触损、火灾、自沉等水上安全事故，由渔船事故调查机关组织事故调查组按本规定调查处理；机械损伤、触电、急性工业中毒、溺水和其他水上安全事故，经有调查权限的人民政府授权或委托，有关渔船事故调查机关按本规定调查处理。任何单位和个人不得阻挠、干涉渔业船舶水上安全事故的报告和调查处理工作。

三、渔业船舶水上安全事故调查的原则和要求

1. 调查原则

（1）尊重科学，实事求是。

（2）以事实为根据，以法律为准绳。

（3）"四不放过"原则。即事故原因未查清不放过，事故责任人未受到处理不放过，事故责任人和周围群众没有受到教育不放过，事故没有制订切实可行的整改措施不放过。

（4）回避原则。回避是防止与事故调查有直接利害关系的人员参与调查工作，防止可能出现的违背客观事实的调查结果。

（5）排除干扰原则。任何单位和个人不得阻碍、干涉事故调查组正常开展调查。

2. 基本要求

事故调查的基本要求就是查明事故原因，判明当事人责任。

（1）查清事故经过。调查人员通过对事故现场的勘察，当事人的陈述记录，第三者的证词，当事人提供的书面材料，对事故原因和经过情况进行整理，去伪存真，用简短的文字精确地表达出事故的经过情况。

（2）找出事故原因。事故原因分析是事故调查的中心环节，渔业船舶水上安全事故，往往缺少第三者，特别是碰撞事故，双方陈述出入较大。因此事故调查的过程就是对造成事故的人的因素、船舶因素、环境因素、管理因素等进行综合分析，用科学的方法客观地揭示出与事故密切关联的各种因素，分析出这些因素相互作用、相互联系的内在关系，找出事故发生的真正原因。进行事故分析时不能把追查责任者作为事故调查的主要目的，更不能按照追查刑事犯罪的程序和方法进行事故调查，若这样将不利于事故原因分析。

（3）吸取事故教训。通过对事故发生过程的调查和事故原因的分析，找出事故发生的原因，使人们从中吸取经验教训，并制定出有效的安全防范措施。通过定期对事故进行综合分析，找出规律性的东西，对于预防和制定相关的防范措施具有重大意义。

四、渔业船舶水上安全事故的调查机构

船舶发生水上交通事故后，由法律授权的渔船事故管理机构代表国家，为维护水上交通秩序、保障水上运输安全、保护公共财产和公民法权益依法进行行政调查。

《中华人民共和国海上交通安全法》规定，船舶、设施发生的交通事故，由主管机关查明原因，判明责任。根据《中华人民共和国海上交通事故调查处理条例》和《渔业船舶水上安全事故报告和调查处理规定》，在港区水域内发生的海上交通事故，由港区当地的渔船事故调查机构进行调查。在港区水域外发生的海上交通事故，由就近港口的渔船事故调查机构或船舶到达的我国的第一个港口的渔船事故调查机构进行调查。渔船事故调查机构认为必要时，可以通知有关机关和社会组织参加事故调查。

各级渔船事故调查机关按照以下权限组织调查：

（1）农业农村部负责调查中央企业所属远洋渔业船舶水上安全事故和由国务院授权调查的特别重大事故，以及应当由农业农村部调查的渔业船舶与外籍船舶发生的水上安全事故。

（2）省级渔船事故调查机关负责调查重大事故和辖区内企业所属、代理或承租的远洋渔业船舶水上安全较大、一般事故。

（3）市级渔船事故调查机关负责调查较大事故。

（4）县级渔船事故调查机关负责调查一般事故。上级渔船事故调查机关认为有必要时，可以对下级渔船事故调查机关调查权限内的事故进行调查。

船舶、设施在渔港水域内发生的水上安全事故，由渔港所在地渔船事故调查机关调查。渔业船舶在渔港水域外发生的水上安全事故，由船籍港所在地渔船事故调查机关调查。船籍港所在地渔船事故调查机关可以委托事故渔船到达渔港的渔船事故调查机关调查。不同船籍港渔业船舶间发生的事故由共同上一级渔业船舶事故调查机关或其指定的渔业船舶事故调查机关调查。

五、渔业船舶水上安全事故调查程序

根据调查需要，渔业船舶事故调查机关有权开展以下工作：

（1）调查、询问有关人员。

（2）要求被调查人员提供书面材料和证明。

（3）要求当事人提供航海日志、轮机日志、报务日志、海图、船舶资料、航行设备仪器的性能以及其他必要的文书资料。

（4）检查船舶、船员等有关证书，核实事故发生前船舶的适航状况。

（5）核实事故造成的人员伤亡和财产损失情况。

（6）勘查事故现场，搜集有关物证。

（7）使用录音、照相、录像等设备及法律允许的其他手段开展调查。

渔船事故调查机关开展调查，应当由两名以上调查人员共同参加，并向被调查人员出示证件。调查人员应当遵守相关法律法规和工作纪律，全面、客观、公正开展调查。未经授权，调查人员不得发布事故有关信息。事故当事人和有关人员应当配合调查，如实陈述

事故的有关情节，并提供真实的文书资料。渔船事故调查机关因调查需要，可以责令当事船舶驶抵指定地点接受调查。除危及自身安全的情况外，当事船舶未经渔船事故调查机关同意，不得驶离指定地点。渔船事故调查机关应当自接到事故报告之日起60天内制作完成水上安全事故调查报告。特殊情况下，经上一级渔船事故调查机关批准，可以延长事故调查报告完成期限，但延长期限不得超过60天。检验或鉴定所需时间不计入事故调查期限。

水上安全事故调查报告应当包括以下内容：

（1）船舶、设施概况和主要性能数据。

（2）船舶、设施所有人或经营人名称、地址和联系方式。

（3）事故发生时间、地点、经过及气象、水域、损失等情况。

（4）事故发生原因、类型和性质。

（5）救助及善后处理情况。

（6）事故责任的认定。

（7）要求当事人采取的整改措施。

（8）处理意见或建议。

渔船事故调查机关经调查，认定渔业船舶水上安全事故为自然灾害事故的，应当报上一级渔船事故调查机关批准。在能够预见自然灾害发生或能够避免自然灾害不良后果的情况下，未采取应对措施或应对措施不当，造成人员伤亡或直接经济损失的，应当认定为渔业船舶水上生产安全事故。渔船事故调查机关应当自调查报告制作完成之日起10天内向当事人送达调查结案报告，并报上一级渔船事故调查机关。属于非本船籍港渔业船舶事故的，应当抄送当事船舶船籍港渔船事故调查机关。属于渔港水域内非渔业船舶事故的，应当抄送同级相关部门。在入渔国注册并悬挂该国国旗的远洋渔业船舶发生的水上安全事故，在入渔国相关部门调查处理后，远洋渔业船舶所属、代理或承租企业应当将调查结果经所在地省级渔船事故调查机关上报农业农村部。渔船事故调查机关应当按照有关规定归档保存水上安全事故报告书和水上安全事故调查报告等调查材料。

此外，对于船舶污染事故的调查，根据《中华人民共和国海洋环境保护法》规定，国务院交通运输主管部门负责所辖港区水域内非军事船舶和港区水域外非渔业船舶、非军事船舶污染事故的调查处理（国家法律、行政法规另有规定的，从其规定）。国家渔船事故管理机构负责指导、管理和实施船舶污染事故调查处理工作。各级渔船事故管理机构依照各自职责负责具体开展船舶污染事故调查处理工作。船舶污染事故调查处理依照下列规定组织实施：特别重大船舶污染事故由国务院或者国务院授权国务院交通运输主管部门等部门组织事故调查处理；重大船舶污染事故由国家渔船事故管理机构组织事故调查处理；较大船舶污染事故由事故发生地直属渔船事故管理机构负责调查处理；一般船舶污染事故由事故发生地渔船事故管理机构负责事故调查处理。

第三节　渔业安全事故原因与责任判定

一、概述

事故调查的最终目的是为了水上安全，要使渔业船舶水上安全事故调查为安全服务，就必须查清渔业船舶水上安全事故发生的原因，这样才能采取有效的安全措施。因此，渔业船舶水上安全事故调查的基本任务就是查明渔业船舶水上安全事故发生的原因，这是航海界和各国水上安全管理部门所公认的，也是各国渔业船舶水上安全事故调查法规中规定的。

要查明事故发生的原因，必须建立在了解和掌握事故发生过程和结果的实际情况的基础上。调查取证并对所有证据进行审查判断就是为了查清事故发生的真实情况，这部分工作非常费时耗力，并且常常遇到种种困难，而查明或分析事故原因也并非易事，往往同一事故因人们的认识不同，而得出不同的结论。针对同一事故事实为什么会有对事故原因的不同认识呢？这是因为人们对因果关系这一哲学上的概念或范畴的认识有差异，也因为人们在实际运用因果关系理论具体分析渔业船舶水上安全事故的原因时考虑问题的角度不同。既然事故及其原因是客观存在的，不以人们的意志为转移，那么就完全可能，并应该对某一具体事故的原因有共同的认识。就渔业船舶水上安全事故原因分析的现状来看，渔业船舶水上安全事故原因分析是一个薄弱环节。即使是对因渔业船舶水上安全事故引起的损害赔偿民事案件的诉讼、仲裁和调解中，对侵权行为的构成要件之一——因果关系也重视不足，其原因似乎应归于长期以来缺乏对这一领域的研究，从而使实践活动难于得到比较完善的理论指导。此外，因果关系既然是哲学上的概念，而哲学有辩证唯物论、机械唯物论和唯心论之分，那么我国与西方国家在对因果关系的认识上必然会出现不一致的情况。因此，掌握辩证唯物主义的因果关系学说，并结合渔业船舶水上安全事故原因分析的具体实践加以运用，是提高渔业船舶水上安全事故调查处理工作水平的重要保证。

二、分析事故原因的思路

为了搞好事故原因的分析，首先，要清楚事故原因分析包含两层含义，其一是指对所有或某类渔业船舶水上安全事故这一整体的原因分析，采用的方法一般是数理统计。其二是对每一起具体渔业船舶水上安全事故的原因做出分析，采取的方法一般是逻辑推理。两者的关系是相辅相成的，只有对每一起事故的原因做出了正确的分析，对所有或某类渔业船舶水上安全事故的整体原因做统计分析才有可能；反之，只有对所有或某类渔船事故的整体原因有全面的了解，对某一具体渔业船舶水上安全事故原因的分析才有知识基础和指导方向。其次，为了进行事故原因的分析，不要机械地运用某类渔船事故统计分析知识，主观推断一起具体渔业船舶水上安全事故的原因，即不要重视了事物的一般性而忽略了事物的特殊性。此外，在分析事故原因时，要将个人的经验和由许多个人经验总结而上升到较为系统的理论知识结合起来。也就是说，要掌握事故原因分析的具体思路去指导具体的工作。只有这样，才能提高事故原因分析的能力与水平。

1. 正确运用因果关系理论与求取因果关系的逻辑方法　分析事故的原因，实际上就是探求事物的因果关系。只有认识了事物的因果关系，才能正确地总结经验，很好地吸取教训，有针对性地采取预防措施。事物的因果关系是客观存在的，要正确认识事物的因果关系，必须正确运用因果关系的理论。探求事物的因果关系是个复杂的认识过程，既包括通过观察、实验和调查以收集事实材料，又包括对事实材料进行比较和分析，应用推理做出结论，最后，还要经过实践的检验。就认识因果关系的科学思维活动来说，基本上有两大步骤：第一步，确定可能的原因（或结果）；第二步，从可能原因（或结果）中探求真正的原因（或结果）。这需要对被研究的现象出现（或不出现）的各种场合进行比较，以排除不是真正原因（或结果）的现象，从而辨认出真正的原因（或结果）。

从过去和目前的国内渔业船舶水上安全事故调查实际情况看，人们在具体分析一起渔业船舶水上安全事故的原因时，多数人还是凭借个人的经验，缺乏具体的思路和原则的指导，而因果关系理论与求取因果关系的逻辑方法从总的原则和基本原理上为人们分析事故的原因提供了指导。

2. 从安全管理角度用系统的观点分析事故原因　系统论的观点是指对事故这一事物或现象不能单从该事物或现象的某一侧面去认识，而应把它当作一个整体或系统来加以考察。从交通工程学的角度看，人-船-交通环境三要素构成了一个交通系统或事故系统。人-船-交通环境中某一个因素或任意两个因素或三个因素相互作用出现问题，就可能导致渔业船舶水上安全事故的发生。当然，也可将人-船-交通环境和管理四个因素构成一个系统，分析涉及渔船公司、港口管理部门等管理与调度指挥不当等因素而发生的事故。

我国多年来渔业船舶水上安全事故调查人员在分析事故的原因时，往往只注重从航海人员的技术操作上找原因，而从人、船、交通环境和管理等各方面找原因的比较少。造成这一现象主要是由于我国渔业船舶水上安全事故调查处理的历史所决定的，归纳起来有3方面的原因：

（1）过去调查处理是以解决民事纠纷为主要目的。渔业船舶水上安全事故引起的民事纠纷，就民法学或海商法的理论来说属于侵权行为这一民事责任的损害赔偿问题，而构成侵权行为的要件之一，就是行为人必须有过失或违法行为。显而易见，在处理渔业船舶水上安全事故引起的民事纠纷时，分析事故原因或查明事故原因必然将注意力集中在行为人（在渔业船舶水上安全事故中通常是船员）身上。

（2）渔业船舶水上安全事故调查人员还负责确定渔业船舶水上安全事故引起的行政违法责任，分析事故原因也必然把注意力集中在船员是否违反行政管理法规上。

（3）在分析渔业船舶水上安全事故时缺乏系统的观点，这样就不可能全方位地分析事故的原因。

在渔业船舶水上安全事故调查处理中，由于涉及当事人的违法责任，必然要在当事人方面找原因，这是正确的。然而，渔业船舶水上安全事故调查处理属于行政管理性质，主要目的在于增进和保障海上安全。因此，在分析或查明事故原因时，首先应从安全监督这一角度出发，从人-船-环境和管理等各方面分析事故的原因。国际渔船事故组织制定的国际公约、决议、指南和各国海上交通监督管理机关制定的国内交通安全管理法规文件都涉及人（船舶配员、培训、考试发证等）、船（结构、强度、性能、机器与设备等）、货（分类、处置、配载、运输保管等）、环境（港口与航运规划设计、助航标志与设施、天气和水文预报）和管理（操作规则、管理程序等）。这也说明发生事故的原因存在于交通系统或渔业船舶水上安全事故系统的各个因素及其相互作用诸方面。总而言之，渔业船舶水上安全事故调查处理人员在分析事故原因时一定要在调查分析渔业船舶水上安全事故时放开眼界，避免过去在不同程度上自觉不自觉地过分注重船员过失和违章的单纯观点，用系统论的观点分析或查明事故原因，全方位地吸取事故教训，提出全方位的渔业船舶水上安全事故预防措施，这样，渔业船舶水上安全管理工作才能全面加强。

3. 采用理论性和逻辑性强的方法分析事故原因　虽然在事故原因分析上缺乏具体的原则和方法，但是某些参考文献中确实提出了一些理论性和逻辑性较强的分析事故原因的方法和思路，值得人们在做具体工作时认真借鉴。这些分析事故原因的方法与思路主要是事故链（原因链）、多米诺理论和因果关系图等。

（1）事故链（chain of events）。任何一个事故的发生都经历一个过程，渔业船舶水上安全事故也不例外，这是世界上任何一种事物或现象发展变化的客观规律。虽然不同类型、不同性质的事故过程的时间长短和变化的复杂程度不一样，但是都要经历所谓萌生期、发展期、形成期或初期、中期、后期各个阶段。在事故发生的整个过程中，随着时间的推移，发生了一系列事件，最后一个事件就是事故结果。有人将事故过程概念归纳为事故链或事件链的概念，以利于揭示事故发生的过程及原因。它属于事件链中必不可少的第一环，结束于事件链的最后一环（事故的直接原因）。这一思路也是基于事故链的概念，又可称为原因链（chain of causes）。

（2）多米诺理论。美国学者 Heinrich 早就提出了事故因果关系的多米诺理论。其基本理论虽经多次修正，但至今仍在说明事故因果关系方面起一定的作用。Heinrich 将事故因果关系的多米诺骨牌按顺序排列。

按照这一理论，工业事故中的因果关系如下：

① 由于发生工业事故才导致人员伤亡；

② 工业事故的发生是由于人的不安全行为和物质的不安全状态；

③ 不安全行为和不安全状态出自人的失误；

④ 人的失误是由于所处的环境或遗传性质而产生的。

如果从多米诺骨牌中抽出某一个，则事故多米诺骨牌的连锁反应在该处停止，以后的多米诺骨牌就不会倒下。多米诺理论与事故链（原因链）的区别是，前者认为最终结果的产生仅由于前一个原因的作用（依次转化作用），而不是由于前几个原因的叠加作用；后者则可解释为最终结果的产生有 3 种情况：其一，如同多米诺理论的依次转化作用；其二，是由于前几个原因的叠加作用；其三，是依次转化作用和叠加作用的综合。然而，事故链表现上只反映出诸多原因的叠加作用。

三、事故原因的分类

为了很好地认识渔业船舶水上安全事故的原因，并且抓住原因的关键方面，以便恰当地根据渔业船舶水上安全事故的原因确定当事人的法律责任以及有重点地提出预防渔船事故再次发生的各种措施的安全建议，有必要对事故原因在性质上进行分类。综观国内外对渔业船舶水上安全事故案例的分析，特别是对渔业船舶水上安全事故原因的分析，事故原因按性质分类的主要做法可归纳如下。

1. 条件和原因　条件（condition）是指影响事物发生、存在或发展的因素。原因（cause）是指造成某种结果或引起另一件事情发生的条件。从概念上分析，条件是个大范畴，它包括原因；原因是个小范畴，它属于条件中的一个种类。有人认为，如果没有前因就没有后果，故一切条件都是原因的条件，对因果关系的这种认识是范围很宽的。也有人认为，并非一切条件都是原因，而是对结果的发生有重要影响的条件才是原因，对因果关系的这种认识是范围比较窄的。就预防渔业船舶水上安全事故、保障水上安全的根本目标而言，在分析渔业船舶水上安全事故时，首先要抓住事故的原因，其次要了解事故的条件，以便全面杜绝渔业船舶水上安全事故的隐患和苗头。

2. 直接原因和间接原因　直接原因（direct cause）是指事故原因中不经过中间事物而起作用的原因；间接原因（indirect cause）是指事故原因中经过中间事物才起作用的原因。这里所说的中间事物也是属于或构成事故原因的事物。直接原因和间接原因的相互关系近似于原因和条件的相互关系。有人将排在事故链上的原因统称为直接原因，而将事故链外的原因统称为间接原因。需要注意，直接或间接不是指构成事故原因的事物或事件在空间或时间上与事故相接的远近，而是指该事物或事件对事故发生所起作用的大小强弱。

3. 主观原因和客观原因　主观原因（subject cause）是指人的自我意识方面的原因；客观原因（object cause）是指人的意识之外不依赖意识而存在的原因。主观原因和客观原因是从人的因素和外界因素两方面探求事故发生规律而提出的。中国航海学会理事长彭德清在全国第一次预防海损事故学术讨论会的总结报告中指出，发生海损事故有两种原因：

（1）人的原因。由于人的原因而发生的海损事故有两种情况：一种是由于航海科技工作者的业务技术水平不适应航海安全需要造成的；另一种则是由于船员工作责任心不强、不遵守规章制度、不讲科学态度以致麻痹大意而发生海损事故。

（2）大自然的原因。可以从两个方面来分析：

① 所谓"天有不测风云"，这些非人为所造成的、非人力所能抗拒的海损事故是自然事故；

② 海损事故从表面上看是由于恶劣的气候条件造成的，但究其实质却是人为造成的。由于大自然的原因发生的海损事故是为数不多的，而绝大部分海损事故是人为的原因和主观的失误所造成的。这种看法是对主观原因和客观原因的具体描述。从系统论的观点出发，主观原因可称为人的原因，而客观原因则包括船舶原因和环境原因。

4. 主要原因和次要原因　主要原因（primary cause）是指导致渔业船舶水上安全事故发生的数个原因中最重要的原因；次要原因（secondary cause）是指这数个原因中次重要的原因。区分主要原因和次要原因，不仅有利于掌握吸取事故教训的重点，确定事故引起的法律责任的大小，而且有利于抓住防范事故的关键。就辩证唯物主义的观点看，在复杂事物、系统的发展过程中，有许多矛盾同时存在，互相交织着，构成一个复杂的矛盾体系。在这个体系中，这些矛盾互相作用、互相制约，形成一种合力，推动着事物、系统的发展。但是，它们的地位和作用是各不相同的，其中有一种主要矛盾，居于支配地位，起着主导的、决定的作用，其余的矛盾则属于非主要矛盾，处于次要的、从属的地位。因此，必须集中力量抓住主要矛盾。主要矛盾解决了，其他矛盾就比较容易解决。同理，每一矛盾的两方面必有一方居于支配地位，起着主导作用，成为主要矛盾方面；另一方则处于被支配地位，起着次要作用，成为非主要矛盾方面。因此，必须抓住主要矛盾方面，抓住本质和主流，反对不分主次的均衡论。这一哲学观点是指导分析渔业船舶水上安全事故原因的有力工具。

5. 最终原因和近因　最终原因（immediate cause）和近因（proximate cause）是英国、美国等西方国家法律著作中关于因果关系学说中采用的基本概念。前者亦被译成直接原因或近因，后者亦被译成直接原因或主要原因。事实上，国外法律对两者的定义或解释亦有一些出入。一般 immediate cause 被认为是原因链上的最后一个原因，无须其他原因介入而直接产生事件的结果。在导致事件结果的诸原因中，它在时间和空间上是与事件结果最接近的原因。鉴此，本书将其译为最终原因。proximate cause 在国外法律辞典上解释为 dominant cause（主要原因，属有支配地位的原因）或 efficient cause（直接生效的原因，有能力的原因）。它被认为是在导致事件结果的性质上或作用上与事件结果最接近。虽然它在时间和空间上并不与事件结果最接近，但是没有它，事件结果不会发生。因此，本书将其译为近因，以与最终原因相区别。在这一个事件原因链中，可能会有两三个 proximate cause，但只有一个 immediate cause。国外法律常用下例说明两者的区别：一个醉汉坠入水中淹死，喝醉酒是其死亡的 proximate cause（近因或主要原因），而溺水窒息则是其死亡的 immediate case（最终原因或直接原因）。

6. 原因和可能的原因　原因（cause）与可能原因（probable cause）这一对术语是从证据学角度来说明事故的原因的。通过事故调查所获得的充分而直接的证据确定出的原因称为事故的原因；凭借不太充分或间接的证据加以分析判断或推测出的原因称为事故的可能原因。两者的区别可用下例说明：在法律上，船舶发生事故后，找到遇难者遗体的可以其遗体作为证据确定其死亡，而对找不到遇难者遗体的只能认为其失踪。以当时不存在其被救助的可能性（如当时海水温度很低，人落水几小时就不能生存等分析）来认定遇难者死亡是不充分的。虽然事故后某人下落不明满两年，可申请人民法院宣告其死亡，但是这种宣告的死亡与上述的死亡在性质或概念上是不相同的。虽然从哲学上来说，万事有因，但是从实际情况看，由于种种条件限制或工作中的失误，很可能搜集不到或没搜集到充分的、直接的证据来证实某起渔船事故的原因，而只能用不充分的、间接的证据来推断这起渔船事故的原因。然而，这一推断出的原因，严格来说不能称为事故的原因，而只能称为事故的可能原因。从安全管理的角度看，应该这样做，以便尽可能很好地从事故中吸取教训并提出防范措施。然而，在确定当事人的违法责任时，推断出的事故的可能原因都不能构成行政、民事或刑事法律责任的成立，因为"以事实为根据"是社会主义法制的基本原则。除了上述事故原因分类外，在国内外渔业船舶水上安全事故案例分析中，常常见到所谓根本原因、基本原因、重要原因、首要原因、决定性原因等提法。实际上，这些提法大都可以归类于上述的主要原因、直接原因或近因中去。然而，出现这些提法的本身表示出人们在渔船事故原因分析中强调要抓主要矛盾及抓矛盾的主要方面的基本原则。

四、事故责任认定

渔政渔港监督管理机构通过对渔业船舶水上安全事故的调查，在查明事故发生的经过情况、引起事故的原因及人员伤亡和财产损失后，必须对事故的责任做出认定。

1. 责任认定的依据 事故责任认定的准确与否，除取决于事故调查期间的证据收集是否客观、公正、全面、充分外，还与认定责任所依据的法律、法规是否恰当有关。根据事故的性质不同，事故责任认定的依据有所差别。

(1)《1972年国际海上避碰规则》。《1972年国际海上避碰规则》是1972年10月20日签订于英国伦敦的《1972年国际海上避碰公约》的附件。1980年1月7日，我国政府向国际海事组织秘书长交存加入书，同日公约对我国生效。《1972年国际海上避碰规则》是船舶海上航行避让的准则，也是处理海上碰撞事故的主要法律依据之一。《1972年国际海上避碰规则》共分5章38条和4个附录。第一章"总则"部分，有适用范围、责任和一般定义3个条款。第二章"驾驶和航行规则"分成3节，第一节"船舶在任何能见度情况下的行动规则"由瞭望、安全航速、碰撞危险、避免碰撞的行动、狭水道和分道通航制等条款构成；第二节"船舶在互见中的行动规则"由帆船、追越、对遇局面、交叉相遇局面、让路船的行动、直航船的行动和船舶之间的责任等条款构成；第三节为"船舶在能见度不良时的行动规则"。第三章"号灯和号型"共有12个条款，规定了号灯和号型的适用范围、技术要求及各类船舶在不同的状态下应显示的号灯和号型。第四章"声响和灯光信号"规定了声号设备及其操纵、警告信号、能见度不良时使用的声号、招引注意信号和遇险信号。第五章"豁免条款"，对于在规则生效前安放龙骨或处于相应建造阶段的任何船舶，可在一定时期内免除或永远免除其达到某些技术要求的责任。4个附录分别是"号灯和号型的位置和技术细节""在相邻处捕鱼的渔船额外信号""声号器具的技术细节"和"遇险信号"。

(2)《渔船作业避让条例》。农业部于1983年9月20日颁布了《渔船作业避让暂行条例》（2007年更名为《渔船作业避让条例》），弥补了《1972年国际海上避碰规则》对渔业船舶在海上从事捕鱼作业时相互之间避让责任规定的不足，对维护渔场作业秩序、解决海上网具纠纷起到了很好的作用。它是我国在海上作业的渔船间发生事故时的处理依据。《渔船作业避让条例》规定了拖网渔船、定置网渔船、漂流渔船和围网渔船之间的避让关系，以及各类渔船在不同的作业阶段相互之间的避让关系，同时规定了能见度不良时捕捞渔船的行动规则以及号灯、号型和灯光信号等。

(3)《渔业船舶航行值班准则（试行）》。《渔业船舶航行值班准则（试行）》规范了渔业船舶的值班行为，保障渔业船舶航行作业的安全，防止发生渔业船舶水上安全事故。《渔业船舶航值班准则（试行）》由"总则""航行及捕捞作业""锚泊值班""交接班""轮机和无线电值班"共5章25条，以及航海日志记载规则与轮机日志记载规则2个附件组成。在规范了渔业船舶船长应当履行的职责，航行与捕捞作业值班、锚泊值班、轮机值班和无线电值班的要求与注意事项，交接班的内容及注意事项等行为的同时，也明确了渔业船舶因航行值班存在缺陷导致发生事故后所应当承担的法律责任。

(4) 港章与港口国际信号。港章与港口信号，都是为了维护港口航行作业秩序，保障港内船舶航行、作业的安全而做出的规定。船舶在港内航行作业中，若违反港口港章或港口信号规定，导致发生事故的，就要承担相应的责任。

① 港口港章。港口港章（或港口管理办法）是特定港口的管理规定，所有船舶在进出该港时都必须遵守港口的管理规定。值得重视的是，在执行港章与执行海上避碰规则发

生冲突时，应执行港口港章的规定。这一点与通常在执行大法与小法产生不一致时，应执行大法条款的规定是有所区别的。

② 国际信号。国际信号是各国船舶间为了沟通联络，促进航行作业的安全和海上救援行动，按照国际协议统一使用的航海信号，包括各种通信方式程序、遇难求救信号、国际信号简谱等。船舶通信包括视觉通信、无线电通信、数字通信和卫星通信等方式。

a. 视觉通信是在视觉范围内，用肉眼（或借助望远镜）接收信号的一种通信方式。视觉通信包括手旗或手臂通信、旗号通信、灯光通信、烟火通信、形体通信和音响通信等。

b. 无线电通信是利用电波在空中传播的方式将书面消息编成电码并远距离传递的通信方式。

c. 卫星通信是利用人造卫星作为中继站来转发无线电波，在两个或多个地面站之间所进行的通信。它具有通信距离远、覆盖面广、通信容量大、机动灵活性强、传播稳定可靠、通信质量高和易于多址连接等优点。

d. 声号通信是用汽笛、传声筒、扩音器和炮声等音响器材来表示预定的信号和通信。

③ 港口信号。港口信号是港口主管机关根据港口的自然环境，从有利于船舶航行作业安全出发而设置的警示信号规定。交通部根据《1969 年国际信号规则》的规定，制定了《交通部沿海港口信号规定》，于 1977 年 6 月 1 日零时起正式施行。《交通部沿海港口信号规定》对船舶信号、船舶检疫信号、泊位信号、交通注意信号、机动船声号、国际通语信号旗及摩氏符号字母旗、风情信号和强风信号等做了通行规定。各港口在执行相关规定时，若受客观环境制约和其他原因难以实施时，港口主管机关可以制定特定信号，以促进港口的安全。

（5）操作规程。渔业船舶水上安全操作规程，是渔业工作者在长期的工作实践中积累起来的宝贵财富，它对于预防事故，促进渔业生产安全，起着法律、法规无法替代的作用。渔业船舶水上安全操作规程是根据生产作业岗位、生产设施而制定的安全守则，如航行值班驾驶守则、轮机值班守则、恶劣天气航行值班守则、复杂航区航行守则、明火作业守则、交接班守则、起放网守则、起抛锚守则、离靠泊守则、起吊渔获物守则、临水作业守则、安全设置保障守则等。这些守则，都是从安全生产的角度出发，规范作业行为。这些守则虽不是法律，但渔业从业者在从事相关渔业活动时必须遵守，若违反了这些规范而导致渔业船舶水上安全事故的，当事人就要承担相应的责任。

2. 责任认定的方法　导致事故发生的原因是多方面的，但驾驶人员的瞭望疏忽、判断失误和操纵处置不当等主观方面的因素是造成事故的直接原因，当然也有受自然条件或设备限制等客观方面的因素，甚至有些事故的发生受客观条件限制，连航海专家也无法查明事故的真实原因，总之，就是情况极其复杂。尽管如此，事故调查人员通过对特定事故的调查，在查明事故发生的基本情况后，可对事故的责任认定做出结论。

（1）水上碰撞事故。船舶之间的碰撞事故发生在海上的，应以《1972 年国际海上避碰规则》为依据；船舶之间的碰撞事故发生在内河水域时，应以《中华人民共和国内河交通安全管理条例》和《中华人民共和国内河避碰规则》为依据；碰撞事故发生在港内，要以港口章程、港口管理规定等为依据，港口管理规定中未涉及事项，沿海港口参照海上碰撞事故责任认定的依据，内陆水域参照内河水上碰撞事故责任认定的依据。同时参照《渔业船舶航行值班准则（试行）》。

（2）渔业船舶在捕捞作业过程中发生的碰撞事故，应以《渔船作业避让条例》为依据。

（3）船舶触礁、搁浅、火灾及其他事故的责任认定，除前述的有关规定外，地方渔业行政主管部门及渔业基层管理组织制定的制度类管理规定，也可作为事故责任认定的依据。

（4）污染事故的责任认定以《中华人民共和国海洋环境保护法》和《中华人民共和国水污染防治法》为依据。

（5）生产作业事故的责任认定，以安全操作规程和企业管理规定作为依据。

（6）因安全设施、设备不齐全或无法正常使用，各种证书证件不齐备而违章作业所导致的事故的责任认定，以渔业港航法规为依据；对渔业企业及相关的管理者的责任认定，以《中华人民共和国安全生产法》为依据。事故的发生往往由综合因素造成的，认定时应根据的实际情况，依据相关法律法规进行处理。

3. 责任认定注意事项

（1）碰撞。

① 因意外、不可抗力或原因不明引起的碰撞事故。这类碰撞事故的发生不是某方的故意行为或过失行为所造成的，因此碰撞各方只承担自身船舶所受的损害，而不承担他方船舶、设施损害的赔偿责任。

② 一船过失引起的碰撞事故。如在航船舶碰撞系泊于码头或浮筒的船舶，以及船舶碰撞航道固定设施如桥梁、码头设施等，引起碰撞的原因是在航船舶未能按照避碰规则、港章或良好船艺的要求进行操纵，过失船舶应承担事故的全部责任。

③ 互有过失造成的碰撞事故。这类事故占碰撞事故总量的90％以上，根据当事方过失程度的大小承担相应的责任。

（2）触损。触礁、搁浅事故，主要系驾驶人员航线走错、看错灯标、对潮汐或风流的影响估计不足，或海图作业错误、操作不当等，当班驾驶人员应承担事故的责任。

（3）火灾。船舶火灾的发生主要是管理问题，引起火灾事故的直接原因查明后，除当事人承担事故的主要责任外，船舶管理者也应承担相应的管理责任。

（4）风损。不及时回港避风而冒险作业造成风损事故的，船长和船舶所有人应承担事故的责任；若因机械设备故障或未能及时获取大风信息发生风损事故的，船舶不能及时回港避风的，船舶所有人应承担相应责任。

（5）船舶失踪。通讯保障的缺陷造成的未能及时组织救助而发生船舶失踪的，船舶所有人应承担直接责任；船舶因超载、装载不当、船体漏水等原因造成船舶沉没的，船长应当承担相应责任。

（6）船员落水失踪。因救生设备配备不到位造成船员落水失踪的，船舶所有人应承担主要责任；因失踪者未按规定使用救生设备的，船长应承担管理责任；因当事人未参加安全技能培训而不会使用救生设备的，船舶所有人和船长均应承担相应责任。

（7）中毒、触电。渔业船舶水上安全事故中，中毒事故主要是渔获物变质产生有毒有害气体而导致船员的中毒伤亡。船舶管理中对可能发生的渔获物变质应当有所警界，否则负责渔获物管理的船副应承担管理疏忽责任。对于触电事故，当事人违反用电管理规定，责任主要在当事者；船长、轮机长或船舶所有人强行指令当事人违章操作，则主要责任就在前者。

（8）机械伤害。机械伤害事故，若因设备配备存在安全缺陷，船舶所有人承担主要责任；因船员操纵不当导致的机械伤害事故，当事人负直接责任，船长负领导责任。

第四节　渔业安全事故处理程序

一、事故调查处理的主要任务和原则

1. 事故调查处理的主要任务　根据《渔业船舶水上安全事故报告和调查处理规定》，事故调查处理的主要任务是：

（1）查清事故原因。这是事故调查处理的首要任务，也是进行下一步调查处理工作的基础。调查人员应通过对事故现场的勘察、当事人的陈述、现场人员的证词，收集相关资料，弄清事故的经过，并对造成事故的人的因素、船舶因素、环境因素、管理因素等进行综合分析，用科学的方法客观地揭示与事故密切关联的各种因素，分析出各种因素相互作用、相互联系的内在关系，找出事故发生的真正原因。事故原因可能是自然因素原因，也可能是人为因素原因，或者是自然因素和人为因素共同造成，即所谓"三分天灾，七分人祸"。但无论什么原因，都要予以查明。

（2）查明事故的性质，认定事故的责任。事故性质是指事故是人为事故还是自然事故，是意外事故还是责任事故。查明事故性质是认定事故责任的基础和前提。如果事故纯属自然事故或者意外事故，则不需要认定事故责任。如果是人为事故和责任事故，就应当查明哪些人员对事故负有责任，并确定其具体责任。事故责任有直接责任，也有间接责任，还包括同等责任。此外，对有关行政管理部门的有关负责人来说，还有领导责任的问题。

（3）总结事故教训，提出整改措施。这是事故调查处理的重要任务和内容之一，也是事故调查处理的最根本目的。通过查清事故原因，总结事故的教训，提出并落实有效的整改措施，方可预防和避免今后再发生类似事故。同时，这也是贯彻落实"安全第一，预防为主，综合治理"的安全生产根本方针的内在要求和具体体现。

（4）依法追究事故责任者的责任。生产安全事故责任追究制度是我国生产领域一项基本制度，通过事故调查，对事故责任者应负的责任的认定，并对事故责任人分别提出不同的处理建议，使有关责任者受到合理处理，这对于增强有关人员责任意识和工作责任心，预防事故再次发生，具有重大意义。

2. 事故调查处理应坚持的原则

（1）实事求是的原则。实事求是是唯物辩证法的基本要求。这一原则有几个方面的含义。一是必须全面彻底查清生产安全事故的原因，不得夸大事故事实或缩小事实，不得弄虚作假；二是一定要从实际出发，在查明事故原因的基础上明确事故责任；三是提出处理意见要实事求是，不得从主观出发，不能感情用事，要根据事故责任划分，按照法律法规和国家有关规定对事故责任人提出处理意见；四是总结事故教训、落实事故整改措施要实事求是，总结教训要准确、全面，落实整改措施要坚决彻底。

（2）尊重科学的原则。尊重科学是事故调查处理工作的客观规律。生产安全事故的调查处理具有很强的科学性和技术性，特别是事故原因的调查，往往需要做很多技术上的分析和研究，利用很多技术手段。尊重科学，一是要有科学的态度，不主观臆想，不轻易下结论，防止个人意识主导，杜绝心理偏好，努力做到客观、公正；二是要特别注意充分发挥专家和技术人员的作用，把对事故原因的查明、事故责任的分析和认定建立在科学的基础上。

（3）"四不放过"原则。即事故原因未查清不放过，事故责任人未受到处理不放过，有关人员未受到教育不放过，整改措施未落实不放过。

（4）回避原则。回避是防止与事故调查处理查有直接利害关系的人员参与调查工作，防止可能出现的违背客观事实的调查结果。坚持回避原则，也是保证事故调查处理程序正当和调查处理行为合法的内在要求。

（5）排除干扰原则。为保证事故调查处理的依法、顺利进行，必须从制度上排除一切干扰和阻力。《生产安全事故报告和调查处理条例》第七条及《渔业船舶水上安全事故报告和调查处理规定》第七条均做出任何单位和个人不得阻挠、干扰安全事故的报告和调查处理的禁止性规定，违反该规定，依法应当承担相应的法律责任。因此，对在调查处理过程中，来自各方面的阻挠、干扰对事故的依法调查处理的，应当予以排除。当然，如果事故调查处理存有不合法或不当情形，有关方面提出的意见建议，有关人民政府要求纠正的，不属于阻挠和干扰对事故依法调查处理。

（6）调查工作应遵守和执行下列基本要求：

① 调查机关开展调查，必须由两名以上调查人员共同参加，并向被调查人员出示证件。

② 调查人员应当遵守相关法律法规和工作纪律，全面、客观、公正开展调查。

③ 调查人员应当诚信、公正、恪尽职守，遵守调查工作纪律，保守事故调查秘密。

④ 调查机关应当自接到事故报告之日起60天内制作完成水上安全事故调查报告。特殊情况下，经上一级渔船事故调查机关批准，可以延长事故调查报告完成期限，但延长期限不得超过60天。

⑤ 事故调查中发现涉嫌犯罪的，渔船事故调查机关应当及时将有关材料或者其复印件移交司法机关处理。

二、受案范围

受案范围是指渔船事故调查机关受理调查处理的渔业船舶水上安全事故的范围。它旨在明确哪些渔业船舶水上安全事故由渔船事故调查机关负责调查处理的问题。根据《生产安全事故报告和调查处理条例》《中华人民共和国渔港水域交通安全管理条例》《中华人民共和国内河交通安全管理条例》和《渔业船舶水上安全事故报告和调查处理规定》，渔船事故调查机关受理调查处理的渔业船舶水上安全事故的范围是：

（1）船舶、设施在中华人民共和国渔港水域内发生的特别重大事故等级以下的碰撞、风损、触损、火灾、自沉等水上安全事故。

（2）在中华人民共和国渔港水域外从事渔业活动的渔业船舶以及渔业船舶之间发生的特别重大事故等级以下的碰撞、风损、触损、火灾、自沉等水上安全事故，但不包括渔业船舶与非渔业船舶之间发生的碰撞事故。

（3）经有调查权的人民政府授权或委托调查处理的机械损伤、触电、急性中毒、溺水和其他渔业船舶水上安全事故。

对不属于渔船事故调查机关上述受案范围的水上安全事故，渔船事故调查机关不予受理调查处理，并应告知其不予受理的理由和应报告的部门，已经受理的，应按规定移送有关职能部门。

三、组织调查处理

渔船事故调查机关接到事故报告后，对属于本调查机关受理权限和受案范围的水上安全事故应当及时组织事故调查。调查应根据事故调查的法定职责、任务，围绕事故调查报告的法定要求进行，具体做法：

1. 成立事故调查组　渔业船舶水上安全事故发生后，应当遵循精简、效能原则，依法成立事故调查组。调查组成员应由具备航海或轮机专业知识，熟悉渔业船舶水上安全事故调查处理的渔政渔港监督管理机构工作人员参加，事故调查组还可以聘请有关专家参与调查。事故调查组组成人员根据事故的性质和等级确定，但不能少于 2 人。

2. 调查取证　调查组织成立后当及时组织调查取证，收集与事故有关的证据，防止事故现场、相关证据受到人为破坏或毁灭，防止当事人和其他有关人员的互相串通。实务中，事故调查取证工作应紧紧围绕以下几方面进行：

（1）要求当事人提交渔业船舶水上安全事故报告书。

（2）了解、核实事故发生的经过。包括：①事故发生时事故渔船作业状况；②事故发生的具体时间、水域及事故发生时的气象、水域情况；③事故现场状况及现场保护情况；④事故发生后采取的应急处理措施情况；⑤事故报告经过；⑥事故抢救及救援情况；⑦善后处理情况；⑧其他与事故发生经过有关的情况。

（3）了解、核实事故发生的原因。包括直接原因、间接原因和其他原因。

（4）证书、证件核查。通过核查渔业船舶所有权证书、登记证书、船舶检验证书、捕捞许可证、职务船员适任证书、普通船员的基础训练或专业训练合格证等，以了解事故发生前船舶的适航状况以及水上设施的技术状况。

（5）询问事故当事人、目击证人及相关第三人，制作事故调查笔录。

（6）核查当事船舶的航海、轮机、报务日志、车钟记录等原始资料，以及航海、船舶资料及有关仪器的文书资料和证明材料。

（7）勘察事故现场，制作勘验笔录。重点是固定船舶损害部位的证据和收集渔船船体、船上设施设备受损情况的证据材料。事故现场摄影、摄像要充分表达事故现场全貌，反映事故现场在周围环境中的位置、事故现场各部分之间的联系和事故直接损坏情况。对现场勘察情况，绘制的事故损失草图，应尽量反映出事故损害的实情，并注明现场勘察时间。对于图表难以表述的部分，可以附加文字说明；勘察员、绘图员应当签名或盖章；当事人在现场的，要求其签字，当事人不在现场或者无能力签字的，应当由见证人签名或者盖章；无见证人或者当事人拒绝签字的，应在笔录中注明。

（8）委托有关部门对船舶、设施发生的损害进行鉴定，并收取鉴定报告副本。

（9）核实船舶损失情况和人员伤亡情况。

（10）收集其他与事故有关的证明材料。

3. 损害鉴定　损害鉴定由船舶所有人或经营人、船长依下列原则向有关机构提出，并将鉴定结论的副本递交调查机关，检验和鉴定所发生的费用由申请人支付，其费用可纳入事故总损失。

（1）船舶发生的损害。应向事故调查地的渔业船舶检验机构申请公正检验，也可以申请调查机关委托有关部门进行鉴定。

（2）火灾事故。申请公安、消防机构进行鉴定。

（3）人员伤残申请县级以上医疗鉴定机构进行医学鉴定。

（4）涉及技术性较强的仪器、设备的损坏。应向调查机关认可的相关技术部门申请鉴定。

（5）委托鉴定，须注意鉴定机构和鉴定人员必须持有相应的鉴定任职资格。

4. 事故处理　对渔业船舶水上安全事故负有责任的人员和船舶、设施所有人、经营人，由渔船事故调查机关依据有关法律法规和《中华人民共和国渔业港航监督行政处罚规定》给予行政处罚，并可建议有关部门和单位给予处分。对渔业船舶水上安全事故负有责任的人员不属于渔船事故调查机关管辖范围的，渔船事故调查机关可以将有关情况通报有关主管机关。根据渔业船舶水上安全事故发生的原因，渔船事故调查机关可以责令有关船舶、设施的所有人、经营人在限期内加强对所属船舶、设施的安全管理。对拒不加强安全管理或在期限内达不到安全要求的，渔船事故调查机关有权禁止有关船舶、设施离港，或责令其停航、改航、停止作业，并可依法采取其他必要的强制处置措施。渔业船舶水上安全事故当事人和有关人员涉嫌犯罪的，渔船事故调查机关应当依法移送司法机关追究刑事责任。

四、事故调查处理中的法律责任追究

每一起渔船事故的发生往往伴随着当事方和当事人的违法事实。违法是指当事方和当事人违反法律规定从而给社会造成某种危害的有过错行为。例如，违章航行造成的事故。违法依其性质与危害的程度不同，可分为刑事违法（犯罪）、民事违法和行政违法，违法者则应分别追究各种责任。在进行渔业船舶水上安全事故调查后，要确定当事方及人员有无行政违法，如果有，则追究其行政责任，并给予行政处罚。

《渔业船舶水上安全事故报告和调查处理规定》第二十七条规定："对渔业船舶水上安全事故负有责任的人员和船舶、设施所有人、经营人，由渔船事故调查机关依据有关法律法规和《中华人民共和国渔业港航监督行政处罚规定》给予行政处罚，并可建议有关部门和单位给予处分。对渔业船舶水上安全事故负有责任的人员不属于渔船事故调查机关管辖范围的，渔船事故调查机关可将有关情况通报有关主管机关。"第二十九条规定："渔业船舶水上安全事故当事人和有关人员涉嫌犯罪的，渔船事故调查机关应当依法移送司法机关追究刑事责任。"据上述规定，对事故责任者的法律责任追究包括给予行政处罚、行政处分和追究刑事责任 3 种追究形式。

（1）对违反渔港水域交通安全管理法律规范造成水上安全事故的，依据《中华人民共和国渔港水域交通安全管理条例》《渔业船舶水上安全事故报告和调查处理规定》和《中华人民共和国渔业港航监督行政处罚规定》，对有关责任人员给予行政处罚；属于国家工作人员的，并可建议有关部门和单位给予行政处分。

① 违反港航法律法规造成水上交通事故的，对船长或直接责任人按以下规定处罚：造成重大事故的，予以警告，处以 1 000 元以上 3 000 元以下罚款，扣留其职务船员证书 3～6 个月；造成一般事故的，予以警告，处以 100 元以上 1 000 元以下罚款，扣留职务船员证书 1～3 个月。

事故发生后，不向渔政渔港监督管理机关报告、拒绝接受渔政渔港监督管理机关调查或在接受调查时故意隐瞒事实，提供虚假证词或证明的，从重处罚。

2000 年农业部颁布的《中华人民共和国渔业港航监督行政处罚规定》所依据的事故等级分类与 2007 年国务院颁布的《生产安全事故报告和调查处理条例》规定的事故等级不一致，还有待修改完善。

② 违反港航安全管理规定，发现有人遇险、遇难或收到求救信号，在不危及自身安全的情况下，不提供救助或不服从渔政渔港监督管理机关救助指挥，或者发生碰撞事故，接到渔政渔港监督管理机关守候现场或到指定地点接受调查的指令后，擅离现场或拒不到指定地点的，对船长处 500 元以上 1 000 元以下罚款，扣留职务船员证书 3～6 个月；造成严重后果的，吊销职务船员证书。

③ 船舶发生事故，未按规定时间向渔政渔港监督管理机关提交渔船事故报告书，或者渔船事故报告书内容不真实，影响海损事故的调查处理工作的，对船长处 50 元以上 500 元以下罚款；发生涉外渔船事故，有上述情况的，从重处罚。

（2）违反渔业船舶检验管理法律规范造成水上安全事故的，依据《中华人民共和国渔业船舶检验条例》对事故渔业船舶所有人或经营人，按下列不同情形给予行政处罚；属国家工作人员的，并可建议有关部门和单位给予行政处分。

① 事故渔业船舶未经检验、未取得渔业船舶检验证书擅自下水作业的，没收该渔业船舶。

② 事故渔业船舶未在规定和限定期限内申报营运检验的，处 1 000 元以上 10 000 元以下罚款。

③ 事故渔业船舶有下列情形之一的，处 2 000 元以上 20 000 元以下的罚款；正在作业的，责令立即停止作业；拒不改正或者拒不停止作业的，强制拆除非法使用的重要设备、部件和材料或者暂扣渔业船舶检验证书；构成犯罪的，依法追究刑事责任。

使用未经检验合格的有关航行、作业和人身财产安全以及防止污染环境的重要设备、部件和材料，制造、改造、维修渔业船舶的；擅自拆除渔业船舶上有关航行、作业和人身财产安全以及防止污染环境的重要设备、部件的；擅自改变渔业船舶的吨位、载重线、主机功率、人员定额和适航区域的。

（3）对渔业船舶水上安全事故负有责任的人员，不属于渔船事故调查机关管辖范围的，将有关情况通报有关主管机关。

根据国务院《生产安全事故报告和调查处理条例》第四十五条规定，特别重大事故以下等级的渔业船舶水上安全事故报告和调查处理，优先适用有关的渔业水上安全管理法律法规；现行渔业水上安全管理法律法规未另行做出规定的，适用《生产安全事故报告和调查处理条例》有关规定。

对事故发生及事故报告和调查处理负有责任的单位和有关人员的事故处罚，依法应当适用《生产安全事故报告和调查处理条例》《中华人民共和国治安管理处罚法》《中华人民共和国公务员法》《行政机关公务员处分条例》予以追究行政责任，不属于渔船调查机关职权管辖范围的，渔船事故调查机关可将与事故处罚相关情况通报安全生产监督管理、公安、监察等有关主管机关处理。

（4）对安全事故违法行为可能构成犯罪的，按规定移送司法机关处理。

根据我国现行《中华人民共和国刑法》，渔业船舶水上安全事故的违法行为，可能构成犯罪的情形主要有：

①《中华人民共和国刑法》第一百三十三条规定的交通肇事罪；

②《中华人民共和国刑法》第一百三十四条规定的重大责任事故罪；

③《中华人民共和国刑法》第一百三十五条规定的重大劳动安全事故罪；

④《中华人民共和国刑法》第一百三十六条规定的不报或谎报事故罪；

⑤《中华人民共和国刑法》第一百六十八条规定的国有公司、企业单位人员失职罪；

⑥《中华人民共和国刑法》第二百二十九条规定的提供虚假证明文件罪；

⑦《中华人民共和国刑法》第二百七十七条规定的妨害公务罪；

⑧《中华人民共和国刑法》第三百九十七条规定的国家机关工作人员滥用职权罪、玩忽职守罪。

五、整改措施的落实及其监督

1. 事故船舶和设施所有人、经营人应当履行落实整改措施义务　总结事故教训，提出并落实整改措施，防止今后类似事故的再次发生，这是事故调查处理的重要任务和内容之一，也是事故调查处理的根本目的。同时，也是贯彻落实事故调查处理"四不放过"原则的必然要求和客观需要。《生产安全事故报告和调查处理条例》第三十三条第一款明确规定："事故发生单位应当认真吸取事故教训，落实防范和整改措施，防止事故再次发生"。因此，事故船舶设施所有人、经营人对渔船事故调查机关在通过调查查明事故原因，发现船舶、设施安全管理工作的漏洞，从事故中总结经验教训，对提出有针对性的防范和整改措施，必须不折不扣地予以落实。

2. 渔船事故调查机关和有关单位应当对落实情况进行监督检查　《生产安全事故报告和调查处理条例》第三十三条第二款规定："安全生产监督管理部门和负有安全生产监督管理职责的有关部门应当对事故发生单位负责落实防范和整改措施的情况进行监督检查。"《渔业船舶水上安全事故报告和调查处理规定》第二十八条规定："根据渔业船舶水上安全事故发生的原因，渔船事故调查机关可以责令有关船舶、设施的所有人、经营人限期加强对所属船舶设施的安全管理"。因此，渔船事故调查机关应当加强对船舶、设施所有人、经营人落实整改措施监督检查，这是履行安全生产监督管理职责的要求。在实务中，渔船事故调查机关可通过信息反馈、情况反映、登船检查等方式，及时掌握事故船舶、设施落实整改措施的情况。对未按渔船事故调查机关调查报告提出的整改措施和行政责令的要求落实的，可通过制发行政责令书责令其限期落实；并可通报船舶、设施所在有关政府和有关单位，协同监督落实。对拒不落实或在限期内仍达不到安全要求的，可根据《中华人民共和国渔港水域交通安全管理条例》第十八条、第十九条及《渔业船舶水上安全事故报告和调查处理规定》第二十八条的规定，禁止其离港，或者责令其停航、改航、停止作业，并可依法采取其他必要的强制处置措施。

第五节　渔业安全事故争议的解决途径

一、事故纠纷的处理

1. 事故争议分类与特点

（1）争议的分类。

① 侵权争议。侵权争议是基于一方的侵权行为而产生的纠纷，这类侵权行为往往发生在水上航行、作业、锚泊过程中，如碰撞事故、触损事故、网具纠纷、污染事故和设备事故等。侵害的对象为船舶、货物、人身，以及海洋环境、海洋资源，涉及财产所有权、人身权、收益权等民事权利。

② 合同争议。合同争议是双方当事人之间因行使权利和履行义务而产生的纠纷。如修造船合同、船舶买卖合同、租赁合同、抵押合同、滩涂承包合同、水上救助合同、打捞合同、渔船保险合同等的订立、效力和履行中产生的分歧，主要涉及《中华人民共和国合同法》。

③ 行政争议。行政争议是渔业行政管理相对人不服主管机关的行政处罚或行政强制措施而引起的行政纠纷。如当事人不服渔政渔港监督管理机构对违反渔业港航法规所给予的扣留或吊销职务船员适任证书、罚款等行政处罚而提出行政复议或提起的行政诉讼。

（2）争议的特点。

① 专业性强。渔业船舶水上航行、捕捞作业等活动的特殊性，决定了渔业船舶水上安全事故所形成的海事法律关系具有较强的专业性和技术性。

② 时效性强。由于渔业船舶航行作业所处环境的特殊性，一旦发生纠纷事故，往往无法保留现场，对证据的收集与保全等在时效性上要求较强。

③ 法律关系复杂。渔业船舶水上安全事故涉及的法律关系较为复杂，如船舶碰撞，既可能涉及船舶及其所载货物的损害赔偿和人身伤亡损害赔偿关系，也可能涉及污染损害赔偿关系，还可能涉及救助、打捞、责任限制和保险等法律关系。另外，渔业船舶水上安全事故还具有证据收集难、涉外性强、涉及面广、争议标的大等特点。

2. 事故争议的解决途径　因渔业船舶水上安全事故引起的民事纠纷，当事人各方可通过自行和解、申请行政调解海事诉讼、仲裁途径处理。

（1）自行和解。自行和解是指双方当事人平等协商，达成和解协议，解决纠纷，终结仲裁程序的活动。在仲裁庭没有介入的情况下，由当事人自己协商解决纠纷的制度。当事人双方自行和解在整个仲裁程序中都可以进行，在达成调解协议或者做出裁决前，当事人均可以达成和解协议。达成和解协议的，既可以请求仲裁庭根据和解协议做出裁决书，也可以撤回仲裁申请。达成和解协议撤回申请后，一方反悔或者没有履行和解协议的，按照原仲裁协议可以重新仲裁。船舶发生碰撞事故后，部分案件的事故损失不大，责任也比较明晰，当事人通过自我协商而达成赔偿协议，或者委托代理人来协助解决争议。

和解的表现形式为双方达成的和解协议，实践中，大量的渔船事故争议是通过这种途径解决的。和解的方式有 3 种：一是自行解决，双方当事人完全凭借自己的努力达成和解协议；二是委托代理解决，双方或一方当事人通过自己聘请的代理人来协助解决渔船事故争议；三是庭外和解，双方的争议已经诉讼至法院或提交渔船事故仲裁机构仲裁，但争议的最后解决是双方当事人或通过他们的代理人在庭外达成和解协议。

（2）行政调解。是指行政组织主持的，以国家政策法律为依据，以自愿为原则，通过说服教育方法，促使双方当事人友好协商，互让互谅，达成协议，从而解决争议的方法和活动。行政调解与行政相关联，是一种行政相关行为，但其本质不属于行政行为的行为。当事人对它不服，不适用行政复议和行政诉讼。《中华人民共和国行政复议法》第八条第二款规定："不服行政机关对民事纠纷做出的调解或者其他处理，依法申请仲裁或者向人民法院提起诉讼。"这里所指的诉讼，是指民事诉讼，而不是行政诉讼。最高人民法院《关于执行〈中华人民共和国行政诉讼法〉若干问题的解释》第一条第一款也明确规定，行政调解不属行政诉讼受案范围。

行政调解具有自愿、灵活、简便、及时解决事故争议、调解协议履行率较高的优点。其缺点是调解协议达成后不及时履行或一方反悔的，调解协议不具有法律约束力。

根据《中华人民共和国海上交通事故调查处理条例》《中华人民共和国渔港水域交通安全管理条例》和《渔业船舶水上安全事故报告和调查处理规定》，渔船事故调查机关受理因渔业水上安全事故引起的民事纠纷应具备下列条件：一是受理调解的必须是负责该事故调查的渔船事故调查机关；二是事故当事各方在事故发生之日起 30 天内向负责调查该事故的渔船事故调查机关共同提出书面申请；三是事故当事人未申请渔船事故仲裁，也未向渔船事故法院提起诉讼。

根据《中华人民共和国海上交通事故调查处理条例》《中华人民共和国渔港水域交通安全管理条例》和《渔业船舶水上安全事故报告和调查处理规定》，渔船事故调查机关开展调解应当遵循以下原则和要求：一是调解必须遵循自愿公平原则，不得强迫；二是已受理调解申请，当事人中途不愿调解的，应当递交终止调解书面申请并通知其他当事人；三是当事人申请调解，应按规定缴纳调解费；四是经调解达成协议的，当事人各方应按规定共同签署调解协议书，并由渔船事故调查机关盖章确认；五是渔船事故调查机关自受理调解申请之日起 3 个月内，当事人未达成调解协议的，渔船事故调查机关应当终止调解，并告知当事人可向仲裁机构申请仲裁或向渔船事故法院提出诉讼；六是调解已达成协议的，当事人各方应自动履行。达成协议后当事人反悔的，或者逾期不履行协议的，视为调解不成。

渔业船舶水上安全事故经调解达成协议的，应当制作渔业船舶水上安全事故调解协议书，调解协议书包括下列内容：一是调解双方当事人的基本情况，主要载明当事人的姓名、住所、法定代表人或代理人的姓名及职务；二是事故纠纷的主要事实，事故发生简要经过和事故损失情况；三是事故的责任认定，当事各方在事故中应承担的责任比例；四是协议的内容，主要为损害赔偿的项目、数额和赔偿费的给付方式；五是调解费的分摊；六是调解协议的履行期限。

调解协议由调解主持人和双方参加调解的人员签字，并经渔政渔港监督管理机构盖章确认。

（3）海事诉讼。海事诉讼是指享有海事请求权的人因被请求权人不履行海商合同或侵权行为，使其合法权益受到损害，或遭受人身伤亡，为了行使其海事请求权，向有管辖权的海事法院提起诉讼，通过海事诉讼特别程序和民事诉讼程序，解决其与被请求权人之间的海事争议，达到维护自身合法权益，使遭受的海事损害得到赔偿的目的。

① 海事诉讼特别程序法。《中华人民共和国海事诉讼特别程序法》是一部规范海事诉讼程序的法律，指引海事诉讼当事人顺利主张自己的权益。

a. 海事请求保全。海事请求保全是指当事人在起诉前或者诉讼进行中，为保障其海事请求得以实现，向海事法院提出对被请求人的财产采取强制措施的书面申请。海事法院接受申请后，在 48 小时内做出裁定。海事请求保全主要通过法院对被请求人的船舶实施扣押与拍卖而得以实现。

b. 海事强制令。海事强制令是指海事法院根据海事请求人的书面申请，为使其合法权益免受侵害，责令被请求人作为或者不作为的强制措施。海事强制令是通过法院迫使被请求人必须履行某种义务或不得实施某些行为的裁定。

c. 海事证据保全。海事证据保全是指海事法院根据海事请求人的书面申请，对有关海事请求的证据予以提取、保存或者封存的强制措施。通过对证据的封存，提取复制件、副本，或者进行拍照、录像，制作节录本、调查笔录等，达到保全海事证据的目的。海事请求保全、海事强制令和海事证据保全不受当事人之间关于该海事请求的诉讼管辖协议或者仲裁协议的约束。

d. 海事担保。海事担保包括海事请求保全、海事强制令、海事证据保全等程序中涉及的担保。海事担保的主要方式为提供现金或者保证、设置抵押或者质押等。

e. 海事赔偿责任限制基金。船舶所有人、承租人、经营人、救助人、保险人在海事发生后，可以在一审判决前享有申请责任限制的权利，即向海事法院申请设立海事赔偿责任限制基金。船舶造成油污损害的，船舶所有人及其保险责任人或者提供财务保证的其他人为取得法律规定的责任限制的权利，都可向海事法院申请设立油污损害的海事赔偿责任限制基金。

f. 船舶优先权催告。船舶转让过程中，受让人为消除转让船舶附有的船舶优先权而向海事法院申请船舶优先权催告，催告船舶优先权人及时主张权利。船舶优先权催告期限为 60 天，在催告期间内，船舶优先权人主张权利的，应当在海事法院登记；不主张权利的，视为放弃船舶优先权。催告期届满后无人主张船舶优先权的，海事法院做出该转让船舶不附有船舶优先权的判决。

② 海事诉讼时效。《中华人民共和国海商法》对海事诉讼时效的主要规定是：

a. 船舶碰撞的请求权时效期间为自碰撞事故发生之日起 2 年。对于因碰撞造成第三者人身伤亡，一方连带赔付超过己方赔偿比例而向另一过失方请求追偿权的，时效期间为自当事人连带支付损害赔偿之日起 1 年。

b. 海难救助的请求权时效期间为自救助作业终止之日起 2 年。

c. 海上保险合同的保险人要求保险赔偿的请求权时效期间为自保险事故发生之日起 2 年。

d. 船舶租用合同的请求权时效期间为自知道或者应当知道权利被侵害之日起 2 年。

e. 船舶发生油污损害的请求权时效期间为自损害发生之日起 3 年。

③ 海事诉讼程序。海事法院审理海事争议案件的审判程序与普通民事案件基本相同，也分为普通程序与简易程序，实行两审终审制。在海事诉讼中，《中华人民共和国海事诉讼特别程序法》优于《中华人民共和国民事诉讼法》，《中华人民共和国海事诉讼特别程序法》没有规定的，适用《中华人民共和国民事诉讼法》。

（4）仲裁。是指争议的双方当事人，根据书面仲裁协议，将他们之间发生的渔业船舶水上安全事故争议提交仲裁机构裁决。渔业船舶水上安全事故仲裁具有自愿性、灵活性、专业性、不公开性、一裁终决性等特点。

仲裁当事人为确保争议裁决得以执行或为防止证据的灭失、毁损等，而申请法院采取相应的财产保全和证据保全强制措施，以保护自己的合法权益。保全措施主要有财产保全、证据保全、强制令和赔偿责任限制基金。争议的任何一方当事人都可以向被保全的财产或证据所在地、渔业船舶水上安全事故纠纷发生地、事故发生地或船舶扣押地的法院提出保全申请。

仲裁申请的提出。仲裁应提交仲裁申请书，写明申请人和被申请人的名称、住所及申请人所依据的仲裁协议、案情和争议要点、申请人的请求及所依据的事实和证据。申请人对请求所依据的事实应附具证明文件。

指定仲裁员。双方当事人在规定的期间内，应当各自在仲裁委员会仲裁员名册中选定或者委托仲裁委员会主任指定一名仲裁员，并由双方当事人共同选定或委托仲裁委员会主任指定第三名仲裁员担任首席仲裁员。争议进入仲裁程序后，当事双方愿意调解的，仲裁庭可以进行调解，经仲裁庭调解后双方当事人达成和解的，仲裁庭可以根据和解协议的内容做出裁决书。

仲裁裁决的执行与撤销。渔业船舶水上安全事故争议一经裁决，当事人应当在裁决书规定的期限内自行履行裁决事项。当事人一方不履行裁决的，另一方可以向有管辖权的人民法院申请强制执行。

对仲裁委员会做出的仲裁裁决，当事人一方认为裁决有法定的可予撤销的情形，可以向仲裁委员会所在地的中级人民法院提出撤销裁决的申请。

二、解决事故争议途径的比较

1. 自行和解 事故发生后当事人自行和解具有下列优点：一是双方身临事故现场，各自明白自己在事故中所应承担的责任，对事故造成的经济损失情况认定也容易取得一致意见；二是自行和解可以保持双方良好的船舶间感情；三是节省时间，也比较经济；四是和解协议内容一般都能得到切实履行，反悔情况很少发生。但自行和解有将事故经济损失转嫁给保险机构的风险，也容易发生事故漏报而影响事故统计的准确性。

2. 行政调解　主要是指渔政渔港监督管理机构主持的调解，它凭借行政职权和对专业熟悉的优势，能及时查明事故原因，判明当事各方的责任，通常当事人对调解的结果都能履行。其缺点是协议达成后若不能及时履行或某方反悔，调解协议无法律约束力。

3. 海事仲裁　海事仲裁具有灵活性强、贴近行业惯例、一裁终决、易于执行等优点，但通过仲裁解决争议所需时间比自行和解与行政调解的长，仲裁费用也高于行政调解。

4. 海事诉讼　是指海事争议当事人将双方之间发生的海事争议提交法院进行裁决。通过海事诉讼解决海事争议，其权威性与强制性均优于其他解决途径。但海事诉讼解决争议所耗时间相对较长，诉讼费用也高于其他解决方法。

三、渔业争议解决中心介绍

为了便于以仲裁的方式，公正快速地解决渔业争议，促进渔业生产持续稳定发展，2003 年 1 月 7 日，中国海事仲裁委员会渔业争议解决中心在上海成立，渔业争议解决中心附设于中国海事仲裁委员会上海分会。中国海事仲裁委员会从渔业行业及相关专业中聘请专家学者担任渔业专业仲裁员。该中心制定了专门的《渔业专业仲裁员名册》，并根据渔业争议的特点；制定了《中国海事仲裁委员会仲裁规则关于渔业争议案件的特别规定》，缩短了仲裁程序，降低了渔业争议的仲裁收费。该中心成立至今，先后受理和审结了多起渔业争议案件，其公正、快捷、权威及经济的优势逐渐得到了渔区广大渔民的认可。

1. 渔业争议解决中心仲裁受案范围　中国海事仲裁委员会渔业争议解决中心受理的争议为：渔业海上交通事故赔偿纠纷，渔业捕捞和养殖纠纷，网具纠纷，渔船建造、修理、买卖、保险、租赁、抵押、贷款纠纷，浅海滩涂承包、经营纠纷等。

2. 渔业争议仲裁程序

（1）仲裁申请。双方当事人发生渔业争议后，申请仲裁的双方应签订渔业争议仲裁协议书，并向渔业争议解决中心递交仲裁申请书。如双方要求仲裁委员会主任代为指定仲裁员的，可与中国海事仲裁委员会上海分会秘书处联系。

（2）仲裁通知。经审查决定受理的仲裁案件，在规定期限内向当事人双方发出仲裁立案通知书，并根据《中国海事仲裁委员会渔业争议仲裁费用表》及《中国海事仲裁委员会渔业仲裁收费试行办法》，向当事人送达缴纳仲裁费的通知函。经过仲裁委员会批准，当事人可以减免缴纳仲裁费。

（3）组成仲裁庭。仲裁案件标的金额在 100 万元以下的案件，由独任仲裁员成立仲裁庭，但双方可以协商由 3 位仲裁员组成仲裁庭，进行审理；标的金额在 100 万元及以上的案件，由 3 位仲裁员组成仲裁庭，但双方当事人可以协商决定由独任仲裁员成立仲裁庭，进行审理。

（4）审理与调解。由选定的独任仲裁员或 3 位仲裁员组成仲裁庭对案件进行审理。双方当事人陈述事实，提出证据，进行辩论。在审理过程中，如双方有调解意向的，仲裁庭可采取适当的方式进行调解。

（5）仲裁裁决。仲裁庭应当要求双方当事人签署《审理要点》。由仲裁庭填写案情与争议的概要、双方的仲裁请求，以及其他开庭审理要点，由双方签字。并以法律为准绳，对案件做出裁决。如双方当事人达成了调解协议，应依据调解协议做出裁决。

填写《裁决书要点》（包括案情、仲裁庭意见与和解协议、裁决三部分），将《渔业争议仲裁协议书》《审理要点》《裁决书要点》及其他文件交中国海事仲裁委员会上海分会秘书处。秘书处根据有关文件，整理制作裁决书交仲裁庭，由仲裁员签字后送达双方当事人。

第八章

渔业海洋气象服务

渔业养殖包括淡水养殖和海水养殖，受自然环境条件，特别是气象条件影响比较明显。在从事渔业养殖生产时，从养殖场的选择到养殖对象的繁殖、育前、放养、管理、捕捞或采集以及途中运输等，无不与外界气象条件相关。针对上述生产环节所提供的渔业气象服务可以有效地指导渔民更好地进行渔业生产。渔业气象服务可满足渔业养殖资源的开发、布局、规划和渔业养殖区划建设中对气象服务的需求以及渔业养殖过程中防灾减灾的需求，规避渔业生产过程中因气象因素带来的安全风险，同时包括对使用和了解气象及有关渔业养殖情报的指导，从而达到科学养殖、安全生产、提高效益的目的。

第一节　渔业海洋天气概述

一、渔业气象

渔场的变迁、渔业资源数量的变动以及捕捞作业的状况受风的影响很大。风制约气温的变化，气温又与水温关系密切，进而引起渔场位置、鱼群洄游和集散、渔期早晚、鱼类产卵等情况的改变。渔汛前期，盛行风向左右气温和水温的高低，从而可使渔期提前或推迟。当风向与海岸垂直时，向岸风可产生向岸海流，鱼群随之游向近岸海域，可使定置网渔获量增多；离岸风则易产生上升流，将海底营养物质和饵料生物带到表层，为形成良好渔场创造条件。渔汛期间，渔场遇到大风天气之前鱼类受气压波和长浪的刺激，往往集群以防风浪袭击。大风来时，海水被搅动而引起理化性质和生物条件的改变；大风过后，鱼类就趋向适宜的栖息环境而重新集群，渔场随之迁移。台风和寒潮等还常给捕捞作业造成困难和危险。除风外，降水可影响海水的温度、盐度和入海径流量等，使近岸产卵场、幼鱼肥育场和饵料生物的生活环境条件发生变化，从而影响资源量。如渤海辽东湾的毛虾资源量与毛虾生产时期的降水量呈直线相关关系，据此可预测毛虾资源的变动。渔汛前期入海径流量的变化，会使沿岸低盐水系与高盐水系交汇界面移动，渔场位置随之改变。

海水养殖受大风等气象状况的影响也较大。在大风袭击下，藻类、贝类养殖的筏架等易受破坏，导致产量下降。台风、洪水可使贻贝沉入海底被浮泥淹埋而死亡，稚贝附着初期器官发育不完善，还不能钻洞造穴，也易导致成活率下降。缢蛏遇风暴时常因洞口软泥流失被水冲走，或在泥沙沉积时窒息死亡，幼苗在浮游期间，因风大潮高也易被冲走。温度对海水养殖也有影响。如海带适于在 7～13 ℃环境下生长，超出 20 ℃即发生腐烂。中潮线以上栖息的牡蛎，在冬季水温低于 10 ℃、夏季高于 42 ℃并持续时间长的情况下，也会大量死亡。内陆水域与海洋相比，由于水层浅、水量少，对气温的变化更为敏感。因此，气温是影响淡水养殖的主要气象要素。如鱼类的性腺发育需要一定的积温，卵的孵化也需有适温。一般温度偏低时孵化速度慢，温度偏高时速度快。但若超出适宜温度，孵出的仔鱼畸形率高、成活率低。温度与鱼病的发生也有关系。如草鱼在低于 18 ℃的环境中不易得病，但平均温度达 25 ℃时即易出现烂鳃和肠炎。此外，春、夏季气旋或静止锋控制的闷湿天气常易导致水体缺氧而使鱼类窒息，冬季的冰雪天气与低温易造成海参、滩涂贝类的冬眠、冻死等。

气象条件与水产品加工的关系主要表现在对传统干制工艺的影响。干制时需连续晴好天气进行曝晒，否则易导致干制品品质下降或变质。夏季如冷藏条件不良，鲜鱼易变质；高温高湿的天气条件则易使保藏的干制品产生霉变、虫蛀和油等。

二、渔业气象服务的主要内容

渔业气象服务主要包括鱼塘气象预报、渔期气象预报、渔业产量气象预报、人工繁殖适宜催产期（或性成熟期）气象预报、渔业天气预报以及近海养殖天气预报等。

（1）鱼塘气象预报。考虑气温、日照、降水、风、气压、湿度及其变化和塘堰溶氧含量、水温、透明度等因素的气象预报。

（2）渔期气象预报。以水温状况以及影响水文状况的气象、水文因素为依据的气象预报，对于部署渔汛生产、及时安排船只、掌握生产季节、提高经济效应具有重要意义。

（3）渔业产量气象预报。依据历史产量资料，结合社会和生产调查，同时考虑被预测对象的生物学特点，在分析其群体生长和组织生产与外界气象条件的关系基础上，使用统计方式找出影响产量的关键气象因子，建立经验预测模式，进行渔业产量气象预报。

（4）人工繁殖适宜催产期（或性成熟期）气象预报。选择适宜催产期进行催产，是鱼类等养殖对象人工繁殖取得成功的关键之一。而适宜催产期的选择，必须同时考虑两方面的条件：一方面是环境条件，尤其是环境水温条件和天气条件；另一方面是亲体的性腺成熟程度。开展适宜催产期气象预报，便于较为准确地掌握催产时期，科学地安排生产，因而在养殖渔业生产中也是有实际意义的。

（5）渔业天气预报。渔业天气预报是一种直接为渔业生产服务的专业天气预报，包括对有利天气条件的预报和不利天气条件的预报，而其中最重要的是渔业灾害性天气预报。渔业灾害性天气包括风暴、降温、浓雾、冰冻等。目前，渔业天气预报的主要内容有大风、寒潮、浓雾、台风、春秋季的降温和回暖情况等。

（6）近海养殖天气预报。针对近海养殖中出现的灾害性天气进行专业预报服务。近海养殖中，对风力 6 级以上的大风、雷电、风暴潮、暴雨、强对流、能见度小于 500 米等主要灾害性天气的监测预警是近海养殖天气预报的重要内容。

三、渔业气象服务的发展

不同渔业养殖地区、不同的养殖品种和不同的养殖阶段对气象条件有不同的需求。针对渔业气象服务的特殊需求，研究制定相应的渔业气象服务的指标、标准和办法。根据渔业气象服务的特殊需要，增加所需的气象信息观测，收集所需的各种资料，以满足渔业气象服务的需求。从渔业养殖气象服务的需要出发，利用各种气象资料，量身定做渔业养殖气象服务产品，更好地为渔业生产服务。利用现代信息传输的技术手段，将渔业气象服务信息及时、快捷地传送到养殖户和单位，以便在渔业防灾减灾、促进生产等方面更好地发挥气象服务信息的作用。

四、极端天气与海洋渔业

极端天气指的是灾害性天气，包括台风、暴风、龙卷风、暴雨和一些反常的自然天气等。暴雨会降低海洋的表层盐度，淡化养殖区域的海水，形成不适合鱼类生存的环境，从而导致鱼类的大量死亡。同时，暴雨、暴风等环境容易对养殖的鱼塘形成破坏作用，造成养殖户财产损失，严重的话还会危及人的生命。冬季寒潮来临，超过鱼类生存忍耐的极限，导致养殖的鱼无处可逃，最后被冻死；或者出现冷空气降临，海水结冰，冰块覆盖养殖的水塘和网箱，导致养殖鱼类缺氧而死；海冰遮挡阳光，海藻类植物消亡，以海藻为食的海洋鱼类和养殖生物因食物短缺而减产。

极端海洋气候以"厄尔尼诺"和"拉尼娜"为主要代表。海洋和大气两者之间由于不稳定的相互作用，从而形成"厄尔尼诺"现象，在赤道东太平洋附近洋面出现海水异常增温现象。全球的气候变化越来越大，"厄尔尼诺"出现的频率也越来越高，"厄尔尼诺"的发生周期一般是 3～5 年，每次的持续的时间也不是固定的，持续的时间是在一年以上。现阶段全球极端气候并没有得到改善，"厄尔尼诺"的出现频率和间隔时间形成反比，持续的时间更长，覆盖范围更广，危害程度更大，这使得"厄尔尼诺"对海洋渔业的发展影响更大。"拉尼娜"现象是和"厄尔尼诺"现象相反的，在"厄尔尼诺"出现过后，"拉尼娜"就会紧随出现，在我国，"拉尼娜"现象的出现使华南地区秋冬季东北季候风得到加强，当年冬天明显比正常年份的冬天更冷，所以说"厄尔尼诺"和"拉尼娜"对海洋渔业的发展影响都很大。

五、海洋渔业的应对策略

气候变化对海洋渔业的影响是长远而深久的，这需要我国的渔业相关部门采取相关举措加以研究，并提出应对措施，以促进海洋渔业的长远可持续发展。

渔业相关部门要做好自然灾害的信息收集工作，迅速而准确地发布灾害预警，以预防为主；及时收集自然灾害方面的信息，集中人力物力进行抗灾抗害，把自然灾害的影响损失降到最低。收集信息是非常重要的，因为在没有防备的时候灾难突然降临，造成的后果是严重而可怕的。

只有多开展抵抗自然灾害的建设活动，进行资源的储备工作，健全灾难预防和应急体系，面临自然灾害时才不会出现人手匮乏、资源短缺现象。

针对不同区域的灾害问题，根据实际情况采取相对应的举措。出现海冰、赤潮等现象时，开展人工破冰和打捞工作，通过破冰增加养殖水池的溶氧，为藻类植物创造良好的生存环境，从而给以藻类植物为食的养殖品种提供充足的食物来源。

第二节 渔业海洋天气分析

我国是海洋渔业大国，海洋渔业水域面积 300 多万千米^2，海洋渔业已成为我国海洋经济发展的一大支柱产业。我国现有渔船 106 万艘，是民用运输船舶数量的 7 倍，总吨位达到 940 万吨。其中，海洋机动渔船 29.7 万艘，主要散布在我国专属经济区开展渔业生产。

渔业被世界很多国家公认为风险最大、死亡率最高的产业。1990—2000 年，加拿大渔船船员死亡率为每年每 10 万人死亡 36 人；1982—1992 年，澳大利亚渔船船员死亡率为每年每 10 万人死亡为 86 人；1996—2002 年，南非渔船船员死亡率为每年每 10 万人死亡为 162 人；1985—2000 年，新西兰渔船船员死亡率为每年每 10 万人死亡为 167 人；1997—2002 年，英国渔船船员死亡率为每年每 10 万人死亡为 99.7 人；据统计美国的情况也不乐观，2002 年渔船船员死亡率为每年每 10 万人死亡为 71.1 人，2004 年为 86.4 人，2007 年为 118.4 人，2008 年为 128.9 人，商业捕鱼业是美国最危险的职业。

我国的情况也是如此，据国家搜救中心统计资料显示，我国现有渔业人口 2 000 多万，海洋捕捞作业渔民 187 万，每年死亡（失踪）约 3 000 人，伤残近 9 000 人；海洋机动渔船每年全损近 2 500 艘，部分损失约 3 000 艘（次），受海难事故影响的渔业家庭近 20 万个，涉及的渔区人口近 100 万人。每年因自然灾害和意外事故造成的渔业直接经济损失高达 160 亿元。

据近年来重大渔业海难事故案例统计分析，由于恶劣天气海况造成重大渔业海难事故占总的重大渔业海难事故的 80% 以上，而且近年来呈上升趋势。渔船绝大多数的航行作业海域，在不同的季节都有大风浪存在，风浪中的渔船事故占渔船海损事故的 12.6%，但由于风浪对船员安全危害极大，死亡船员却占死亡船员总数 30% 以上，可见风浪对船舶和人身安全有着至关重要的影响，风灾是造成渔船发生全损的最主要因素，占全部渔船全损事故的 57.59%。

我国沿海地区每年 11 月至翌年 4 月，尤其是 1～2 月经常出现 6 级以上的偏北大风。渔船本身尺度小、作业条件较差、抗风浪能力一般，受大风浪气象灾害的影响，海上渔业生产风险很大。

分析发现，渔船海损事故的发生同气象条件密切相关，尤其是重大海损事故几乎都是在不利的气象条件下发生的，大风浪、海雾是引发气象灾害性海损事故的主要原因，其中大风浪最多，占 77%；其次为海雾，占 22%；最少为降水，仅占 1%。加强渔船海上航行作业安全，除了船舶自身因素以外，外部环境，特别是海上风浪的影响也是致命的。

一、海上天气对渔船安全的影响分析

1. 大风浪中渔船事故 随着海洋渔业的迅速发展，渔船数量不断增加，沿海渔业资源逐渐衰竭，渔船航行及作业海区也从几十米深的近岸转向百米深以上的近海。我国沿海和近海作业的渔船大部分都是木质渔船，这部分渔船尺度小，船龄老化，抵抗风浪能力较弱。渔船又是比较特殊的船舶，不仅在海上航行，而且大部分时间要进行海上生产作业。

从事捕鱼的渔船在作业过程中，操纵能力受到限制，当遇到大风浪时，改变航向或改变航速抵抗风浪的能力降低，不能很灵活地避风避浪，而且随着渔船上渔获物的增加，及不正确的装载，使渔船稳性降低，致使渔船在遇到大风浪时的危险性明显增加。

近年来，渔船在大风浪中的海损事故发生率很高，除了人为原因外，大多数是渔船在大风浪天气海况下发生的。根据调查，近海作业渔船大部分都是私人所有，渔船船长很多由船主担任，或是雇佣的，但是雇佣船长的收入跟产量直接挂钩，导致渔船船长为了追求利益的最大化，很少考虑恶劣天气对渔船安全的影响，特别是大风浪。有时即使渔业主管部门发布大风浪预警，海上作业渔船仍然进行生产作业，而在港渔船有的不顾风浪预警强行出海作业。

大风浪是指风力在8级以上的风浪。大风浪一般是由热带气旋、温带气旋和寒潮等所引起的。大风是引发渔船海损事故的主要气象灾害，大风能使渔船船舱进水、倾斜、移铺、搁浅从而导致船舶碰撞、倾覆甚至沉没。

海浪对渔船及海上作业带来了直接的危险，巨大的海浪可使渔船产生剧烈的横摇，很容易将渔船打横。根据船舶在波浪中发生的事故表明，船舶航向为横浪和首向角为135°～225°的随浪时最易出现倾覆。在恶劣的海况下，渔船稳性降低，加之尺度小，很容易被风和浪打横处于横浪状态，大的海浪会使渔船出现较大的横倾角，破坏渔船稳性，渔船倾覆极可能在横浪时发生，尤其是尺度较小的渔船更容易出现倾覆。

海浪主要与风力的大小、潮汐、地形及天气系统有关，其预报要素由浪高和浪向构成。统计表明，高度大于2米的海浪是渔船安全作业生产的警戒线，即使在风力不是很大时，也可能导致渔船海损事故的发生。

（1）风力大小。受风力大小的影响，海上作业船只是否采取返港、抗风、或转往静风海区等避风措施，会直接影响海损事故的发生。由于渔船材质不同、功率不同、长度不同、船龄不同，抗风浪能力也不尽相同，但基本上可以分成两类：一类是近海作业的木质渔船，我国现有各类海洋捕捞渔船100多万艘，其中木质渔船约占85%，小型渔船占90%，其抗风能力在8级左右；另一类为中型钢质渔船，其抗风能力为10级左右。

（2）风向。在大风引发的海损事故中，70%的事故是由北风引起的，其余的30%则由南风引起。由于风向的不同直接决定了渔船避风的港口选择及返港、抗风或转往静风海风的路线，特别是台风和低气压系统，一次大风过程往往有几种风向甚至是旋转的风向，由于风向变换快，经常会造成海损事故的发生，甚至在港口翻船。统计发现，因风向导致海损事故发生的比例为12%，尤其是在港口、码头发生的事故大多数是由风向转换引起的。例如，1994年30号台风影响期间，定海毛峙渔业村3条渔船因台风影响（由北大风转南大风），未及时转港，在自家码头沉没，直接经济损失120万元。

（3）起风时间、关键风力的持续时间及结束时间。起风时间直接决定了船只最迟返港时间，而关键风力的持续时间，特别是8～10级及10级以上大风的持续时间直接影响渔船的抗风程度，如果时间持久，渔船的危险程度就很高，往往导致海损事故的发生。统计表明，有近50%的船只在返港途中发生海损事故：8～10级大风持续时间在24小时以上，则事故发生的概率要比12小时增加近2倍。

同时，由于大风的起止时间同渔业产量有一定的关联，也一定程度地影响了渔民顶风冒险生产，从而也加大了海损事故发生的概率。

2. 海雾　海雾是影响海面能见度的最重要的因素，海雾使能见度变得很低，即使应用雷达等导航设备，仍有可能发生船只偏航搁浅、触礁、碰撞等事故。海域海雾多发季节为每年的 3～6 月，其中 4～5 月尤为突出。3～6 月海雾生成的概率占全年的 65％～75％，这主要是由于入春以后，环流开始调整，暖湿气团加强，而海面相对为冷水区，大气底层的暖湿空气流经海面时，极易凝结产生平流雾。由于海雾有明显的区域性，往往导致漏报，极易引发海损事故。统计表明，由于海雾造成的海损事故占总数的 22％，其发生时间最早为 3 月，最迟的为 12 月 31 日，主要集中在每年的 4～7 月，占总数的 55％。发生地点多数在国际航运水道。

3. 海浪　海浪对渔业生产与安全带来了直接的危险，巨大的波浪可使船舶产生剧烈的横摇，从而有可能导致船舶触及海底或倾覆。海浪主要同风力大小、潮汐、地形及天气系统有关。其预报要素由浪高和浪向构成。统计表明，大于 2 米的海浪是渔船安全作业的警戒线，即使在风力不大的情况下，仍有可能引发海损事故，而东南及偏南浪向对船舶的返航构成了较大的危险性。

二、极端高温天气对渔业的影响分析

1. 持续高水温与投饲　极端高温对鱼类的影响主要是破坏酶的活性，使蛋白质凝固变性，造成鱼类缺氧、排泄失调、神经系统麻痹、调节受阻等，进而影响鱼类吃食。水中的光照度随着深度增加而减弱，持续晴天高热光照非常强烈，而底层鱼类上浮又畏惧强光的刺激，对底层鱼类吃食生长十分不利。投饲经过几个小时的光照，效果较好，因此选择上午 10 时左右开始投饲，不在上午 8～9 时投饲，此时投饲过早，影响投饲效果。又由于下午 3～4 时水温仍然较高，故而推迟到下午 5 时后光照减弱时投饲比较好，通常下午的水温比上午水温高，易造成下午鱼吃食比上午差，因此，为了减轻第二天早晨的鱼类浮头程度，下午投饲量要适当减少。在持续高温天气下，改变正常的投饲时间与节奏，并将投饲量减少 50％以上，投饲面积宜大不宜小。若增加投饲量，就会出现池水氨氮和亚硝酸盐过高而使鱼类发病的现象。

2. 持续高水温与浮游植物　持续晴天光照时间长，一方面对藻类的光合作用十分有利，另一方面一些有益藻类因不耐高温和强光、强紫外线照射而下沉，为防伤害而避难于次表层水，上表层水因藻类较少，使表层太阳光可达深度水体而不能被充分利用，从而限制了浮游植物生产量，不会出现"水华"。早晚阳光弱时，浮游生物浮至水面，透明度较小；中午阳光强时浮游生物下沉，透明度较大。浮游植物的分布在表层多，靠近水面数量反而减少，这是光抑制造成的，减少的深度与透明度有关。浮游植物日落后向底层沉降，日出后在表层增多；许多浮游植物有日出下降、日落上升的趋势。各水层光合作用产氧速率随深度的变化而变化。浮游植物在过强光线照射下会产生光抑制效应，表层光合作用速率反而不如次表层。

水体中的溶解氧主要来源于水体中水生植物的光合作用，由于光合作用的强度受光照、水温、水体营养盐的含量及水生植物种群密度的影响，因此同一水体中的溶解氧在时空分布上存在明显的差异。因藻类丰度不够，鱼池载鱼量过大，鱼池中溶解氧呈现不足，表层水因透明度大水温升高，使食藻类的鲢鱼、鳙鱼、鲮鱼的生产受到严重影响。

池水溶解氧低时要防止藻类呼吸作用不能正常进行而大量死亡，用药时尽量不用能杀死藻类的药物。藻类死亡将造成鱼类缺乏食物、水色变淡，连续施肥也无起色时，则应从水色较好的邻塘下风表层处抽水引种，并投喂鲢鱼、鳙鱼、鲮鱼可食的漂浮性饲料，诱导鲢鱼、鳙鱼摄食漂浮性饲料，尽可能地让藻类少被鱼摄食，以利其繁殖生长。这种方法可起到立竿见影的效果，使藻类的生产与消耗达到动态平衡，维持高温天气下池塘浮游植物的相对稳定。

3. 持续高温与施肥 由于持续高温，特别是鱼池水表层温度最高，造成失肥，尤其是氮肥损失大，利用率低，一方面连续晴天的光照、水温分层与风平浪静对施肥是十分有利的，但另一方面，高水温、开增氧机与加水对施肥不利，尽管施肥效果受到影响，但有时必须施肥。遇鱼类浮头或生病时，要在太阳出来一段时间后，鱼类基本回落到此阶段正常所在水层时施肥为好，其原因是水体缺氧，而鲢鱼不耐低氧，沉不下去，施肥时鱼类不能避开，容易受到伤害。刚施下的化肥如碳酸氢铵（尿素除外）以 $NH_3 \cdot H_2O$ 的形式存在于水表层，然后才能转化成 NH_4^+，在这段转化时间内，极易造成氨中毒，NH_4^+（NH_3）的毒性表现在对水生生物生长的抑制，它能降低鱼虾贝类的产卵能力，损害水生生物鳃组织以至引起死亡。在 pH、溶解氧、硬度等水质条件不同时，总铵态氮（$TNH_4 - N$）的毒性亦不相同。$TNH_4 - N$ 的毒性随 pH 增大而增大，NH_3 的毒性也随水中溶解氧的减少而增大。所以，施肥必须遵守"多溶水、少量施、施均匀、勤施肥"的原则。

4. 持续高水温与用药 持续晴天，太阳光强，紫外线照射对池表水的杀菌作用是有利的，而高温时用药有时也是难免的，但要注意温度每升高 10%，药物毒性会增加 2～3 倍。如果治疗鱼病时不管水温高低，一概采用同种药物浓度，显然是不科学的。高水温时全池泼洒用药，当天鱼浮头后要经过几个小时的光照后再用药，用药时要多用一些水溶解，均匀遍洒，降低使用时的浓度，防止局部或瞬间浓度过大。用药结束后，立即开动增氧机搅拌，让药液均匀分布，防止水温分层和表层浓度过大，造成鱼类中毒。为了确保治疗效果，必须注意池水中各种理化因子对药物的影响。用药要有选择性，尽量不用能杀死藻类的药物及生石灰，因生石灰的强碱性（提高 pH），高温时用生石灰对水质负面影响较大，如遇到氨氮含量过高或 pH 过高，能造成池鱼浮头泛塘或中毒。持续高水温时，细菌性烂鳃病发病率较高，要注意尽量稳定水质，减少对鱼类鳃部刺激。持续高温期间要尽最大努力搞好鱼池的生产管理，尽量不用药或少用药。

5. 持续高温后连阴雨天的影响与对策 一般情况下持续高温后天气陡然转为低温连阴雨天，给渔业生产造成的危害是非常大的。低温连阴雨天，气压低，溶解氧低，因水的比热比空气的比热大，气温下降快，水温下降缓慢，水下 0.5 米处下降后的水温达 26 ℃，虽然下降后的水温较适合鱼类生长，但鱼类突然从高温环境过渡到低温环境，生理机能不能很快适应，又由于表层水温低，水下水温高，水体不断从下向上对流，使溶解氧不断降低，水质变差，造成鱼类浮头、减食、生病，更加不利于渔业生产。在持续晴天向连阴雨天过渡，或从连阴天转向晴天过渡的 2 天内，要严格控制投饲量，以减轻鱼类浮头程度，并巧用饥饿疗法治疗鱼病。此阶段要掌握好投饲管理，适时正确开增氧机，减少鱼类存塘量，确保在此阶段不出现重大渔业事故。

第三节　渔业海洋天气利用

一、渔业气象对渔业生产的作用

海洋捕捞生产的丰歉受到诸多因素的牵制，如海洋资源、渔具渔法、渔场渔期、天气、海况、通信设备等，特别是海洋气象与渔业生产有着密切的关系，它直接关系到捕捞生产的经济效益及渔船生产的安全。

近几年来，随着海洋渔业的发展，生产的海区逐渐由内向外推开。如浙江省象山县由原来的 110.32 千瓦以下的渔船发展到 183.87 千瓦或 198.58 千瓦木质和钢质渔船，而且继续发展了 235.36 千瓦、294.20 千瓦、441.30 千瓦的钢质渔轮，渔场大幅度向东、东南、东北方向扩展。北至对马海峡，南至钓鱼岛，经常在东经 125°以外海区生产。由于渔场的改变，往复航程增长，每航次要求生产时间延长，只有减少不必要的往返时间，才能取得较好的经济效益。过去的 30 多年，渔业生产只能通过广播电台一日三次的气象预报来决定渔船的动向和生产的海区，已不适应渔业生产的要求了。目前，外海渔业的气象预报要求有以下几个特点：一是预报海区广，要求北至对马海峡，南至钓鱼岛海区；二是预报时间长，要求有 5～7 天的准确天气预报，长些更好；三是预报内容要求多，准确率高，除对台风、寒潮、低气压等预报外，对短时间阵风要求准确预报；四是当前外海生产的渔船抗风力增强，阵风 7 级尚可拖网作业，但近海渔船生产尚与原来同样，因此，渔业气象预报要分别对待，因外海气象情况与近海不同，如近海有时有大风，而外海则有小风，有时外海有大风，而近海无大风，冷空气时该情况更突出。

海洋气候变化中台风、寒潮、低气压、海雾等几种灾害性天气，对渔业生产的影响很大，出海捕鱼如果不懂得气象的变化，不但捕不到鱼，而且会造成海损事故。因此，及时掌握海洋气象对渔船生产安全的影响，分析中心渔场，指挥渔业生产，对提高经济效益和社会效益具有很大的作用。

1990 年，浙江省渔业气象台开始工作，象山县外海船队坚持收听该台的气象预报。在收听到的 600 余次气象信息中，有 20 余次的重大天气变化和突发性的天气变化信息，及时利用，大大提高了渔船的出航率，延长了作业时间，减少了因不必要返航而造成的经济损失，提高了经济效益。如 1990 年 9 月 4～13 日，象山县外海渔船在外海作业，象山县水产局技术人员跟船出海，生产较好，一般网产 0.5～1 吨，好的 1.5～2 吨，个别的 5 吨；7 日收到渔业气象台预报，当日晚有短时间 7～8 级的南风，雷雨时有将近 9 级大风，浪 4 级；按过去生产规律一般是返航的，单程返航时间 20 多小时，由于气象台及时预报了天气状况，船长在生产安全的前提下坚持在渔场抛锚漂移，翌日就投入生产，获得了较高的产量，该航次平均产值 5 万多元，高的 8 万多元，节约了柴油成本 2 500 元，取得了较好的效益。又如 1990 年 10 月 24 日至 11 月 3 日，象山县渔船在外海作业，单程返航时间 30 多小时，来回需 60 小时；10 月 26 日收到渔业气象台的预报偏北风 7～8 级，阵风 9 级，持续时间 12～24 小时；当时该海区生产较好，一般网产 1～1.5 吨，好的 2～3 吨；在安全的前提下坚持洋地抛锚，减少往返时间，每船直接节约单程柴油 2 400 千克，折合资金 3 000 元。本航次平均产量 25 吨，产值 7 万元。11 月 3 日回港投售后，船长经过商量打算继续去原海区生产，但11月4日收到渔业气象台预报，11月7～8日晚有强冷空气南下，经计算，如再去上述海区生产，时间只够往返渔场，没有时间可生产，于是决定改往其他海区生产，11月8日全部安全返航，3天时间，平均每对船产量近10吨，产值2万元，除直接成本外尚有1万元的净收入。

总之，渔业气象对渔业生产有着十分重要的作用，不但能给生产者带来一定的经济效益，而且更重要的是保证渔船的生产安全。

二、做好渔船大风浪气象保障的建议

1. 做好渔船气象保障应重点关注的水文气象要素 海上的一切活动都离不开大气和海洋，航行及作业在海洋上的渔船，必然要受到天气和海洋条件的影响和制约。在海上，影响渔船航行及作业安全的海洋环境因素很多，海洋水文气象要素包括气温、气压、湿度、风、云、雾、能见度、水温、盐度、海浪、海流、海冰等。

这其中风和浪是重要因素之一，狂风巨浪会引起渔船横摇、纵摇和垂荡运动。当渔船的横摇周期与波浪周期接近时，会使渔船的横摇振幅骤增，产生斜摇，严重时可导致渔船的倾覆。剧烈的纵摇和垂荡会使渔船产生一系列的如拍底、甲板上浪、失速、尾淹、推进器空转和稳定性下降等危险现象，极大地危害渔船安全。经过对渔船海损事故的分析，大风浪、海雾是引发渔船气象灾害性海损事故的主要原因，其中大风浪最多，占77%，其次为海雾，占22%，最少为降水，仅占1%。

海雾直接影响海面的能见度，使渔船航行和海上作业安全受到严重威胁，容易发生碰撞、偏离航线、触礁、搁浅等海损事故。在渔船作业海域，有的渔区可能有雾，有的渔区则没有，海雾的发生具有明显的区域性，而且目前的天气预报也不能精确地、精细地对各个海区进行海雾预报，对海上作业渔船很难提供海雾方面的气象保障服务。

因此，做好渔船气象保障应重点关注的水文气象要素是风和浪。当海面风力达到7级以上时，渔船应当立即停止作业或驶往就近的港口避风；当海浪高度大于2米时，海上渔船应停止作业。对于一些44.16千瓦及以下的小渔船遇6级风在港的不准出航，在海上作业的要停止作业或驶往就近的港口避风。

2. 做好渔船气象保障应重点关注的渔船种类 我国现有海洋机动渔船29.7万艘，木质渔船占85%以上，钢质渔船所占比例较少，玻璃钢等其他材质的渔船更少，约为2%；数据统计表明，现有渔船中，只有5.8%是近5年内建造的新船，船龄在5～10年的占14%，船龄在10～15年的占41.5%，船龄在15年以上的占38.6%。

木质渔船发生的风灾事故约是钢质渔船的1.5倍；在风灾导致渔船发生全损的事故中，木质渔船占89.73%；而在风灾导致渔船发生部分损失的事故中，钢质渔船略多于木质渔船。

主机功率在45～146千瓦的渔船，由于渔船较小，抗风险能力一般，如作业区域离岸较远，海况复杂，而且持续一段时间在海上作业不回港，发生风灾事故的危险较大。

风灾事故中出险渔船随着船龄档次的增大而减少，出险率在船龄20年以下的渔船中变化不大，而船龄在21年以上的渔船的出险率明显高于其他各船龄段。

因此，做好渔船气象保障应重点关注主机功率在45～146千瓦、船龄在10年以上的木质渔船。

3. 做好渔船气象保障应重点关注的风险时段 黄渤海海区春季有阵风，冬半年冷空气大风活动主要集中在 11 月至翌年 2 月。该海区能引起海洋灾害，对渔船航行、作业极具破坏力的浪高多出现在冬半年的 10 月至翌年 3 月，海浪高度高的极值为 8.5 米。通过对渔船风灾事故出险月份的分析，黄渤海海区每年 4 月、5 月、11 月和 12 月渔船风灾事故较多。

东海海区海域宽阔，受大洋冷暖海流影响很大，风大浪高，沿岸大风日数在 100 天/年左右，是我国近海大风最多的海域。东海海区多东北偏北风，东海于 9 月出现冬季风，但不盛行。10 月以北风和东北风较多，11 月至翌年 3 月盛行北风，其次为东北风和西北风。冬季偏北风风力较大，春季和夏季风力较弱，秋季为季风过渡期。受热带气旋影响，每年 7～9 月台风较多，最大风力可达 12 级，对东海海区渔船安全威胁很大。通过东海海区渔船风灾事故出险月份分析，东海海区每年 8 月的风灾事故远远超出其他各月，占东海海区渔船风灾事故 24.29%。

通过对渔船风灾事故出险时段分析，在晚上 7 时至凌晨 5 时发生渔船风灾事故占渔船风灾事故的 63.15%，可见渔船风灾事故也是在夜间发生较多。在晚上 10～11 时这个时段发生最多，占风灾事故的 18.73%；其次在晚上 11～12 时这个时段发生也较多，占风灾事故的 11.35%。

因此，做好渔船气象保障应重点关注的风险月份是黄渤海海区春季为 4～5 月，冬季为 11～12 月，东海海区则主要在 8 月。

4. 做好渔船气象保障应重点关注的风险海区 根据渔业行政主管部门的规定，在海上作业的渔船，当海上风力达到 6 级以上时，应立即停止作业、抛锚或驶往就近的港口避风。按照目前渔船作业区域的航程推算，传统的 24 小时气象预报是不能满足渔船海上作业生产的实际需要，当有大风警报时，渔船不能安全、及时地抵达港口避风。根据渔船发生风灾事故时所在海域与状态分析，52.28% 的渔船风灾事故发生在港内及港口附近海域；52.6% 的渔船风灾事故发生在渔船锚泊时。大部分渔船在近海海域作业遇到大风浪时，采取的措施是锚泊停止作业或回港避风。大批渔船回港避风，在港内及港口附近很容易造成船舶密集拥堵，海损事故时有发生。

因此，做好渔船气象保障应重点关注的风险海区是港内及港口附近海域。

5. 做好渔船气象保障的建议 通过以上详细论述可得到做好我国近海渔船大风浪气象保障的基本建议：

（1）做好渔船气象保障应重点关注的水文气象要素是风和浪。近海作业的木质渔船抗风能力 8 级，中型钢质渔船抗风能力 10 级，海上作业的渔船在 6 级及以上的大风时应停止作业或回港避风；海浪高度大于 2 米的海浪是渔船安全作业生产的警戒线。

（2）做好渔船气象保障应重点关注主机功率在 45～146 千瓦、船龄在 10 年以上的木质渔船。

（3）做好渔船气象保障应重点关注的季节，黄渤海海区为春季 4～5 月，冬季 11～12 月；东海海区则主要在 8 月，应重点关注的时段为晚上 10～12 时。

（4）做好渔船气象保障应重点关注的海域为港内及港口附近海域。

第九章

渔业安全生产管理技术

第一节 安全生产管理技术概述

渔业安全生产管理是管理技术在渔业安全生产领域的应用，管理科学理论和安全科学理论是渔业安全生产管理技术的基础，渔业安全管理技术由管理理论和安全科学理论综合而成。首先是渔业安全组织理论，包括渔业船舶安全机构的合理设置、安全机构职能的科学分工、安全管理体制的高效协调、管理能力的自我发展、安全决策和事故预防决策的合理导出。其次是渔业生产专业及安全技术人员的管理理论，即专业和安全人员的适任机制，包括对渔业船舶人员的培训、教育和发证标准建立；在渔业公司及渔业船舶建立安全管理人员网络，形成全面、系统、可靠的安全保障组织网络。再次是安全投入保障理论，阐明安全投资结构的关系、预防性投入和事后整改投入之间的关系。

渔业安全生产管理技术建立在安全管理理论的基础上，随着社会经济和渔业生产技术的发展不断得到完善。目前常用的方法包括行政方法、法治方法、经济方法、教育与培训方法等。

1. 行政方法 是指依靠行政组织的权威，运用命令、指示、条例、通知、规定、准则、制度、实施细则等行政手段，按照行政系统和层次，以权威和服从为前提，直接指挥下属工作的管理方法。我国负责渔业安全生产管理的行政单位主要有渔业行政主管部门及其附属的渔业行政执法机构及其他渔业安全管理机构，这些机构是行政法规的执行者和监督者，依法管理渔业安全生产事务，保证辖区内的渔业生产及其人员处于安全状态。渔业公司的安全管理属于公司内部行政事务，按照国家的有关安全法以及本公司的补充规定进行管理。

2. 法治方法 就是依法管理渔业安全生产。法律不仅包括国家正式颁布的，也包括国家各级机构、各级管理部门所制定的各类法律性规范。国家的法律是由全国人民代表大会制定的，国家的方针是由各级政府制定的，渔业公司也可以根据实际制定本公司的行为规范。安全立法是促进船舶安全的法律、规则、规章和公约的总和，具有普遍性和特殊性。普遍性在于所有与法律规定有关的单位和个人都必须依法行政；特殊性在于渔业生产安全环境不同于一般的安全环境。渔业公司运用法治方法在于：公司负责人熟知安全法规，并在员工中认真宣传、切实贯彻，让渔业船员了解国家、政府的法律法规以及企业的规章制度。

3. 经济方法 是采用经济手段，按照经济规律的要求进行渔业安全管理的方法。从严格意义上讲，经济方法就是物质利益方法。在船舶安全管理中，常采用的方法是给予船员及有关人员浮动工资、奖金、综合或单项的物质奖励，以鼓励船员及有关人员注重安全管理。除了给予奖励等正面推动外，还有罚款、物质制裁等反面推动形式。应当指出，经济方法不是万能的，它只能在经济关系领域、船舶人员物质生活领域内发生作用。在其他领域，如文化关系领域、社会领域、人际关系领域，它的作用是很小的，有时甚至根本无效。

4. 教育与培训方法 是以提高人的素质为目的，对受教育者的诸多方面施加影响的一种有计划的活动。安全教育和技能培训是防止渔业船员产生不安全行为、减少人为失误的重要途径。安全教育可以分为安全知识教育、安全技能教育和安全态度教育。安全知识教育是使船员掌握有关事故的基本知识，了解船舶营运过程中潜在危险因素和防范措施。安全技能教育实际是安全技能训练或培训，使受教育者通过反复实际操作，掌握安全技能，并达到熟能生巧的程度。安全态度教育是安全教育中最重要的教育，渔业船员掌握了安全知识和技能后，能否在渔业生产中实现安全技能则完全由个人的思想意识支配。安全态度教育的目的就是使船员尽可能自觉地运用安全知识，实现安全技能，保证安全生产。

第二节　渔业安全隐患排查

1. 安全隐患排查 为了切实加强对渔业安全生产的管理，防止和减少生产安全事故的发生，保障人民生命财产安全，维护渔区社会稳定，促进渔业经济可持续发展，应坚持科学发展观和安全发展理念，坚持"安全第一，预防为主，综合治理"方针，突出重点、落实责任、关口前移，深入开展渔业安全隐患排查，坚决整改，消除事故隐患，创造良好的渔业安全生产环境。

在排查治理渔业安全隐患时，应按照事故隐患排查治理"企业全面自查、行业专项检查、政府综合督查"和风险预警防控"科学化、规范化、程序化"的要求，全面排查治理渔业各类事故隐患，进一步深化渔业安全生产专项整治，推动安全生产责任制的落实，建立健全隐患排查治理的长效机制，减少一般事故、遏制特大事故、杜绝重特大事故。各级渔业主管部门和有关部门在安全生产隐患排查治理过程中，应做到"四个百分之百"，即"对渔船检查覆盖率达到100%；排查出的隐患整改率达到100%；隐患整改复查验收率达到100%；专项（执法）检查登记建档率达到100%"，这样才能有效保障渔业安全生产。

安全隐患排查主要内容：

（1）检查和落实安全生产管理目标责任制和岗位责任制；

（2）清理和整顿"三无"和"三证"不齐渔船；

（3）清理和整顿违规作业渔船；

（4）检查和落实渔船出海安全生产制度和措施，重点检查和落实渔船进出港报告制度，特别是高危作业和近海航区作业渔船的进出港报告制度，渔船出海编队和自救、互救制度，船载终端和 AIS 终端的配备；

（5）检查和落实职务船员和普通船员持证上岗制度；

（6）检查和落实渔船保险和劳工保险工作；

（7）检查渔港防风、防火应急预案及演练情况，渔港消防基础设施配备及运行情况；

（8）检查 24 小时安全值班规定及应急等措施落实情况；

（9）检查渔民安全生产教育培训计划制订及实施情况。

2. 排查治理方式　安全隐患排查治理工作要做到"五个结合"，即隐患排查与专项整治相结合、隐患排查与"打非治违"行动相结合、隐患排查与标准化建设相结合、隐患排查与安全生产宣传教育相结合、隐患排查与加强监管队伍建设相结合。完善"五个机制"，即隐患排查机制、隐患整改机制、持续改进机制、信息报送机制、考核和奖惩机制。渔船安全生产隐患排查治理要结合各地区安全生产特点，以遏制渔业安全生产事故的发生，减少人员和财产损失为重点。一是要与日常监督检查和港口以及海上巡查相结合。①对未报告、系统校验不合格进出港的渔船，管理部门应实行重点监控检查，对报告虚假信息或拒不整改的渔船，管理部门应依据相关法律法规对其进行处罚；②登临渔船检查，对通讯、消防、救生设施、航行信号设备和职务船员配备不齐以及不适航的渔船要采取积极有效的措施，禁止其出海生产，并责令限期整改；③加大海上执法力度，依法严厉查处"三无"和"三证"不齐渔船和超适航区域、超有效航行期、超抗风力等级航行作业等违法行为。二是要与落实渔船安全主体责任制相结合。结合落实企业安全生产主体责任，强化安全管理，建立健全安全生产应急管理制度，完善事故应急救援预案体系，加强应急演练，提高应急处理能力。

3. 排查治理重点时段

第一时段：围绕春汛、伏季休渔期及"五一""十一"等重大节日前做好隐患排查治理工作。

第二时段：围绕秋冬季灾害性大风天气多发、海况恶劣的特点，做好安全隐患治理工作，防范重大、特大事故的发生。

4. 排查工作要求

（1）加强领导、精心组织。要切实加强对渔业安全生产隐患排查治理工作的组织指导、周密部署、精心组织，全力抓好渔业安全生产隐患排查治理工作。建立和落实隐患排查治理责任制，逐级落实领导督查负责制，实施全面细致的隐患排查和整治。生产经营单位要切实负起隐患排查治理的主体责任，组织开展本单位隐患排查治理工作，对查出的隐患要制定隐患监控整改措施，落实整改资金和责任，限期整改并及时上报。对隐患排查治理不认真、走过场的给予通报批评。

（2）突出重点、全面整治。结合本地实际按照工作安排，突出工作重点，扎实开展各项隐患排查治理工作，做到横到边、纵到底，排查不留死角，整改不留后患。要把打击取缔"三无"渔船从事渔业生产、查处证书不齐、安全设备配备不齐渔船及船员临水作业不穿救生衣等违规行为贯穿全面。对重大事故隐患和可能造成人员伤亡的重点事故隐患要建档监控、挂牌督办、逐级上报。

（3）强化监督检查、确保取得实效。要切实加强对渔业安全生产隐患排查治理工作的监督检查和指导，要建立重大隐患公告公示、挂牌督办、跟踪治理和逐项整改销号制度。要强化渔业执法检查，从严查处"三无"渔船从事渔业生产和各类违规行为，对不具备安全生产条件的渔船要依法予以取缔。对因隐患排查治理工作不力而引发事故的，要依法查处，严肃追究责任。

（4）加大舆论宣传、充分依靠群众。要充分利用广播、电视等媒体，加大对渔业安全隐患排查治理工作的宣传力度。通过组织渔民会议、举办船员培训班、发放宣传材料、张贴标语等途径，教育引导渔民群众特别是渔业船舶经营者和船长深刻认识开展渔业安全生产隐患治理的重要性、必要性和紧迫性，增强做好隐患治理工作的主动性和自觉性，形成渔民群众全员参与安全隐患排查治理的良好氛围。

（5）标本兼治、重在治本。要切实加强隐患排查治理的信息统计，建立健全信息报送制度和隐患数据库，要认真分析近年来的典型事故案例，深刻吸取教训，举一反三，推动隐患排查治理工作，预防和杜绝同类事故的发生。

（6）严格管理、加强信息报送。要切实加强隐患排查治理的信息统计和报送工作，加强领导和协调，互通信息，及时掌握隐患排查治理及"打非治违"工作进度。生产经营单位要按照国家有关规定，对发现的事故隐患逐一进行登记，建立隐患信息档案，特别是列入治理计划的重大事故隐患，要做到"一患一档"。实现隐患排查治理信息统计制度化、规范化、常态化。为进一步推进隐患排查治理工作，提供可靠的信息支持和决策依据。

第三节　渔业安全风险管理

一、渔业安全风险

海洋渔业属于高投入、高风险的行业，渔船在海上航行和作业时可能遭受的风险远远大于陆地一般行业，除了人力不可抗拒的因素外，操作不当等人为因素也容易给船舶和船员造成重大损害，特殊情况下还可能存在外国被抓扣、海盗袭击等风险。在某些情况下，意外除了使本船遭受损失外，还会给他人带来损害而导致赔偿责任的发生，如碰撞别船、漏油污染等。海洋渔业是一个高投入、高风险的弱质产业，各种不确定因素经常给生产者带来重大损失，因此，研究和了解该产业风险的本质和特点，对渔业生产和经营过程中出现的风险和不利因素采取的防范措施，避免和减少经济损失，最大限度地发挥效益的潜力具有重大的作用。

海洋渔业风险大致分为自然风险、市场风险、技术风险、管理风险和其他风险共五大类。

1. 自然风险　海洋渔业生产对环境和渔业资源状况具有高度的依赖性，温度异常（持久高温、寒潮）、风暴潮、赤潮等都是自然界频繁发生的自然灾害，常常给海洋渔业生产者带来毁灭性损失或影响生产时间，降低产量。自然灾害具有以下特点：

（1）不可预测性。尽管气象科技和海洋环境监测预报有了长足进步，但至今仍然难以对灾害性天气和赤潮等进行完全准确地预报。

（2）难以抵御性。自然灾害大多超过人类的抵御力，如台风登陆产生的风暴潮、赤潮暴发等，人类在突如其来的自然灾害面前往往显得束手无策。

（3）破坏性。自然灾害对渔业生产的破坏一般是大范围和毁灭性的。

自然灾害的这些特点极大地增加了渔业风险的可能性。

2. 市场风险 随着我国渔业经济的发展，水产品供求关系由长期短缺到供求关系基本平衡，总量略有过剩，市场供给充裕。由于渔业生产的季节性和周期性以及生产者缺乏必要的信息指导和交流，造成了生产决策变化相对于市场变化反应的滞后性，导致渔业对市场变化的反应低下。海水养殖品种和规模的确定有较大的盲目性，往往一哄而上和一哄而下，导致水产品供给大起大落，影响生产受益者。另外，鲜活水产品易腐，如果该销售的水产品不能及时销售，就必须继续保鲜和饲养，从而使成本增加；如果生产过程中渔用物质（油、冰、饲料等）价格上涨，生产者必须承担额外的成本。

3. 技术风险 海洋渔业生产的技术广泛而复杂，一般来说，渔业生产技术包括人工繁殖、水质管理、饲料加工、混养密养、病害防治、渔场选择、捕捞作业方式选择、运输、水产品加工等几大类，每一类中又包含很多具体的技术。海洋渔业生产技术的复杂性不仅体现在组成上，还体现在养殖水体、方式、品种、海洋捕捞渔场、作业方式、时间的多样性上，不同的养殖水体、养殖方式、养殖季节具有不同的养殖技术；海洋捕捞业中不同的渔场、不同的作业方式也需不同的捕捞技术，因而产生不同的生产回报率。这些技术形成了彼此关联、相互影响的技术系统，如果系统中的一个环节不成熟或生产者技术不熟练，都会给生产者带来重大损失。

4. 管理风险 海洋渔业生产的管理风险产生的原因，从海水养殖分析主要有：管理者对未来的市场判断不准，选择了不适当的养殖方式、养殖品种和养殖规模；基本建设计划、生产计划、技术计划、物资采购计划和销售计划编制不适当或执行出现偏差；组织内部饲养分工不明，责任不清，生产混乱，技术标准和技术规程不合理。对生产过程中关键环节问题未采取适时和适度的措施等。海洋捕捞业管理风险产生的主要原因是管理者对渔场渔业资源状况不明，恶劣的海况、选择的捕捞工具不当或捕捞技术不熟练，渔获物保鲜、后勤保障出现问题等。管理工作中任何疏漏，都有可能导致渔业生产者蒙受损失。

5. 其他风险 除了上述提及的风险外，海洋渔业生产还面对各种各样、形形色色的风险，如意外事故风险、偷盗风险、抢劫风险等。水产养殖业一般在户外作业，海水养殖的作业场地一般也在近海，在晚上或者无人看守的时候，容易发生偷盗事件。抢劫更是一种他人强制性输入的风险，对渔民的人身安全及财产安全造成严重威胁。如 2018 年，中国某渔业公司的渔船在索马里海域作业时，遭到索马里海盗劫持，并提出高达 600 万美元赎金的要求。

二、渔业风险的防范对策

1. 自然风险的防范对策 在自然风险防范上可采取渔业保险和政府救济相结合的办法。海洋渔业属于高投入、高风险的行业，海洋捕捞业开发利用的自然资源是海域中游动性的生物资源，这就决定了它的生产活动环境较陆地有更大的风险，可控性较差，受海况、天气等环境因素制约较大。改革开放以来，渔业经验体制发生了根本变化。以合股经营和个体经营为主体的渔业经营体制大都不具备抵御自然灾害、迅速恢复生产的能力，一旦遭受一场大的海损事件，就有可能使船东倾家荡产或家破人亡，不仅造成生命财产的巨大损失，而且制约了渔区经济的发展，影响了渔区社会的稳定。面对天灾人祸造成的巨大生命财产损失，渔业生产者大多因生产水平低下，积累微薄，往往显得无助脆弱，政府也明显力不从心，因此从自身的防范上必须采取保险和政府救济相结合的办法。

我国的渔业保险开展时间较晚，目前还处于很低水平。渔业互保协会作为我国当前渔业保险的主要市场主体，在组织渔民互助共济、共担风险，降低因自然风险给渔民造成损失，保障渔民及时恢复生产和安定生活方面成绩巨大，但各地发展很不平衡，有些地区的互助保险业务还没有开展起来，而且由于渔业互助保险起步较晚，经营方式相对单一，经济实力与商业保险公司比较，相差悬殊，在激烈的市场竞争中，其人、财、物及营销手段等与其他保险公司无法比拟，其经营性质是非营利公益性民间团体组织，在市场竞争中显得弱小，展开困难。因此，我国的渔业保险，应借鉴国外渔业互保协会的先进经验，建立完善的渔业保险体制，给予渔业互保协会一定的政策倾斜，与渔业相关的产业都应加入渔业互保协会，其他保险公司不得参与，使渔业保险成为行业自保体系。国家可以将一部分救灾基金转入渔业保险基金，应免征经营渔业保险的所有税收，以扶持该行业发展壮大。

渔业救济是一种风险发生后的补救方式，以保证灾后渔民和企业的生活和生产需要。救济由政府发放或来自社会捐助，渔业救济也包括发放救济款和实物，或提供优惠贷款。和渔业保险一样，渔业救济也能起到弥补风险损失的作用。

2. 市场风险的防范对策　在市场风险防范上可采取市场预期、信息服务和期货交易等措施。渔业生产者搞好市场预期，对投资项目做好市场分析和判断，注重产品的市场适应性，把握国内外市场变化的特点和变化规律，以市场需求指导渔业生产，从而降低市场风险，这对于我国当前水产品出现低价的大路货销售不畅，高价优质货供不应求的结构性、地区性、低水平供过于求的情况显得特别重要。

开展渔业信息服务可以有效地增强渔业生产者从事生产和销售活动的科学性和合理性，减少由于信息匮乏所引起的生产盲目性，降低市场风险。发达国家一般都建立了灵敏、快速和高效的信息系统，用来指导渔业生产者从事生产和销售活动。我国渔业信息服务系统建设相对滞后，当前切实可行的办法是各地政府和组织安排适当的投入，尽快实现全国范围的水产品市场网络化、系统化，保证市场信息的时效性、准确性和完整性，利用电视、互联网实现共享。

期货交易也是避免因价格下降造成损失的有效手段。期货市场特有的套期保值、价格发现的功能被各国广泛应用，为现货交易提供了防范价格风险的办法，我国的水产品市场也可以进行尝试。

3. 技术风险和管理风险的防范对策　技术风险和管理风险的防范在于提高海洋渔业生产者的综合素质。海洋渔业在发展过程中，由于重数量、轻管理、技术含量低，过多地消耗资源、牺牲环境，水产品质量安全受到影响。如渔业水域环境污染日趋严重，使水产品有毒有害物质和卫生指标难以达到标准及规定，水产品质量安全得不到保障；养殖水域超容量开放，盲目扩大养殖规模，海水养殖业自身污染严重，造成养殖产品病害频繁发生，经济损失严重，水产品品质受到影响；养殖过程中滥用药物，饲料中滥添药物及激素，导致养殖水产品中药物残留超标，影响水产品的安全性等。

随着人们生活水平的提高和保健意识的增强，对水产品的质量提出了更高的要求，不但讲究营养，而且愈来愈关注水产品的安全卫生，而水产品质量安全问题的出现，严重阻碍了海洋渔业的可持续发展，主要原因是生产过程中的技术和管理环节出现问题，这也正是导致渔业技术风险和管理风险的真正原因。防范技术风险和管理风险的根本在于渔业生产者的不断学习和加强培训，提高渔业生产者的综合素质。渔业生产者如果能掌握和运用目前国际公认的 HACCP 体系等现代的质量管理体系，就能在渔业生产过程中对不符合质量安全标准水产品的控制贯穿到生产的全过程，即以预防为主。这种管理理念比结果检验具有很明显的先进性。

三、风险管理

一般意义上的风险管理是指各个经济单位，通过对风险的识别、估测、评价和处理，以最小的成本实现最大安全保险效能和管理方法。其最终目的是通过对风险的有效管理，阻止损失发生或削弱损失发生的影响程度，以保证获取最大的利益。将风险管理的一般概念运用到渔业安全生产管理中，渔业安全的风险管理是指利用各种技术手段对各种影响渔业安全的事件和对象进行防范、控制以致消除的一种管理方法。风险管理的理论和实践都表明风险是可以控制的。因为风险因素引发风险事故，而事故导致损失，所以消除风险因素是控制风险的关键。因此，渔业安全生产风险控制的实质就是在风险分析的基础上，针对渔业安全生产管理中所存在的风险因素，积极采取控制技术以消除风险因素，或减少风险因素的危险性。如在事故发生前，降低事故的发生频率；在事故发生时，将损失减轻到最低限度，从而达到降低风险减少损失的目的。

渔业安全生产的风险控制技术主要包括：回避、预防、减轻等。其中，损失预防和损失减轻又可合称为损失控制。

1. 损失回避　是指考虑到风险损失的存在或有可能发生，而主动放弃某项可能引起风险损失的方案，从而避免与该方案相联系的风险，以免除可能产生风险损失的一种控制风险的方式。损失回避是一种最彻底的风险控制技术，它在风险事故发生之前，将风险因素完全消除，即完全消除了某一特定风险所造成的各种可能的损失。如规范中禁止超风级出海作业或航行，这就是出于回避损失的一个实例。但是也应该看到，任何经济活动都与一定的风险相联系，没有风险的经济活动是不存在的，损失回避也会因处处回避风险而丧失一些可以从潜在的风险中获益的机会，如有经验的船长，能够根据季节、风速、作业场所等诸多因素估算台风来袭时间，他便毅然敢于出海下网，一举获胜。所以回避是万不得已的一种消极措施，即不可抗拒的无奈之举。

因此，在采取这种消极的风险控制技术时应充分考虑它的局限性。另外，从风险管理的实践看，采用损失回避的方法，从普遍意义来讲最好在某一经济活动尚未进行以前。因为要放弃或改变正在进行的经济活动，均要付出高昂的代价。因此，对一些生产经营方面的决策，必须首先进行风险评估，以便决定是否采用损失回避技术。

2. 损失预防　是损失发生前，消除损失产生的根源，并减少损失概率的一种控制技术，其目的是在损失发生前消除或减少损失和可能引起损失的各种因素。损失预防的措施，根据其侧重的方面，可分为两种：一种是如果侧重于风险的物质因素，称之为工程物理法。主要是通过对物质性风险因素的处理，以达到损失控制的目的。在船上设置消防、救生设备及声、光信号系统，便是损失预防在实际工作中的运用，其特点是每一项处理风险因素的措施都与有形工程技术相联系，手段比较直观，效果也比较明显，但这种措施有依赖性，故不能过分相信和完全依赖工程控制措施。同时，目前近海资源日益枯竭，在渔业生产上采取这一做法时，渔船要完全满足规范要求，达到适航状态的条件，渔民会顾及个人成本与效益关系。另一种，由于对事故分析后得出危险因素、危险事故和财产损失，主要是因为人的错误行为所致，因此预防措施主要是通过加强人们的职业道德教育和业务培训来消除人为风险因素达到损失预防的目的，这种方法目前是最有效的一种，比工程物理法前进了一大步，能充分发挥人的主观能动性。

3. 损失减轻　是指在损失发生时或损失发生后缩小损失幅度和规模的一种控制技术，如在渔船电路发生短路或严重负荷时，及时采取有效措施，尽早消除安全隐患，就可避免由此酿成大的火灾事故，便可能减少因此带来的更大损失，但在实际工作中，损失预防与损失减轻很难分开，因为预防都是为了减轻损失，因此预防和减轻具有同时存在的特性。另外，物理因素和人为风险虽然是造成事故的直接原因，但不一定是根本原因，根本原因与管理工作有关，如管理方法和检查制度等。因此，只有加强管理，才能从根本上对风险因素进行处理，有可能使风险管理目标得以长期稳定的实现。

第四节　渔业安全风险评估

渔业船舶作为传统的渔业生产工具，其安全性是大家非常关心的，渔业安全风险评估可以使人们去了解如何控制海上风险。而现行的规范基本上是基于定性理论提出的，没有考虑生命周期中随机因素对结构性能的影响，可靠性方法的引入解决了随机因素的问题，但却无法对意外事故的发生后果做出评估。

工业界已经创造了一整套较为完整的系统工程安全理论，正是这些系统安全理论，催生了许多系统安全风险评估方法。著名的工业安全理论有：

（1）事故频发倾向理论。英国的格林伍德（M. Green Wood）和伍兹（H. H. Woods）把事故的频发划分为泊松分布、偏倚分布和非均等分布 3 种分布。

（2）海因里希（W. H. Heinrich）工业安全理论。美国的海因里希的工业安全理论主要阐述了工业事故的因果连锁论、人与物的关系、事故发生频率与伤害严重程度之间的关系、不安全行为的原因等工业安全中最基本的问题，该理论曾被称为"工业安全公理"，受到许多国家安全工作者的赞同。

此外还有能量意外释放理论、管理失误论、扰动起源理论、事故遭遇倾向理论、现代因果连锁理论、轨迹交叉理论以及两类危险源理论等。

把安全风险评估引入渔业安全生产和船舶管理是近十几年的事。1993 年英国率先在国际海事组织提出将综合安全评估（FSA）的概念引入航运界，建议国际海事组织把综合安全评估作为一种战略思想，逐步在安全规范的制定、船舶设计及船舶营运管理中应用这一原理。而"国际海事组织规范制定过程中综合安全评估方法应用指南"已得到政府和非政府组织在发展海事规范和标准时应用。主要的海洋航运大国也正在着手进行类似的工作。

综合安全评估方法是通过危险辨识风险评估，提出降低风险的措施和降低风险措施的成本效益评估等的系统分析，全面地、系统地分析研究影响船舶安全的各项因素以指导安全规则的制定，使得安全规范的要求更趋于合理。通过综合安全评估，可以预见性地控制风险，而不是像目前的规范制定那样显得更为被动；通过综合安全评估，可以全面地考虑影响船舶性能的诸多因素，并且通过分析这些因素对风险的贡献，找出各因素之间的相互关系，确认各方面的风险水平以及对船舶总体安全的贡献，避免为消除某一事故原因而制定的安全措施导致新的潜在危险；通过综合安全评估，可以考虑人和组织因素的影响，制定详细的风险管理程序，达到降低结构系统风险的目的。

总而言之，将综合安全评估方法引入船舶安全规范的制定是一场变革，促使船舶安全规范朝着更加合理的方向发展。目前，综合安全评估在船舶几个具体的领域得到很好的应用：

（1）船舶结构设计方面。定性和半定性的方法，在系统安全性分析中作为一种可靠、安全性分析得到应用。

（2）船舶的碰撞与搁浅。在其他工程领域内得到广泛应用的概率风险评估方法，正逐步地应用到船舶的风险评估中，采用风险评估方法，为船舶碰撞和搁浅问题提供一个综合评估框架，在船舶的设计过程中全面考虑碰撞和搁浅因素对船舶造成的风险，对于这类事故可能是最好的解决办法之一。

（3）船舶的火灾与爆炸。这两种灾难在船舶营运过程中经常发生，故在船舶设计过程中运用风险评估方法，可以更好地指导设计者对两种灾难的防范。

（4）结构的疲劳、腐蚀。应用风险评估，给出疲劳、腐蚀因素以及维修因素对船体结构性能的影响，并以此作为指导基于风险的检测和维修的依据。

（5）人与组织因素。船舶事故中有一部分是人的因素造成的，如领航错误、驾驶操作错误、机械操作错误以及对危险辨识、判断错误等。因此，在综合安全评估中人和组织因素也是重要考虑因素。

我国的渔业船舶，除了具备上述船舶所具有的安全风险因素外，尚还存在特殊行业所带来的安全风险因素，如海上渔捞作业风险、海上人员机械及电伤害风险、海上作业遇风风险等。总之，渔船不仅仅要进行港口作业、海上航行，还必须在海上生产作业，而渔船由于受经济、规模、人员结构的影响，安全设备科学含量远远达不到商业船舶的水平，因此处处充满危险，是一个高风险的行业，而现行的规范并没有充分考虑渔船在整个生命周期中随机因素对结构及各种性能的影响。鉴于此，建议尽快将综合安全评估概念引入我国渔业船舶界，为我国渔业船舶安全发展战略提供思路。与此同时，有必要进行与渔船风险有关的评估的数据库研究，发展与渔船相关的评估方法，尽快达到实用阶段，以期与国际船舶界在综合安全评估研究方面达到同步。

第十章

渔 业 保 险 服 务

渔业保险是由保险人为从事渔业生产的企业或个人在捕捞作业或水产养殖过程中，对遭受自然灾害或意外事故所造成的经济损失，提供损失补偿或人身给付的一种保险，也是减少渔民的损失，尽快恢复正常的生活和生产的一项补救措施。

第一节　渔业保险概述

一、保险概述

保险源于风险的存在，我国自古就有"天有不测风云，人有旦夕祸福"和"未雨绸缪"的说法。人们在日常生活中，经常会遇到一些难以预料的事故和自然灾害，小到失窃、车祸，大到地震、洪水，意外事故和自然灾害都具有不确定性，故被称之为风险。

风险会给人类的生产生活带来许多不确定的损害或影响，它存在于社会生活的各个领域；风险具有损失发生的不确定性，以及风险的发生必然造成当事人的人身伤亡或财产损毁，从而产生经济上的损失。

保险源于14世纪的海上保险，随着海上贸易的发展，海上保险制度从意大利经葡萄牙、西班牙传入荷兰、英国和德国等国家。在一些经济发展较快的国家和地区，专门从事保险业务的机构开始出现，如英国皇家交易保险公司，以及迄今已有300余年历史的劳合社等。18世纪以来，资本主义商品经济快速发展，保险制度随之得到完善。19世纪后期资本主义国家相继完成了工业革命，极大地促进了资本主义经济的发展，服务于经济发展的保险业也发展壮大起来。经济的发展、竞争的加剧和科学技术的成熟，为规范保险业的经营管理及保险市场的扩大创造了条件，现代保险业日趋成熟。

1347年10月23日，意大利商船圣·科勒拉号要运送一批贵重的货物由热那亚到马乔卡。圣·科勒拉号的船长为转嫁航程途中可能遭受到地中海的飓风或海上暗礁带来的风险，便与意大利商人乔治·勒克维伦约定，船长先存一些钱在乔治·勒克维伦那里，如果6个月内圣·科勒拉号顺利抵达马乔卡，那么这笔钱就归乔治·勒克维伦所有，否则乔治·勒克维伦将承担船上货物的损失赔偿，第一份海上保险的保单便产生了，也成为现代商业保险的起源。

14世纪前后，日耳曼民族盛行的灾害损失共同出资救助算是互助保险的雏形。1667

年伦敦民用住宅和商业火灾保险、1855 年英国责任保险的开业，标志着保险业的迅速发展。

1. 保险的含义　保险作为分散风险、消化损失的一种经济补偿制度，可以从不同角度揭示其含义。从经济学角度来看，保险是通过建立风险基金，用于补偿因自然灾害或意外事故造成的人身伤亡或经济损失的一种社会互助性的经济补偿制度；从法学的观点来看，保险是一种法律关系，是经当事人约定，由一方当事人（投保人）交付保险费，另一方当事人（保险人）负责赔偿因自然灾害或意外事故而引起的经济损失的一种法律行为；从保险技术方面来看，保险是集中多数具有相同风险的个体，通过运用保险理论和技术，预测平均损失成本，使少数个体不能承担的经济损失由群体合理分摊的一种制度。

2. 保险的基本要素　是指开展保险活动应具备的基本条件。现代商业保险经营活动应满足 5 个基本条件：

（1）可保风险的存在。可保风险是指符合保险人承保条件的特定风险。

（2）大量同质风险的集合与分散。保险是经济补偿活动的过程，既是风险的集合过程，又是风险的分散过程。

（3）保险费率的厘定。是指合理制定保险产品的价格。

（4）保险基金的建立。由保险企业或其他保险组织筹集、建立起来的专项货币基金，用于补偿或给付由保险人应承担的保险责任的各种损失。

（5）保险合同的订立。体现投保人与保险人的权利与义务，并具有法律保障和约束力的书面协议，即保险合同。

3. 保险的特征　是指保险活动与其他经济活动相比所表现出的基本特性。一般来说，保险的基本特征包括：

（1）经济性。保险是一种经济保障活动，是整个国民经济活动的一个有机组成部分。保险的经济性主要表现在保险活动的性质、保障对象、保障手段、保障目的等方面。保障对象的财产和人身属于社会生产的生产资料和劳动力两大经济要素，保障手段最终都必须采取支付货币的形式进行补偿或给付，保障的根本目的无论从宏观还是从经营者微观的角度都是为了有利于经济发展。此外，在市场经济条件下，保险的经济性还表现为保险是一种特殊的劳务商品，体现了一种特殊的等价经济关系。

（2）互助性。保险具有"一人为大家，大家为一人"的互助特性。在一定条件下，保险分担了社会个人所承担的风险，从而形成了一种经济关系。这种经济互助关系通过运用多数投保人缴纳的保险费建立起保险基金，对少数遭受损失的被保险人提供补偿或给付而得以实现。虽然，通过保险企业这种中间性的机构来组织风险分散和经济补偿，使互助性的关系变成一种保险人与投保人直接的经济关系，但这种关系并不改变保险的互助性这一基本特性。

（3）法律性。保险是一种合同行为，其法律性特征主要体现在：保险行为是双方的法律行为；保险行为必须是合法的行为；保险合同当事人必须具有行为能力；保险合同双方当事人在合同关系中的地位是平等的。保险的法律性不仅体现在保险本身是一种合同行为，法律是保险行为的规范和实现的条件，而且法律也是保险组织和某些保险业务活动

（如法定保险、责任保险等）产生的前提。

（4）科学性。保险是以科学的方法处理风险的一种有效途径。现代保险经营以概率论和大数法则等科学的数理理论为基础，保险费率的厘定、保险准备金的提存等都是以科学的数理计算为依据。

4. 保险的功能　是由保险内在的本质和内容所决定的，主要体现为保障功能、资金融通功能和社会管理功能等方面。

（1）保障功能。保障功能是保险业的立业之本，最能体现保险业的特色和竞争力。保险保障功能具体体现为财产保险的补偿功能和人身保险的给付功能。

① 财产保险的补偿。保险的机能在于损失的补偿，当特定灾害事故发生时，在保险的有效期限和保险合同约定的责任和保险金额范围之内，按其实际损失金额给予补偿。保险的这种补偿既包括对被保险人因自然灾害或意外事故造成的经济损失的补偿，也包括对被保险人依法应对第三者承担的经济责任的经济补偿，还包括对商业信用中违约行为造成的经济损失的补偿。

② 人身保险的给付。人身保险是与财产保险性质完全不同的一类保险。由于人的生命价值很难用货币来计价，所以人身保险的保险金额是由投保人根据被保险人对人身保险的需要程度和投保人的缴费能力，在法律允许的范围和条件下，与保险人双方协商约定后确定。因此，在保险合同约定的保险事故发生或者约定的年龄到达或者约定的期限届满时，保险人按照约定进行保险金的给付。

（2）资金融通功能。资金融通功能是保险的衍生功能。保险人为了使保险经营稳定，必须保证保险资金的保值和增值，这就要求保险人对资金进行投资管理。资金融通功能的实现，一是由于保险费收入与赔付支出之间存在时间滞差，为保险人进行保险资金的融通提供了可能；二是保险事故的发生也不都是同时的，保险人收取的保险费不可能一次性全部赔偿出去，也就是保险人收取的保险费与赔付支出之间存在数量滞差，也为保险人进行保险资金的融通提供了可能。

（3）社会管理功能。保险的社会管理功能是在保险业逐步发展成熟并在社会发展中的地位不断提高和增强之后的衍生功能，具有十分丰富的内涵。

① 社会保障管理。社会保障被誉为"社会减震器"，是保持社会稳定的重要条件。商业保险是社会保障体系的重要组成部分，在完善社会保障体系方面发挥着重要的作用。一方面，商业保险可以为城镇职工、个体工商户、农民和机关事业单位等没有参加社会基本保险的劳动者提供保险保障，有利于扩大社会保障的覆盖面。另一方面，商业保险具有产品灵活多样、选择范围广等特点，可以为社会提供多层次的保障服务，提高社会保障水平，减轻政府在社会保障方面的压力。

② 社会风险管理。保险企业不仅具有识别、衡量和分析风险的专业知识，而且积累了大量风险损失资料，为全社会风险管理提供了有力的数据支持。同时，保险企业能够积极配合有关部门做好防灾防损，并通过采取差别费率等措施，鼓励投保人和被保险人主动做好各项预防工作，实现对风险的控制和管理。

③ 社会关系管理。由于保险介入灾害处理的全过程，参与到社会关系的管理之中，所以逐步改变了社会主体的行为模式，为维护政府、企业和个人之间正常、有序的社会关

系创造了有利条件，减少了社会摩擦，起到了社会润滑剂的作用，大大提高了社会运行的效率。

④ 社会信用管理。保险经营的产品实际上是一种以信用为基础、以法律为保障的承诺，在培养和增强社会的诚信意识方面具有潜移默化的作用。

保障是保险最基本的功能，是保险区别于其他行业的一个最基本的特征。资金融通功能是在保障功能的基础上发展起来的，是保险金融属性的具体体现，也是实现社会管理功能的重要手段。社会管理功能是保险业发展到一定程度，并深入社会生活诸多层面之后产生的一项重要功能。保险的三大功能之间既相互独立，又相互联系、相互作用，形成了一个统一、开放的现代保险功能体系。

5. 保险的基本原则

（1）诚实信用原则。是指保险合同当事人在订立合同时，以及在合同的有效期限内依法向对方提供可能影响对方是否缔约和缔约条件的重要事实，同时绝对信守合同缔结的认定与承诺。实践中诚实信用原则体现在两个方面：一是投保人不讲诚实、信用，故意隐瞒事实情况，欺骗保险人做出错误的判断，即使订立了保险合同，事后查实情况不符，保险人可以不负保险责任，对发生的保险事故可不支付赔款；二是保险人必须对保险条款用语的含义、条款规定，向保险人如实介绍。

诚实信用原则的主要内容有如实告知、保证、弃权与禁止反言。

（2）保险利益原则。保险利益是指投保人或被保险人对保险标的具有法律上认可的利益，也称可保利益。可保利益体现在被保险财产损毁、被保险人伤亡及投保人遭受经济上的损失等方面。如果投保人对保险标的不具有保险利益，签订的保险合同无效；保险合同生效后，投保人或被保险人失去了对保险标的的保险利益，保险合同随之失效，但人身保险合同除外。在财产保险中，首先是财产归谁所有，谁具有可保利益；其次是财产的经营人、保管人、承租人、抵押权人等对财产具有可保利益。

（3）损失近因原则。是指在处理保险赔案时，赔偿与给付保险金的条件是造成保险标的损失的近因必须属于保险责任，近因是引起保险标的损失的直接、有效、起决定作用的因素。只有当保险事故的发生与损失的形成有直接因果关系时，才构成保险人赔付的条件。在保险实务中，致损原因多种多样，对近因的认定和保险责任的确定也比较复杂，如何确定损失的近因，要根据具体情况做具体的分析。

（4）损失补偿原则。是指当保险事故发生后，被保险人从保险人那里所得到的赔偿应正好填补被保险人因保险事故所造成的保险金额范围内的损失。损失补偿原则只适用于财产类保险。如果保险人支付赔款超过实际损失的价值，就会使被保险人获利，诱使被保险人希望发生灾害事故，有些人就会故意制造事故损失。显然，这样做的结果会增加社会财富的损失，损害社会公共利益。所以，财产类保险，支付的赔款以不超过实际损失为原则。

损失补偿原则不适用于人身保险类，人身保险是采用定额给付方式，保险金额由投保人与保险人协商确定，主要由投保人根据自己的需要和缴费能力选定，保险人根据保险金额给付保险金，而不问实际损失多少。因此，人身保险可以向多家保险机构投保，在发生人身伤亡时，可以从多家保险机构获取保险金。

二、渔业保险的由来

渔业保险是由保险人（包括各种保险组织）为渔业从业人员在水产养殖、捕捞、加工、储运等生产经营过程中，遭受自然灾害或者意外事故所造成的损失提供经济补偿的保险保障制度。渔业保险包括水产养殖保险、渔船保险、人身保险、渔港设施保险，以及与渔业有关的其他保险。由于渔业生产经营环境的特殊性，渔业经营的高风险性，发生事故后的损失较大，出险事故赔付率高，加之保险费率厘定困难、现场查勘定损繁杂等因素，导致渔业保险经营难度较大。

渔业保险是以渔业从业者的生命、财产为保障对象的社会保障制度的一个组成部分，目的是保障渔业生产经营者在遭遇自然灾害或各种意外事故，暂时或永久、部分或全部丧失生活来源后，仍能获得基本生活资料。渔业保险属于大农业保险的组成部分，实施政策性农业保险符合世界贸易组织对农业支持的"绿箱政策"，目前已成为各国支持本国农业的基本手段之一。我国正在利用世界贸易组织的规则，借鉴国外的先进做法，积极推进渔业政策性保险，建立起有效的渔业保险保障体系。

我国渔业保险起步较晚，在中华人民共和国成立以前，当局曾提出过渔业和渔船的保险设想，1937 年浙江省渔业管理处主任提出"采渔民联合保险制，即因渔船之类别，每船交保险费若干，如遇某渔船渔具报坏或渔民蒙难，则予以赔偿或抚恤。"其他沿海地区也提出过渔业保险的提案，但都未得到政府的批准，而未付诸实施。

中华人民共和国成立后的 1951 年，中国人民保险公司浙江省分公司开展了渔业保险业务，分为渔船保险和渔工团体人身保险；1959 年中国人民保险公司停办了渔业保险业务，渔船遇险等事宜则由集体提留基金解决，渔民反响很大。1983 年 12 月，农牧渔业部和中国人民保险公司联合发布《关于开展国内渔船保险工作的通知》，并制定了《国内渔船保险条款（试行）》，渔船保险才在沿海地区逐步推开。到 1986 年底，全国海洋机动渔船承保的数量达 2.6 万余艘，占当时 23.9 万艘的 10.9%。1987 年 5 月，农牧渔业部和中国人民保险公司在青岛召开了全国渔船保险工作会议，进一步推动渔船保险工作。但渔船保险工作没有取得实质性进展，主要原因是渔船保险赔付率过高，商业保险经营亏损严重，部分地区的商业保险经营者退出了渔船保险市场。大量需要保险保障的中小型渔船经营者投保无门，一旦遭遇意外事故灾害后因得不到及时的经济补偿而陷入困境。面对我国渔业保险市场尚未形成，商业保险门槛很高，广大渔民渔船投保无门的情况，1994 年 7 月，为巩固渔业经济体制改革成果，满足广大渔民的保险需求，农业部发起成立了第一家全国性农业互助保险组织——中国渔船船东互保协会（为了更好地体现为渔业为渔民服务的宗旨，2007 年更名为中国渔业互保协会）专门从事渔业互助保险工作，具体承办渔民人身平安与附加意外伤害医疗互助保险、渔船全损与附加第三者碰撞责任和渔船综合互助保险，以及南沙、北部湾海域涉外责任和油污附加责任互助保险。

目前，渔业互助保险在维护会员权益、提供安全服务、提高防灾抗灾指导和促进渔区社会稳定方面正发挥着非常积极的作用。

三、渔业保险组织模式

互助保险是许多发达国家普遍采用的一种保险组织形式，在地中海沿海国家已有上百年的历史，日本、韩国及我国台湾地区也有几十年的历史。渔业保险经营的特殊性和渔民对渔业保险的需求，是渔业互助保险协会成立的前提条件。目前，我国渔业互助保险起步较晚，在管理体制和保险经营上尚没有完全统一的模式，大致可以分为以下几种：

1. 中国渔业互保协会　成立于 1994 年 7 月（原名中国渔船船东互保协会），会员由渔业经营人组成，接受农业部、民政部的业务指导和监督管理，总部设在北京。2007 年 7 月，经农业部、民政部同意，更名为中国渔业互保协会。

（1）协会宗旨。遵守中华人民共和国的法律法规和社会道德风尚，通过组织会员互助共济，为会员生命财产损失提供经济补偿，并向会员提供安全生产服务，提高会员的防灾和抗灾能力，维护会员的合法权益，促进渔业生产健康持续发展。

（2）业务范围。组织会员互助共济，为会员生命财产损失提供物质补偿；在受政府委托时，代办国家政策性渔业保险业务；协助有关安全主管机关做好渔业船舶的安全管理工作；向会员和有关方面提供有关法律和技术咨询服务；根据有关主管机关和会员的委托，调查处理渔业海事损失；进行有关渔船安全生产技术和设备的开发、推广和应用；开展符合协会章程精神的渔民公益事业；承办国内外民间海事、保险机构委托的有关业务，开展与该协会业务有关的国际交流与合作；承办业务主管部门交办的其他工作。

（3）组织机构。协会的最高权力机构是会员代表大会，理事会和监事会共同对会员代表大会负责，秘书处是日常工作机构。协会负责全国渔业互助保险业务的日常指导和管理工作，具体制定渔业互助保险发展规划、展业政策和内部管理规章制度。

2. 辽宁省渔业互保协会　成立于 2011 年 11 月 25 日，经辽宁省民政厅批准成立，实行互助保险的非营利性社会团体，总部设在大连。协会实行会员代表大会制度，设理事会和监事会，日常工作由秘书处负责。协会通过组织会员互助共济，为会员生命、财产损失提供经济补偿，并向会员提供安全生产服务，提高会员的防灾和抗灾能力，维护会员的合法权益，促进渔业生产持续发展。

3. 河北省渔业互保协会　成立于 2009 年 12 月，经河北省农业厅、民政厅批准成立，由全省范围内广大渔民以及其他从事渔业生产经营或为渔业生产经营服务的单位和个人自愿组成，实行互助保险的非营利性社会团体，总部设在石家庄。协会实行会员代表大会制度，设理事会和监事会，日常工作由秘书处负责。

4. 山东省渔业互保协会　成立于 2006 年 5 月，由山东省范围内渔业组织与个人自愿组成，实行互助共济的非营利性社团法人单位。会员代表大会为协会最高权力机构，按照协会章程实行理事会决策、监事会监督、秘书处执行的运行机制。业务范围涵盖全省主要渔区，总部设在济南。

5. 江苏省渔业互助保险协会　成立于 2008 年 12 月，总部设在南京。协会实行会员代表大会制度，设理事会和监事会，秘书处负责展业、理赔、财务、综合事务管理及其他理事会日常工作。

6. 浙江省渔业互助保险协会　成立于 2004 年 12 月 26 日，总部设在杭州，是浙江省范围内渔业组织与个人自愿组成、实行互助共济的非营利性的社会团体组织。协会实行会员代表大会制，会员代表大会是协会的最高权力机构，由会员代表大会选举产生的理事会为执行机构、监事会为监督机构，理事会、监事会对会员代表大会负责。协会通过组织会员参加互助保险，为会员生命财产提供经济补偿，并向会员提供安全生产服务，提高会员的防灾抗灾能力，维护会员的合法权益，促进渔业生产健康持续发展。

7. 广东省渔业互保协会 在交通部和农业部的支持下，广东省渔业行政主管部门报国家民政部同意，经广东省民政主管部门注册登记，于 1993 年 10 月成立了中国船东互保协会渔船船东广东分会，1996 年 12 月，更名为广东渔船船东互保协会。2007 年 2 月，根据广东省政府《关于大力推进我省保险业改革发展的意见》有关"支持在渔船船东互保基础上发展渔业保险"的精神，经广东省渔业行政主管部门审核同意，报省民政主管部门批准，更名为广东省渔业互保协会，总部设在广州。协会主要业务范围包括：组织会员互助共济，管理会员和会费（互保费）；协助安全监督管理部门做好渔业船舶的安全管理和防灾减灾方面的工作，包括船员培训、资料提供、安全宣传等；为会员提供有关法律和技术咨询服务；根据当事人和会员的委托，代理渔业船舶或事故受害人处理事故；承担涉外民间海事处理方面的代理和咨询服务等。

8. 福建省渔业互保协会 成立于 2011 年 12 月 20 日，总部设在福州，是全省范围内广大渔民以及其他从事渔业生产经营或为渔业生产经营服务的单位和个人自愿组成，实行互助保险的非营利性社会团体。协会通过组织会员互助共济，为会员生命、财产损失提供经济补偿，提高会员的防灾和抗灾能力，维护会员的合法权益，促进渔业生产可持续发展。主要业务范围包括：从事渔民人身意外伤害和渔船互助保险工作，并在风险管理、海事处理、安全培训、防灾减损、救助补助等方面提供更专业、更便利的服务。

9. 宁波市渔业互保协会 成立于 1996 年 9 月，是一家公益性、政策性和非营利性的社会组织，组织渔业业主参加互保，承办互保事故的勘查、理赔工作，开展宣传、推广、咨询等活动。协会实行会员代表大会制，会员代表大会是本协会的最高权力机构，由会员代表大会选举产生的理事会为执行机构、监事会为监督机构，理事会、监事会对会员代表大会负责。

10. 合作共保 是渔业互助保险机构与商业保险企业共同承办渔业保险的一种形式，目前在上海和海南两地处于试行阶段。

（1）上海模式。1994 年以前，上海的渔业保险是由商业保险企业承办的，险种仅限于渔船财产保险。1996 年，协会上海办事处受协会委托，与中国人民财产保险股份有限公司上海分公司签订共保合作协议，以协会上海办事处为主体共同经营渔业保险。2006 年，上海市农委与财政局联合发布了《关于将本市农机、渔船保险纳入农业保险补贴范围的通知》，将群众性渔船综合保险纳入农业保险补贴范围，确定市、区财政对群众性渔船综合保险的补贴比例为 30%，对参加渔船保险的船员免费赠送人身意外伤害保险（每人 20 万元），并明确由安信农业保险股份有限公司为主体承办渔船综合保险业务。自此，协会上海办事处开始了与安信农业保险股份有限公司合作之路，双方的承保比例各为 50%。医疗险的理赔由安信农业保险股份有限公司负责，展业及其他案件的理赔由协会上海办事处负责。

（2）海南模式。2007 年 7 月，根据海南省人民政府《关于印发建立我省农业保险体系意见的通知》和海南省人民政府办公厅《关于印发 2007 年我省农业保险试点方案的通知》，分别成立了海南省的渔船和渔民共保体，中国渔业互保协会作为两个共保体的主承保人，日常工作由协会海南省办事处负责。海南省农业保险工作领导小组办公室每年会印发《农业保险工作实施方案》，根据方案要求，渔船和渔民业务的省级财政补贴为 50％，市县级财政补贴为 10％。

第二节　渔业保险体系

互助保险是许多发达国家普遍采用的一种保险组织形式，在地中海沿海国家已有上百年的历史，在日本、韩国以及我国台湾也有几十年的历史。1985 年交通部成立了中国船东互保协会，船舶互助保险形式在我国诞生，当时由 70 多家国内航运企业组成。

一、主要经营险种

1. 渔船互助保险　渔船互助保险现有渔船全损、渔船全损附加第三者碰撞责任和渔船综合互助保险 3 类。

（1）渔船全损互助保险。互保责任包括由于自然灾害或意外事故造成渔船的全部损失（如沉没、失踪），为避免渔船全损事故的发生而采取的有效施救所产生的合理费用（如发生事故渔船面临沉没危险时，请求别船有偿救助所发生的费用），为确定事故性质、损失程度而支付的检验和评估或者向第三者追偿所需的费用等，互保责任以不超过互保金额为限。

（2）渔船全损附加第三者碰撞责任互助保险。互保责任包括渔船全损和第三者碰撞责任。即除了承担渔船全损互保责任外，对会员船东应当承担的第三者碰撞事故赔偿责任（包括船体损失、机械设备损失、救助费用），互保责任以不超过互保金额为限。

（3）渔船综合互助保险。互保责任包括渔船全损和第三者碰撞互保责任，风损、火灾（爆炸）、碰撞、触损搁浅（触礁）等渔业船舶水上安全生产事故、意外事故，以及自然灾害所造成的渔船部分损失，互保责任以不超过互保金额为限。

2. 渔业基础设施互助保险　渔业基础设施互助保险的标的为渔业基础设施的主体建筑物及栈桥。互保责任包括：火灾、爆炸、雷击、暴雨、洪水、热带气旋、龙卷风、雪灾、雹灾、冰凌、泥石流、崖崩、突发性滑坡、地面下陷下沉、飞行物体及其他空中运行物体坠落等所造成的渔业基础设施的损害；在发生互助保险事故时，为抢救标的或防止灾害蔓延，采取合理而必要的措施所造成互助保险标的的损失；会员为防止或者减少互助保险标的损失所支付的必要的、合理的费用。

渔业基础设施互助保险标的的名称与范围应明确，非经特别约定，通常不包括供电设施、供水设施、机械设施及仓库等其他附属设施。

3. 船用产品互助保险　渔船船用产品种类较多，当前试行船用产品互助保险的主要有救生筏产品质量保证互助保险和救生筏产品责任保证互助保险。

（1）救生筏产品质量保证互助保险的标的为经渔业船舶检验机构检验合格、被允许批量生产、在国内市场（不含港、澳、台地区）销售的救生筏产品。互保责任包括会员对其当年销售的产品，不具备产品的使用性能而事先未说明的，或者不符合产品或包装上注明采用的产品标准的，或者不符合产品说明或实物样品等方式表明的质量状况的。依照《中华人民共和国产品质量法》，承担修理、更换或退货的责任，以及由于上述原因引起的应当由会员承担的合理的运杂费及其他费用。

（2）救生筏产品责任保证互助保险的标的为经渔业船舶检验机构检验合格、被允许批量生产、在国内市场（不含港、澳、台地区）销售的救生筏产品。互保责任包括救生筏产品所造成他人的人身伤害和财产损失，或者索赔人对会员提起仲裁或诉讼所产生的相关费用。但救生筏产品造成会员人身的伤害不在责任范围内。

4. 人身保险

（1）渔民人身平安互助保险。渔民人身平安互助保险承保险对象是从事渔业生产或为渔业生产服务的，年龄为16～70周岁、身体健康、具有正常工作和生活能力的自然人。

保险责任包括：被保险遭受意外伤害，并自该意外伤害事故发生之日起180日内因同一原因身故的，给付身故保险金；保险期间内，被保险人失踪，且人民法院判决宣告死亡或公安部门出具的户口注销的，给付身故保险金；被保险人因遭受意外伤害，造成《人身保险伤残评定标准》所列伤残项目，给付伤残保险金。

（2）雇主责任互助保险。雇主责任互助保险是指在保险期间内，雇工因下列情形导致死亡或伤残，根据中华人民共和国法律法规应由会员承担的经济赔偿责任，协会按保险合同约定予以赔偿。

保险责任包括：在工作时间和工作场所内，因工作原因受到事故伤害的；工作时间前后在工作场所内，从事与工作有关的预备性或者收尾性工作受到事故伤害的；在工作时间和工作场所内，因履行工作职责受到暴力等意外伤害的；被诊断、鉴定为职业病（仅限减压病）的；因工外出期间，由于工作原因受到伤害的；在上下班途中，受到非本人主要责任的交通事故或者城市轨道交通、客运轮渡、火车事故伤害的；在工作时间和工作岗位，突发疾病死亡或者在72小时之内经抢救无效死亡的；在抢险救灾等维护国家利益、公共利益活动中受到伤害的；以及保险事故发生后，为确定雇工伤残程度，会员支付的必要的、合理的伤残鉴定费用、职业病鉴定费用。

（3）意外伤害医疗互助保险。是指人身平安互助保险的被保险人或雇主责任互助保险的雇工，在保险责任范围内因意外伤害而引起的医疗救治费用。

保险责任包括：符合保险合同签订的医疗保险或工伤保险诊疗项目目录、药品目录、医疗服务设施范围和支付标准的医疗费用；急救车费；安装假肢、矫形器、假牙、假眼和配置轮椅等残疾辅助器具所需费用；以及对伤残鉴定费用、职业病鉴定费用（按50％的比例在医疗费用赔偿限额内赔偿）。

二、业务处理流程

（一）申请入保程序

1. 书面申请报告 渔船在加入保险前需向保险机构提交书面申请报告，报告需要写明申请人和渔船的相关情况及申请加入保险的理由。

2. 填写相关文书　申请人在保险机构提供的格式文书上填写有关的资料，并承诺加入保险后需要承担的义务和享有的权利，并定期缴纳保费。

3. 有关部门审核　保险部门根据有关法律和保险的章程，认真审核后决定是否同意该申请人加入保险。

4. 确认相关权利和义务　双方签订加入保险的合同书，确认双方的权利和义务，按规定缴纳相关费用。

双方签订的保险合同书生效后，申请人按规定要向保险机构缴纳相关的费用。

（二）理赔处理流程

1. 遇险损失报告　渔船遇险以后，渔船的产权所有人要及时向保险机构报告，将发生的时间、地点遇到何种情况以及渔船和人员的伤亡程度以书面形式向保险机构汇报。

2. 现场勘验取证　保险机构要及时指派工作人员到遇险的渔船现场进行勘查取证，可以用摄像、拍照等方法取得证据，同时还要与当事人和相关人员进行谈话，了解事发时的具体情况，以掌握第一手的资料，并进行当场笔录和录音。

3. 分析遇险或事故责任　根据现场勘查和了解当事人和证人的材料，保险机构要依据相关的法律规定进行遇险事故的分析，确认是由自然灾害造成的，还是人为造成的，同时分析认定造成事故的主要责任人和次要责任人。

4. 损失评估　对渔船的损坏或沉没，通过勘查渔船损坏的程度，由专门机构和技术人员做出价值评估，对人员伤亡程度也相应做出评估，并制作损失评估书。

根据评估书的意见，保险机构要依据理赔的相关规定，做出全部理赔和部分理赔的决定，并将决定告知渔船的产权所有人；人员伤亡的理赔要告知当事人或家属。

5. 实施理赔决定　双方没有异议后，实施理赔决定，保险机构向保险申请人赔付渔船遇险后的损失，遇险人员获取保险机构的相关费用。

第三节　渔业互保与安全管理

中国渔业互保协会自 1994 年成立以来，在没有针对性法律法规支持的背景下，从实际出发，充分发挥渔业主管部门的重要引领作用，在农业部关心指导下，在有关部门的大力支持下，协会秉承"互助共济、服务渔业"的宗旨，坚持把互助保险工作与安全生产管理紧密结合起来，走出了一条具有中国特色的渔业互助保险发展道路，开创了互助保险解决渔业风险保障的新路径。经过多年的不断发展，渔业互助保险在渔业主管部门和广大渔民群众之间充分发挥了桥梁和扭带作用，已成为我国渔业安全管理和防灾减灾工作的重要抓手，发挥了渔区经济社会"稳定器"和"安全阀"的重要作用。

一、渔业互助保险有效填补了渔业保险空白

26 年来，渔业互助保险从无人问津的中小型渔船保险入手，稳步推进国内大型和远洋渔船渔民、港澳流动渔船渔民、特定水域涉外责任、渔港基础等一系列特色鲜明的保险业务，不断拓展服务领域，走出一条中国特色渔业风险保障之路。目前，渔业互助保险坚持从渔民安全生产出发和行业安全发展实际需求出发，按照"共保障、广覆盖、多受益"

的原则，积极承载巨额风险，为渔业可持续发展筑起一张安全保障网，有效填补了渔业保险的空白。

目前，渔业互助保险工作已在全国 25 个省（市、区）展开，会员总数量达到 23 万人

二、渔业互助保险有效支撑了渔业安全管理

26 年来，渔业互助保险始终把自身发展置于行业发展之中来谋划，积极发挥自身优势，坚持将保险业务与安全生产工作紧密结合。全力支撑配合地方党委政府和渔业主管部门落实各项渔业安全生产措施，推进安全管理关口前移。主动配合各级渔业主管部门开展安全生产宣传、检查和技能培训，免费为渔船配备救生设备、急救用品，奖励渔船开展海上自救互救，坚持开展渔业安全事故分析，每年出版分析报告提出建议，在渔业安全管理和防灾减灾方面发挥了不可或缺的作用。

近几年，渔业互助保险系统为不断加强渔业安全生产投入，安排专项资金近 5 亿元，向 12 万渔民免费发放救生衣、保暖工作费、灭火器等设备用于安全风险管控服务，在渔业安全生产管理方面发挥了积极作用。

三、渔业互助保险有效维护了渔区稳定

26 年来，渔业互助保险坚持贴近渔民、靠前服务，始终贯彻"主动、迅速、准确、合理"的理赔原则，不断完善程序、简化手续，加快赔付速度。事故发生后，及时履行保险赔付责任，及时主动将理赔款送到受灾渔民群众手中，有效化解渔区社会矛盾，减少了因灾返贫致贫现象的发生。同时还积极协助各级政府做好事故的善后工作，调处纠纷化解矛盾，开展困难帮扶慰问，成为地方政府的好帮手和渔业部门的好助手。

截至 2019 年底，渔业互助保险全系统累计承保渔民 1 336.4 万人次，承保渔船 95.5 万艘次，为渔民群众提供风险保障近 3.5 万亿元，共计为 1.4 万名死亡（失踪）渔民、11 万受伤渔民以及近 11 万艘渔船支付经济赔偿金超 69 亿元。

四、渔业互助保险是防灾减灾体系的重要一环

渔业互助保险是渔业安全工作的重要组成部分，是构成渔业防灾减灾体系的重要一环，防灾是手段，减灾是目的。教育、培训、检查、预报作为防灾的主要内容，在一定程度上减少了灾害发生概率，但减灾还有一个重要方面就是提供经济补偿以减少经济损失。渔业互助保险全系统会积极探索、稳步拓展服务功能，将为渔民提供事后的经济补偿服务向渔业安全的事后、事中、事前全程服务转变；将服务目标从减轻灾害损失为主向保障渔业经济发展和维护社会稳定转变；要把渔业互保工作与渔业安全和防灾减灾工作更加紧密结合起来，成为渔业经济发展的稳定器和推进器。

第十一章
渔业安全文化教育与宣传

第一节　渔业安全文化教育培训

　　渔业是我国国民经济中的重要行业，是农村经济的优势产业，同时也是高风险行业。加强渔业安全生产工作，对于促进渔业健康发展、保障人民群众生命财产安全、加快社会主义新农村建设具有重要意义。经过多年努力，我国渔业安全生产工作取得较大进展，但是由于渔业作业地点分散、个体生产经营单位众多、受自然环境因素影响大、基础设施和技术装备相对落后等原因，渔业安全生产形势依然严峻。特别是受水上生产运输活动日益活跃以及极端天气事件多发等因素影响，各类渔业安全事故时有发生。所以，渔业安全文化教育培训关系到渔业生产人员的生命财产安全，它的开展至关重要。渔业安全文化对于营造安全生产舆论氛围、增强渔业从业人员的安全意识、有效防范渔业船舶水上安全事故具有重要作用。树立与时代发展相适应的渔业安全文化理念，坚持"以人为本"，从人的需求出发，把关心人、理解人、尊重人、爱护人作为渔业安全生产宣传教育工作的基本出发点，运用各种方式传播安全文化，营造安全文化的环境，深化渔业安全宣传教育，汲取国内外及其他行业安全文化建设的先进经验，努力探索渔区安全文化建设的新途径、新方法，唱响"关爱生命，关注安全"的安全文化主旋律。

　　安全文化教育培训是安全文化建设工作的一个重要方面，是提高渔民安全意识和专业技能的重要途径之一，是一项不直接产生经济效益的基础性工作。国内外的统计资料研究表明，95％以上的事故是由人的不安全行为造成的，这些不安全行为具体表现在安全知识不够、安全意识不强、安全习惯不良等方面。掌握安全知识、增强安全意识、改善安全习惯最有效的手段之一就是强化安全教育培训，主要有以下 3 种方式。

　　1. 对培训方式进行改进，加强安全文化教育培训　　理论培训与实际操作培训相结合，注重提高渔船船员的实际操作能力培训的同时，抓好集中脱产培训这个关键环节，充分利用电视、多媒体等手段，采取情景模拟、案例分析、双向交流等灵活多样的形式传授安全知识进行安全文化教育。强化实践教学，更多地采用实物、现场参观、案例分析、现身说法等生动形象和直观的教育方法，增强安全文化教育效果。特别是针对渔民文化水平较低的现状，利用图文并茂的直观方法进行培训，坚持文化补习与安全培训相结合、针对性教育与系统知识讲解相结合、形象化培训与资深船东"传、帮、带"相结合，切实提高渔业安全文化教育的效果。

2. 对考核机制进行完善，落实安全文化教育培训　培训与考试合一的体制，是计划经济时代的产物。随着法制化建设的进程，考培合一的缺陷暴露无遗，考培分离制度的有效实施，可以强化考试发证机关责任，提高培训机构教学质量，提升安全文化教育水平。考试发证机关要审定出版统一的培训教材，完善统一的教学大纲和考试题库，严格考核标准，严肃考场纪律；培训机构要按照培训教材和大纲进行教学，确保安全文化教育培训的教学质量。

3. 培训机构建设与监管　完善培训机构管理办法，规范渔业安全培训机构设置，对现有培训机构进行清理，坚持统一规划、归口管理、分级实施、分类指导，实现资源整合。实行培训机构资质认可制度，规范培训机构的办学场所、教学设施、实验室、教材和教学师资等各项硬件和软件条件。同时，国家还应从政策和资金方面予以扶持，帮助培训机构改善办学条件，提高培训能力和水平。

建立规范的教学评估机制，制定培训机构评估标准和培训质量评估考核标准，将培训评估纳入日常管理。定期对培训质量进行检查，实现培训工作的规范化和科学化。通过对培训标准、培训模式、培训方案、培训师资、培训方法、培训效果、应用实践等要素进行评估，促进培训目标的准确定位，使培训工作与渔业安全生产紧密地联系在一起。同时，利用评估结果来推动培训工作的进一步规范与完善，对培训工作实现有效控制，促进培训质量的进一步提高。

第二节　渔业安全宣传推广

一、渔业安全宣传概述

随着党和政府对安全生产工作的不断重视，地方各级政府和渔业行政管理部门都能够把以人为本、强化安全宣传教育作为渔业安全生产管理的一项重要工作，坚持"宣传教育为先"的原则，开展广泛的渔业安全生产知识、规范的宣传教育活动，努力营造良好的渔业安全生产氛围。

1. 渔业安全宣传的目的　安全宣传的目的是将"要你安全"转变为"我要安全"，将受教育者偏重于被动地接受转变为主动地渴求。通过宣传工作，使渔业从业人员加深对渔业安全工作的认识，提高安全生产意识，掌握渔业安全生产知识和安全技能，防范和减少渔业船舶水上安全事故的发生。通过对渔民的宣传教育，提高渔民的安全知识和安全技能，避免和减少在渔业生产过程中发生违章和违法行为，杜绝因违规操作或安全知识的缺乏而产生的渔业船舶水上安全事故。通过对渔船经营者的宣传教育，增强渔业船舶安全生产第一责任人意识，提高经营者的安全责任感，让他们知道渔业安全生产的重要性，避免或减少渔业船舶安全事故的发生，维护船员的身体健康和生命安全。通过对渔业行政管理人员和渔业行政执法人员的宣传教育，提高渔业行政管理人员和渔业行政执法人员的安全责任意识，避免和减少在安全监管过程中的缺位或越权行为。通过对渔区的宣传，提高渔区社会成员主动参与度，特别是增加渔民家属参与渔业安全生产管理的热情。通过对社会的广泛宣传，发动社会各方面的力量，密切配合，齐抓共管，形成安全第一、综合治理的良好社会氛围。

2. 渔业安全宣传的特征　渔业安全宣传工作由政府主导，渔业行政主管部门负责实施，但这并不意味着渔业行政主管部门要去直接组织完成渔业安全宣传工作的每一项活动，而是要求渔业行政主管部门要做好渔业安全宣传工作的规划、措施的落实及保障等方面工作。渔业安全宣传工作具有宣传主体的广泛性、宣传对象的多样性和宣传工作的公益性等特征。

（1）宣传主体的广泛性。具有宣传职能的机构主要有专业宣传部门、法制宣传部门、新闻传播部门、渔业行政主管部门、渔政渔港监督管理机构、渔业船舶检验机构、渔业企业以及各类渔业协会和渔业经济合作组织等。

渔业安全宣传工作主体的广泛性，扩大了宣传教育的覆盖面，为开展横向到边、纵向到底的渔业安全宣传工作创造了良好的条件。

（2）宣传对象的多样性。渔业安全宣传的对象众多，一切有接受教育能力的公民都是渔业安全宣传的对象，作为渔业从业者队伍成员的渔业管理人员、渔业企业经营管理人员和渔业生产者是渔业安全宣传工作的重点对象。而渔业从业者队伍在受教育程度、工作岗位、工作环境等方面又存在很大差异，对渔业安全生产宣传的认知程度也各不相同。因此，在实施渔业安全宣传时，根据不同的对象，采用不同的方式，以提高宣传工作的效果。

渔业安全宣传对象的多样性，产生了对宣传需求和接受的多样性，需要在宣传工作中针对不同对象群体的特点，进行分类指导，增强宣传的针对性。

（3）宣传工作的公益性。从事渔业安全宣传工作的机构，要运用各种宣传资源，公开、免费向公众宣传渔业安全生产的法律法规和方针政策。社会公众，特别是渔业生产者，接受渔业安全宣传教育服务都是无偿的。

渔业安全宣传工作作为一项社会性事业，资金保障是工作顺利开展的重要保证。当前，渔业安全宣传工作经费主要依靠政府财政拨款，所需经费列入各级政府的财政预算，从而保证了宣传工作的有效运行。

3. 渔业安全宣传的原则　渔业安全宣传原则是进行渔业安全宣传教育活动中应遵循的行为准则，在开展渔业安全宣传工作时应当遵循以下原则：

（1）目的性原则。根据渔业安全宣传客体的不同特点，运用针对性的宣传方式和内容，是渔业安全宣传成效的关键所在。只有明确了宣传工作的目的，才能做到有的放矢，提高宣传教育的效果。

（2）理论与实践相结合原则。安全活动具有实用性和实践性，开展渔业安全宣传工作的最终目的是为了防范安全事故的发生，通过生产的实践活动，能够更好地达到这一目的。因此，开展渔业安全宣传工作，必须做到理论与实践相结合。

（3）调动积极性原则。从受宣传者的角度看，接受安全教育，利己、利家、利人，是与自身和他人的安全、幸福、健康息息相关的事情。只有接受渔业安全宣传教育是发自内心要求的，渔业安全宣传工作才能取得事半功倍的效果，从事安全宣传工作的人才会有成就感。

（4）巩固提高原则。随着渔船生产工具的更新换代，作业方式、作业环境和科学技术的变化，渔业船员的生活和工作也随之发生巨大变化，这就对渔业安全宣传工作提出了新的要求，需要对渔业从业人员特别是渔业捕捞生产人员进行反复的宣传教育，以提高广大渔业从业人员的安全意识。

二、渔业安全宣传的主体

渔业安全宣传的主体主要包括政府、渔业行政主管部门、渔政渔港监督管理机构、渔业企业以及各种渔业经济合作组织和传播媒体。

1. 政府 政府是渔业安全宣传工作的主导者，负责渔业安全宣传工作计划的制订、指导和监督检查。

（1）制定渔业安全宣传工作规划。制定渔业安全宣传工作规划，逐步建立和完善渔业安全宣传工作体系，形成广覆盖的渔业安全宣传网络。倡导渔业安全文化，鼓励和支持编制出版渔业安全科普读物和音像制品等渔业安全文化产品。将渔业安全生产的相关政策及法律法规纳入渔业行业宣传工作计划范围。强化渔业安全生产职业教育、企业教育和社会宣传教育，提高全体渔民的安全素质。

（2）指导地方渔业安全宣传工作。地方渔业安全宣传工作必须围绕国家的安全战略方针来开展，并结合地方实际情况开展宣传教育工作。根据渔业安全宣传工作规划，明确各个时间段安全宣传的重点内容，指导下级开展渔业安全宣传工作，落实具体措施。

（3）建立健全宣传工作的检查监督机制。建立舆论和公众监督机制，鼓励群众举报安全宣传工作中的不当行为。包括渔业安全宣传工作的计划执行、宣传措施的落实和效果，以及履行渔业安全宣传工作职责情况，防止渔业安全宣传工作搞形式、走过场的现象发生。

2. 渔业行政主管部门 渔业行政主管部门是渔业安全宣传工作的实施者，是渔业安全宣传工作成败的关键所在，负责渔业安全宣传工作的实施。

（1）制订渔业安全宣传工作的实施方案。渔业安全宣传工作实施方案的制订应当具备指导思想、参加部门、活动主题、活动形式等内容，以方便渔业基层组织、渔业企业和渔船根据自身的特点开展相应的宣传工作。

（2）逐级落实渔业安全宣传的工作目标。下级渔业行政主管部门应当根据上级渔业行政主管部门制订渔业安全宣传工作目标实施方案，开展渔业安全宣传工作。要层层落实责任，使渔业安全宣传工作切实深入渔村、渔港和渔船，形成渔区、渔港和渔船对渔业安全工作共同重视的局面。

3. 渔政渔港监督管理机构 渔政渔港监督管理机构是渔业安全宣传工作的推动者，通过联合检查和实施渔业行政处罚等行政执法措施，向广大渔民宣传渔业安全法制、渔业安全标准和渔业安全生产知识。

4. 渔业企业 渔业企业是渔业安全宣传工作的最终落实者，渔业企业落实渔业安全管理工作的重要手段之一就是渔业安全宣传工作。党的政策方针、政府制定的渔业安全法规、标准及措施等都是通过渔业企业来落实。

5. 传播媒体 渔业安全宣传工作根据对象的广泛性和分散性特点，利用报刊、广播、电视和网络等传播媒体，开展安全文化、安全法制、安全责任、安全科技和安全投入等方面的宣传，普及渔业安全生产知识，完善与规范安全生产信息发布，具有可操作性、经济实用性和良好的社会宣传效果。

6. 社会组织　渔业安全宣传工作作为一项社会性事业，仅仅依靠政府相关部门和渔业行政主管部门来承担是不够的，必须吸引如渔业协会、渔民协会、渔业经济合作组织、渔业保险机构等社会组织参与其中，才能取得更好的渔业安全宣传工作效果。

三、渔业安全宣传的客体

渔业安全宣传的客体主要是渔业安全宣传的对象，包括渔业生产者、渔业管理人员、渔业社区和社会民众。

1. 渔业生产者　包括在水上直接从事生产作业的渔业生产劳动者和渔业生产经营者。渔业生产劳动者的主要特点：一是文化素质不高，专业基础知识薄弱；二是安全生产意识淡薄，安全风险防范意识不强，水上自我保护能力比较差；三是法制观念不强，违规操作时有发生。

渔业生产经营者在渔业安全活动中的主要特点：一是以生产经营为主，对渔业安全宣传工作不关心；二是虽然有一定的文化基础，但由于长期从事渔业生产经营活动，养成了渔业安全法制意识不强的习性；三是重生产经营活动、轻渔业安全知识宣传工作。

2. 渔业管理人员　包括渔业行政主管部门的管理人员和渔业行政执法人员。渔业管理人员主要的特点：一是具有较高的文化素养和行政管理能力；二是承担着管理和监督的双重职能；三是安全意识较强，落实安全宣传措施时遇到的阻力较多。

3. 渔业社区　包括渔村、渔业生产单位、渔港码头，以及涉及与渔业生产、经营活动有关的区域和人员，他们是搞好渔业安全生产工作的直接推动者。

4. 社会民众　安全生产是与人类的生产生活相关的一项活动，因此渔业安全宣传工作当然包括整个社会民众在内。

四、渔业安全宣传内容

1. 宣传安全生产重大决策部署　认真贯彻宣传党和国家、省、市、县政府有关安全生产的方针政策，大力宣传××年全国、全省、全市、全县安全生产工作会议及全省、全市、渔业安全生产工作会议精神与有关安全生产工作重大决策部署，宣传安全生产面临的形势和工作的总体部署，提高渔业安全监管法律、政策与措施的知晓率。

加强工作任务宣传。深入总结宣传安全生产"党政同责，一岗双责"和渔业船舶主体责任落实、依法加强监管执法、渔船生产安全隐患排查专项整治和安全生产长效机制建设的经验做法。

2. 宣传安全生产法律法规规章制度　加强法规规章制度宣传。通过印发传单、制作宣传手册、宣传专栏和宣传标语等形式，加大以《中华人民共和国安全生产法》《中华人民共和国渔业法》为主要内容的法律法规、规章制度的宣传贯彻力度，普及渔业安全生产法律、安全知识，提高渔区群众安全生产法制意识和安全生产意识。

加强控制指标实施情况宣传。做好渔业安全生产目标管理责任制控制指标实施情况的通报、年考核，在翌年初表彰前一年度渔业安全生产目标管理责任制先进单位和先进工作者，进一步推动渔业安全生产目标管理责任制的落实。

加强信息报送力度。相关单位要加强渔业安全生产工作信息的采编力度，提高信息质量，积极向市、县政府安办及市、县农业农村局和省级渔业行政主管部门报送工作信息。相关单位必须按要求完成投稿任务，信息报送情况列入年度目标责任考核。

3. 宣传安全生产重大专题活动　开展"安全生产月"宣传活动。以"强化红线意识，促进安全发展"为主题，制定"安全生产月"活动。在全县渔业行业深入开展"宣传咨询日"活动，大力宣传安全生产法律法规，向广大渔民提供渔业安全生产政策法规咨询等活动；配合县政府安全委员会组织开展"安全生产宣传咨询日"活动。

开展"防灾减灾日"宣传活动。根据国家减灾委员会和应急管理部有关开展"防灾减灾日"工作部署，继续开展形式多样的渔业防灾减灾科普宣传活动，提高公众对渔业灾害的防灾减灾意识，提高群众自救互救能力。

开展"打非治违"工作宣传。充分利用平面媒体、互联网、手机短信、户外宣传栏、横幅标语等各种载体，宣传打击非法违法渔业生产经营行为，揭示非法违法行为的性质、危害，营造浓厚氛围，推动"打非治违"工作常态化。

4. 宣传安全生产常识　制作安全生产知识宣传手册。以法制宣传、基本常识、安全技能、渔保政策等内容为重点，制作渔业安全生产知识宣传手册向广大渔民发放，不断提升从业人员安全素质和防灾避险能力。

开展安全教育培训。要结合本地实际加强包括职务船员培训在内的各类渔业安全生产教育培训工作，提升渔业从业人员的安全意识和技能水平，进一步强化法律意识和安全意识，提高从业人员防范事故和应对突发事件的能力，增强做好安全生产工作的自觉性。开展渔业互助保险政策宣传。要从本地渔业互助保险发展的实际出发，进一步加大宣传力度，将宣传工作做到渔村、渔港、渔船，提高渔民群众的保险意识和全社会对渔业互助保险的认知度，将更多的渔民纳入渔业互助保险保障范围。同时，结合渔业安全生产、渔业行政管理和渔业执法等工作，充分利用新闻媒体，多渠道、多角度、多层次广泛宣传渔业互助保险化解生产风险的作用，进一步增强渔区广大干部群众的风险防范意识和保险意识，提高渔民入会参保的积极性。

5. 宣传安全生产文化环境建设　开展应急预案演练周活动。要结合防汛防台风工作，按照相关预案，积极组织开展渔业防台风应急演练、渔业船舶水上突发事件应急处置演练等活动，提升渔船自救互救和防御台风能力。

第三节　渔业安全文化体系

一、渔业安全文化的概念

1. 安全文化　安全文化的概念最先由国际核安全咨询组（INSAG）于 1986 年针对切尔诺贝利事故，在 INSAG - 1（后更新为 INSAG - 7）报告提到"苏联核安全体制存在重大的安全文化的问题"。1991 年出版的 INSAG - 4 报告即给出了安全文化的定义：安全文化是存在于单位和个人中的种种素质和态度的总和。文化是人类精神财富和物质财富的总称，安全文化和其他文化一样，是人类文明的产物，是在人类社会发展过程中，为保障人们生命安全与健康、保障生产经营活动正常进行所创造的安全生产物质财富和精神财富的总和。安全文化有广义和狭义之别，但从其产生和发展的历程来看，安全文化的深层次内涵，仍属于"安全教养""安全修养"或"安全素质"的范畴。这一定义把"安全"和"文化"两个概念都进行了广义解释，安全不仅包括生产安全，还扩展到生活、娱乐等领域，文化的概念不仅包含观念文化、行为文化、管理文化等人文方面，还包括物态文化、环境文化等硬件方面。

从文化的形态来说，安全文化的空间结构可分为物质层（安全物态文化）、制度层（安全行为文化和安全管理文化）和精神层（安全观念文化）3个层面。

（1）安全物态文化。是安全文化物质基础的保障，它是以物质或物化形态表现的，它是外显的，包括人类为了生活、生产的需要而制造并使用的各种安全防护工具、器具和物品。它是安全文化发展的物质基础，也是安全文化发展历史和水平的标志。安全物态文化既包括服务于安全生产的一切设备、设施、物资等物质，如渔业安全生产中的安全帽、救生衣、救生圈等安全防护用品，也包括各级政府、渔业行政主管部门及相关安全生产监督管理部门的行政管理人员、监管人员和生产经营单位的所有从业人员。意识来源于物质，物质是文化的体现，又是文化发展的基础。因此，安全物态文化是培育安全文化的重要基础层。

安全物态文化还是形成观念文化和行为文化的条件。生产过程中的安全物态文化体现在人类技术和生活方式与生产工艺的本质安全性，生产和生活中所使用的技术和工具等人造物及与自然相适应的有关安全装置、仪器、工具等物态本身的安全条件和安全可靠性等。

（2）安全行为文化。是指在安全观念文化指导下，人们在生活和生产过程中的安全行为准则、思维方式、行为模式的表现。行为文化既是观念文化的反映，同时又作用和改变着观念文化。现代工业化社会需要发展的安全行为文化是：培养科学的安全思维习惯，强化高质量的安全学习，执行严格的安全规范，进行科学的安全领导和指挥，掌握必需的应急自救技能，进行合理的安全操作等。

（3）安全管理文化。也称安全管理制度文化，是安全价值观和安全行为准则的总合，体现为每一个人、每一个单位、每一个群体对安全的态度、思维程度及采取的行动方式，是人们为了安全生活和安全生产所创造的文化，它是组织行为文化中的重要部分。管理文化是指对社会组织（或企业）和组织人员的行为产生规范性、约束性影响和作用，它集中体现观念文化和物质文化对领导和员工的要求。安全管理文化的建设包括从建立法制观念、强化法制意识、端正法制态度，到科学地制定法规、标准和规章，以及严格的执法程序和自觉地守法行为等。同时，安全管理文化建设还包括行政手段的改善与合理化、经济手段的建立与强化等方面。

（4）安全观念文化。安全文化是以人的意识形态表现的，它是无形的、内隐的、不易觉察的，是人们对安全规律的认识和头脑中的各种安全观念，因此也称为安全观念文化。

安全观念文化是经过一系列的安全生产制度、规程、理论的长时间引导与约束，最终在人们心理意识中形成特定的安全价值观和行为准则，包括对安全生产重要性的认识、法制意识、责任意识等方面，这是安全文化最直观、最主要的表达形式。

安全观念文化，主要是指决策者和大众共同接受的安全意识、安全理念、安全价值标准。它是安全文化的核心和灵魂，是形成和提高安全行为文化、制度文化和物态文化的基础和保障。目前，需要建立的安全观念文化是以预防为主的观念、安全也是生产力的观念、安全第一的观念、安全就是效益的观念、安全性是生活质量的观念、风险最小化的观念、最适安全性的观念、安全超前的观念、安全管理科学化的观念等，同时还要有自我保护的意识、保险防范的意识、防患未然的意识等。

2. 渔业安全文化的形成与发展 渔业安全文化是指人类在渔业生产、生活和与大自然做斗争的过程中，为保障生命安全与健康、保障生产生活正常进行所采取的普遍认同的办法、措施和经验，形成了有价值的行为准则，包括安全常识、安全教育、安全培训、安全理论、安全科学、安全法律法规，以及人们的安全价值观、安全判断标准和安全能力、安全行为方式等。

（1）渔业安全文化的形成。渔业安全生产除了与安全技术、安全设施相关外，还与渔民的安全知识以及人的观念、态度等基本的人文因素密切相关，这些更为深层的人文背景直接影响和决定着渔民的安全意识、安全素质和安全行为。各种人文因素的综合就是渔业安全文化。

渔业安全文化在渔业生产发展的历程中由广大渔业工作者共同创造、传播、优化和发展。自古至今，海上营生都被列为高风险的行业，海洋渔业生产更是如此。渔船在海上航行、生产、作业受外界自然条件的影响较大，在遭遇到风浪等人力不可抗拒的自然灾害威胁的同时，还会因为人为操纵不当或机械故障等因素造成意外重大事故；而且，海上作业不同于陆地作业，事故发生后不易救助，客观上造成了损失和伤亡的扩大。因此，船员的安全成为航海工作者必须认真对待的首要问题。由于海上航行作业常常遭遇到人力不可抗的自然灾害，在科学欠发达时期，人们往往将人、船的平安寄托在神灵保佑上，这也可称为传统渔业安全文化的雏形。如著名的妈祖就是历代船工、海员、旅客、商人和渔民共同信奉的神祇。船舶出海启航前人们大多要拜祭妈祖，祈求保佑顺风和安全，有些船上辟有供奉妈祖的神位。渔民的安全文化萌芽意识不仅体现在信仰上，还体现在日常生活习俗中，如渔民吃鱼忌讳讲"翻过来"。在渔民中所流传的这些风俗习惯和信仰文化，也从一个侧面反映了广大渔业从业人员对安全文化的强烈需求。

（2）渔业安全文化的发展。随着渔业安全管理工作的不断深入，渔业安全文化建设越来越受到党和政府的重视，渔业安全文化建设实现了从单纯地面向渔业生产者、渔业生产单位拓展到面向渔业基层管理组织、渔业行政主管部门和地方各级人民政府的转变。通过多年来的实践和探索，渔业从业者已经将渔业安全文化建设纳入渔业安全管理工作之中，各地在渔业安全文化建设实践中探索出许多好的经验和做法，渔业安全宣传教育网络正在形成，渔业船员培训网点初具规模，涌现出一批安全文化建设的典范，这为强化渔业从业人员的安全意识、普及安全知识、提高从业人员的安全素质发挥了积极的作用。2006年，农业部把开展"10万渔民职业安全技能培训"工作列入为农民办的15件实事之一，大力推进渔民职业安全技能培训，进一步强化广大渔民的安全生产意识，提高安全生产技能，为保障渔业安全生产形势的稳定好转打下坚实的基础。

二、渔业安全文化的作用

1. 影响力　渔业安全文化对人的影响力是通过渔业安全文化建设来影响着渔业生产的决策者、管理者和渔业生产者对安全生产的态度和意识，强化的是每一名渔业从业人员的安全意识。

2. 激励力　渔业安全文化的激励力是通过渔业安全观念文化和行为文化的建设，培养广大渔业从业人员安全行为的自觉性，渔业生产决策者逐渐重视渔业安全生产的投入和安全生产管理工作；渔业生产者遵守安全生产操作规程，遵章守纪的自觉性得到提高；渔业安全生产监督管理者的责任意识也得到了加强。

3. 约束力　渔业安全文化的约束力也称规范力，它体现在通过强化政府行政（特别是渔业行政主管部门和渔业行政执法机构）的安全责任意识，规范各项审批权限；通过管理文化的建设，提高生产决策者的安全管理能力和水平，规范其管理行为；通过制度文化的建设，规范渔业生产者的安全生产行为，消除违章冒险作业行为。

4. 导向力　渔业安全文化对人们的安全意识、观念、态度、行为等具有引导作用。对于不同层次、不同生产或生活领域、不同社会角色和责任的人，安全文化的导向作用既有相同之处，也有不同方面。如对于安全意识和态度，无论什么人都应是一致的；而对于安全的观念和具体的行为方式，则会随着岗位、学历、知识、环境和责任不同而有所区别。

5. 凝聚力　渔业安全文化的凝聚力表现在使渔业生产决策者和渔业生产者之间形成共同的安全价值取向和安全行为准则。这种安全价值取向和安全行为准则，会在渔业生产者中产生一种凝聚力，是一种为渔业安全生产尽心尽力的责任感、压力感和荣誉感。

三、渔业安全文化的体系建设

渔业安全文化体系包含三部分内容分别为安全理念、安全行为规范、安全管理。所以，渔业安全文化体系应从以下方面建设：

一是深刻吸取教训，提高防范意识，认真对照自查，全面排查隐患，及时启动事故调查程序，妥善开展事故后续处置工作。

二是强化责任担当，狠抓责任落实，压实主体责任，逐步建立渔业安全生产监管权力和责任清单，探索建立渔业安全生产约谈机制。

三是坚持问题导向，堵塞监管漏洞，对基础性、根源性问题，要敢于以刮骨疗毒、刀刃向内、自我革命的精神深入剖析，下大决心、下大力气破疮治痈，化解风险。

四是加强渔业安全隐患排查和执法，突出"两个健全、两个落实、两个完善、两个强化"，结合渔船进出港报告制度的实施，充分依托渔港这个监管平台与关口，加大渔业安全生产执法力度，实现依港管船、管人、管安全。

五是强化渔业安全风险防控，开展航路与渔区界限研究，探索建立渔船安全生产违规记分制度，积极组织和推进渔船编组生产，组织开展应急演练，做好渔业防灾抗灾，积极支持和推进渔业互助保险体制改革。

六是开展"平安渔业示范县"创建活动，因地制宜广泛开展省级平安渔业示范县、乡、村等创建活动，以点带面，强化示范效应。

七是开展渔业安全技能"比武"活动，积极推荐比赛题目，组建包含渔民、企业管理人员等在内的高水平参赛队伍，加强活动宣传。

八是推进渔业安全科技进步，加大科技研发和先进技术示范推广力度，开展基础理论研究，促进技术创新和成果转化应用，加强渔业电信管理，加快推进渔船渔港动态监控管理系统异地容灾备份项目建设。

九是加强渔业安全队伍建设，积极争取必要的工作条件，充分整合资源，加强业务培训，加强人才培养和储备。

十是强化部门协作联动，深化商渔船安全会商机制，完善涉海部门海上搜救协作机制，充分发挥各类协会组织作用，推动形成政府统一领导、应急管理和渔业主管部门依法监管、各部门协作配合、渔业生产单位全面负责、渔民广泛参与的渔业安全生产格局。

附录1　号灯和号型

表1　各类号灯的灯色、水平光弧和能见距离

号灯类别	灯色	水平光弧	最小能见距离（海里）			
			$L \geqslant 50$ 米	20 米$\leqslant L$ <50 米	12 米$\leqslant L<$ 20 米	$L<12$ 米
桅灯	白	225°	6	5	3	2
舷灯	左红、右绿	112.5°	3	2	2	1
尾灯	白	135°	3	2	2	2
拖带灯	黄	135°	3	2	2	2
环照灯	红、绿、白、黄	360°	3	2	2	2
闪光灯	黄	360°	对能见距离未做规定，但其闪光频率为120次/分钟			
操纵号灯	白	360°	5			

注：L是指船舶总长（船长）。

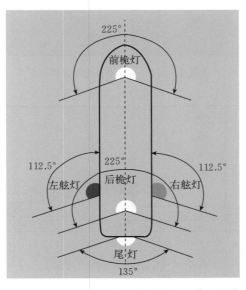

图1　各类号灯的灯色、水平光弧和能见距离

表 2　在航机动船

船舶种类	船舶动态				
	在　航		锚　泊	
	号　灯	号　型	号　灯	号　型
船长≥50 米	前桅灯、后桅灯、舷灯、尾灯		前锚灯、后锚灯，还应使用工作灯或同等的灯照明甲板，而长度≥100 米的船舶应当使用这类灯；船长<50 米的船舶可以在最易见处显示一盏环照白灯取代前锚灯、后锚灯	前部一个球体（锚球）
12 米≤船长<50 米	前桅灯、舷灯、尾灯，也可显示后桅灯			
船长<12 米	前桅灯、舷灯、尾灯，也可显示环照白灯和舷灯			
船长<7 米且航速≤7 海里/小时	前桅灯、舷灯、尾灯，也可显示环照白灯，如可行也应显示舷灯			
气垫船	前桅灯、舷灯、尾灯，在非排水状态下还应显示一盏环照黄色闪光灯			
机帆并用船	按同等长度的机动船显示相应号灯	一个尖端向下圆锥体		

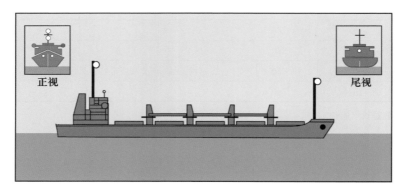

图 2　船长≥50 米在航机动船

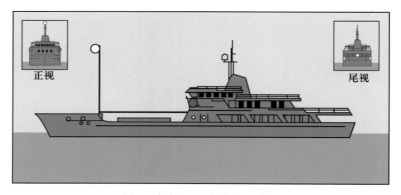

图 3　船长<50 米在航机动船

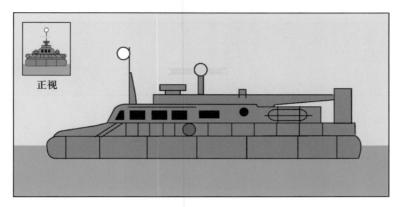

图 4　气垫船

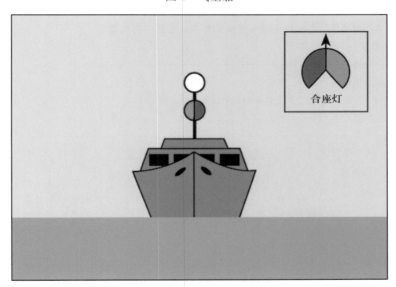

图 5　船长＜12 米在航机动船

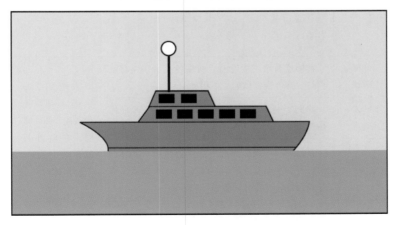

图 6　船长＜7 米且航速≤7 海里/小时

表 3　拖带和顶推

船舶种类			船舶动态			
			在　航		锚　泊	
			号　灯	号　型	号　灯	号　型
从事拖带和顶推作业的机动船	尾拖	拖带长度＞200米	除按同长度机动船显示外：用垂直3盏桅灯取代一盏桅灯，再加拖带灯	在最易见处显示一个菱形体		
		拖带长度≤200米	用垂直两盏桅灯取代一盏桅灯，再加拖带灯			
	顶推或旁拖		用垂直两盏桅灯取代一盏桅灯			
	通常不从事拖带作业的船拖带另一艘遇险或需要救助的船		不可能显示拖带号灯时，应用易引起注意的信号表明拖带性质，尤其应将拖缆照亮			
	当顶推船和被顶推船牢固地连接成组合体		整个组合体按同长度的机动船显示			
拖船或物体	拖尾	拖带长度＞200米	舷灯、尾灯。若不能按规定显示，其上面应有灯光或至少能表明其存在		在最易见处显示一个菱形体或至少能表明其存在	
		拖带长度≤200米				
	被顶推		舷灯	注：任何数目的船如作为一组时，应作为一艘船来显示		
	被旁拖		舷灯、尾灯			
	部分淹没不易觉察	长度≤100米，宽度＜25米	在前后两端或接近前后两端各显示一盏环照白灯（弹性拖曳体前端不用显示）		末端显示一个菱形体，拖带长度＞200米时，在前部最易见处另加一个菱形体	
		长度≤100米，宽度≥25米	除同上栏外，在两侧最宽处各加一盏环照白灯			
		长度＞100米，宽度＜25米	在前后两端或接近前后两端各显示一盏环照白灯（弹性拖曳体前端不用显示），并加若干盏环照白灯，使各灯间距≤100米			
		不能按规定显示	上面应有灯光或至少能表明其存在			

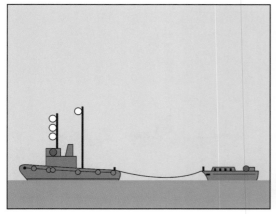

图 7　机动船拖带时的号灯（拖带长度＞200 米）

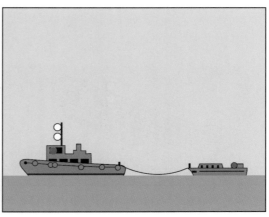

图 8　机动船拖带（拖带长度≤200 米）

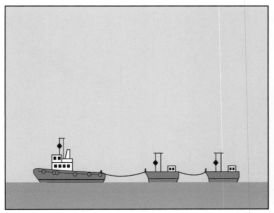

图 9　机动船拖带时的号型（拖带长度＞200 米）

图 10　顶推（任何数目的船如作为一组时，应作为一艘船来显示）

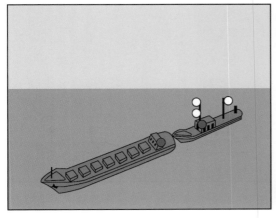

图 11　顶推（船长≥50 米）

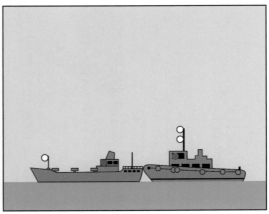

图 12　顶推（船长＜50 米）

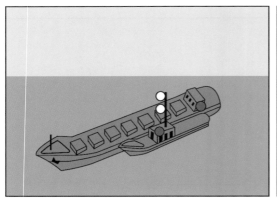

图 13　旁拖（船长＜50 米）

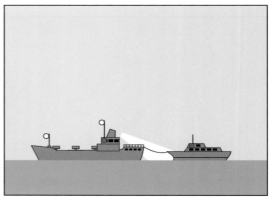

图 14　通常不从事拖带作业的船拖带另一艘遇险或需要救助的船

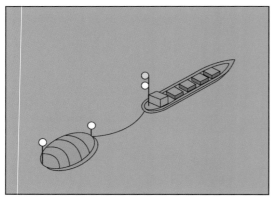

图 15　部分淹没不易觉察（长度≤100 米，宽度＜25 米）

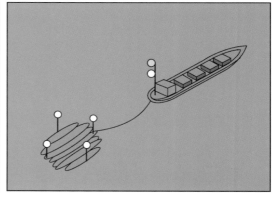

图 16　部分淹没不易觉察（长度≤100 米，宽度≥25 米）

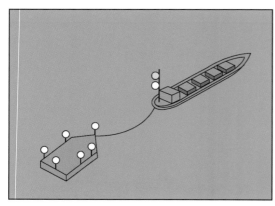

图 17　部分淹没不易觉察（长度＞100 米，宽度＜25 米）

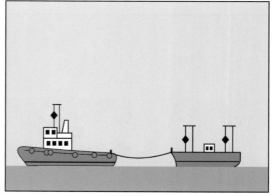

图 18　部分淹没不易觉察（末端显示一个菱形体，拖带长度＞200 米时，在前部最易见处另加一个菱形体）

表 4　在航帆船和划桨船

船舶种类	船舶动态			
	在　航		锚　泊	
	号　灯	号　型	号　灯	号　型
船长≥20 米	舷灯、尾灯，还可显示上红下绿环照灯		同机动船	
船长<20 米	同上，或仅显示由舷灯、尾灯合成的一盏三色合色灯			
船长<7 米	如可行，显示舷灯、尾灯或其合成的三色合色灯；或备妥一个手电筒或白灯并及早显示			
划桨船	可按同等长度帆船显示；或备妥一个手电筒或白灯并及早显示			

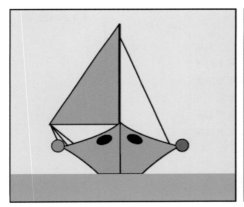

图 19　帆船（船长≥20 米）

图 20　帆船（船长≥20 米，可以显示上红下绿环照灯）

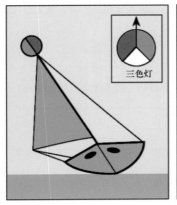

三色灯

图 21　帆船（船长<20 米）

图 22　帆船（船长<7 米）

图 23　划桨船（船长<7 米）

表 5　渔船的号灯号型

船舶种类		船舶动态			
		在　航		锚　泊	
		号　灯	号　型	号　灯	号　型
拖网渔船	对水移动	垂直上绿下白环照灯；舷灯、尾灯	长度≥50 米还应显示后椒灯	上下垂直、尖端对接的两个圆锥体	同在航不对水移动号灯	同在航时的号型
	不对水移动	垂直上绿下白环照灯			
非拖网渔船	对水移动	垂直上红下白环照灯；舷灯、尾灯	渔具外伸≥150 米时，朝渔具方向显示一盏环照白灯	下垂直、尖端对接的两个圆锥体；渔具外伸大于 150 米时，朝渔具方向显示一个尖端向上的圆锥体		
	不对水移动	垂直上红下白环照灯			
在相互邻近处捕鱼的渔船额外信号	拖网渔船	长度≥20 米	非对拖	不论使用海底还是深海渔具，应显示：①放网时：垂直两盏白灯；②起网时：垂直上白下红灯；③网挂住障碍物时：垂直两盏红灯	
			对拖	同上，并且应朝着前方并向本对拖网中另一船的方向照射探照灯	
		长度<20 米		可视情况显示非对拖作业时的号灯	
	围网渔船			仅当在船的行动为其渔具所妨碍时，可显示：垂直两盏黄色号灯（这些号灯应每秒交替闪光一次，而且明暗历时相等）	

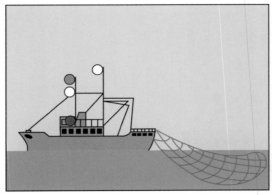

图 24　在航拖网渔船（船长≥50 米）

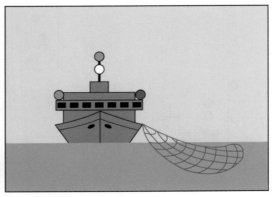

图 25　在航拖网渔船（船长＜50 米）

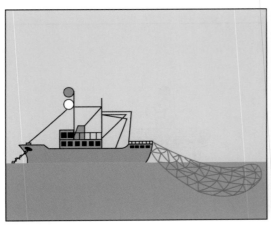

图 26　不对水移动拖网渔船（船长＜50 米）

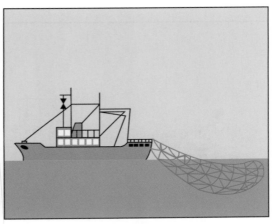

图 27　拖网渔船号型

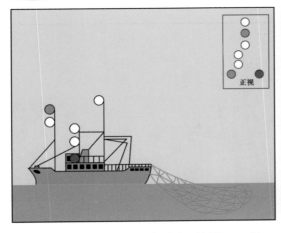

图 28　从事拖网捕鱼，放网时（船长≥50 米）

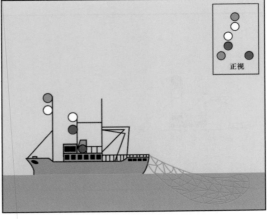

图 29　从事拖网捕鱼，起网时（船长＜50 米）

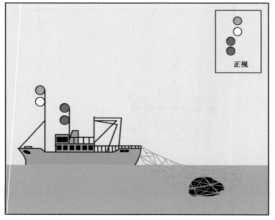

图 30　从事拖网捕鱼，网挂住障碍物时（船长＜50 米）

图 31　拖网渔船对拖

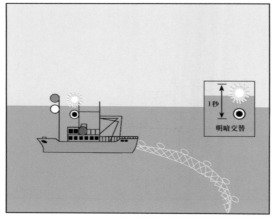

图 32　围网渔船（仅当在船的行动为其渔具所妨碍时）

图 33　在航非拖网渔船（渔具外伸≤150 米时，朝渔具方向显示一盏环照白灯）

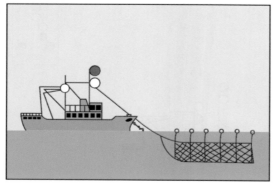

图 34　不在航非拖网渔船（渔具外伸≤150 米时，朝渔具方向显示一盏环照白灯）

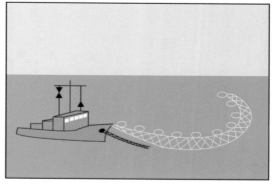

图 35　非拖网渔船（渔具外伸大于 150 米时，朝渔具方向显示一个尖端向上的圆锥体）

表 6　失去控制或操纵能力受到限制的船舶的号灯号型

船舶种类		船舶动态			
		在　　航		锚　　泊	
		号　灯	号　型	号　灯	号　型
失去控制的船舶	对水移动	垂直两盏环照红灯；舷灯、尾灯	在最易见处显示垂直两个球体		
	不对水移动	垂直两盏环照红灯			
操纵能力受到限制的船舶	从事拖带的船舶操纵受限时	垂直红、白、红3盏环照灯（除按尾拖显示外）	垂直球体、菱形体、球体3个号型（除按尾拖显示外）		
	从事疏浚和水下作业的船舶（不包括从事潜水作业的小船） — 不对水移动	垂直红、白、红3盏环照灯；桅灯、舷灯、尾灯；有障碍物一侧垂直两盏环照红灯，可通行一侧垂直两盏环照绿灯	垂直球体、菱形体、球体3个号型	同在航不对水移动号灯	同在航号型
	从事疏浚和水下作业的船舶（不包括从事潜水作业的小船） — 对水移动	垂直红、白、红3盏环照灯；有障碍物一侧垂直两盏环照红灯，可通行一侧垂直两盏环照绿灯	有障碍物一侧垂直两个球体，可通行一侧垂直两个菱形体		
	从事潜水作业的小船（如不能按上项显示）	垂直红、白、红3盏环照灯	一个国际信号旗"A"的硬质复制品	同在航号灯	同在航号型
	从事清除水雷作业的船	前桅顶和前桅桁两端各一盏环照绿灯（除机动船在航号灯外）	前桅顶和前桅桁两端各一球体	除机动船锚泊号灯外，前桅顶和前桅桁两端各一盏环照绿灯	锚球；前桅顶和前桅桁两端各一个球体
	除以上所列的船 — 对水移动	垂直红、白、红3盏环照灯、桅灯、舷灯、尾灯	垂直球体、菱形体、球体3个号型	除机动船锚泊号灯外，垂直红、白、红3盏环照灯	锚球；垂直球体、菱形体、球体3个号型
	除以上所列的船 — 不对水移动	垂直红、白、红3盏环照灯			

注：除从事潜水作业的船舶外，长度小于12米的船舶，不要求显示上述失去控制的船舶、操纵能力受到限制的船舶的号灯和号型。

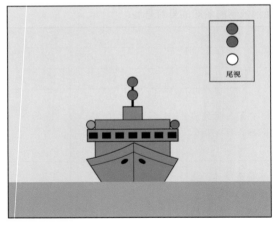

图 36　失去控制的船舶（对水移动）

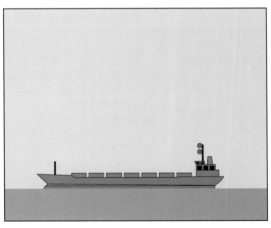

图 37　失去控制的船舶（不对水移动）

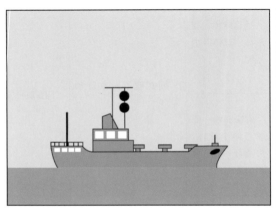

图 38　失去控制的船舶（号型）

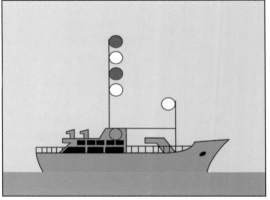

图 39　操纵能力受到限制的船舶（船长≥50 米）
　　　（对水移动）

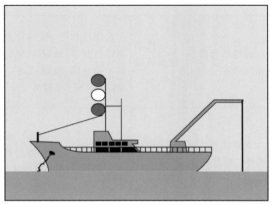

图 40　操纵能力受到限制的船舶（船长≤50 米）
　　　（不对水移动）

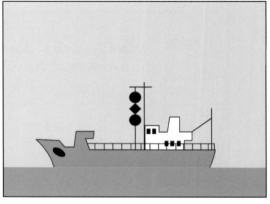

图 41　操纵能力受到限制的船舶（号型）
　　　（在航）

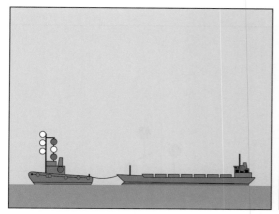

图 42　从事拖带的船舶操纵受限（船长＜50 米，拖带长度＞200 米）

图 43　从事疏浚或水下作业的船舶，当其操纵能力受到限制时（船长≥50 米）（对水移动）

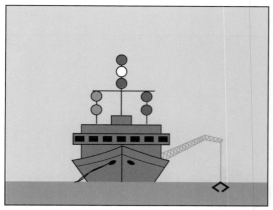

图 44　从事疏浚或水下作业的船舶，当其操纵能力受到限制时的号灯（不对水移动）

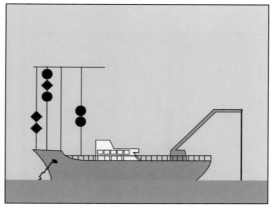

图 45　从事疏浚或水下作业的船舶，当其操纵能力受到限制时的号型（不对水移动）

图 46　从事潜水作业的小船

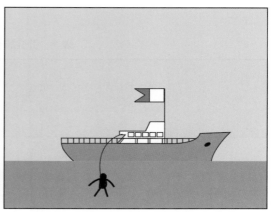

图 47　从事潜水作业的小船（号型）

图 48　从事清除水雷作业的船（船长＜50 米）

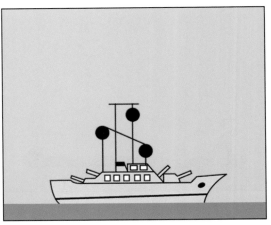

图 49　从事清除水雷作业的船（号型）

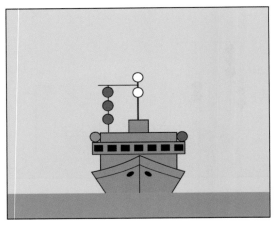

图 50　限于吃水的船舶（船长≥50 米）

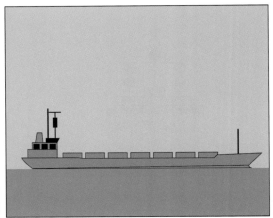

图 51　限于吃水的船舶（船长≥50 米）

表 7　引航船舶的号灯号型

船舶种类		船舶动态			
		在　航		锚　泊	
		号　灯	号　型	号　灯	号　型
引航船舶	对水移动	垂直上白下红环照灯；舷灯、尾灯		锚灯；垂直上白下红环照灯	锚球
	不对水移动	垂直上白下红环照灯			

注：当不执行引航任务时，按同长度同类船舶显示号灯或号型。

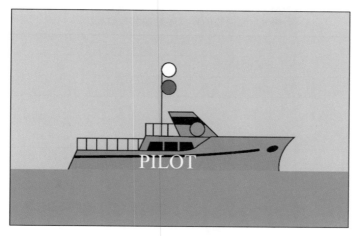

图 52　执行引航任务船舶（对水移动，侧视图）

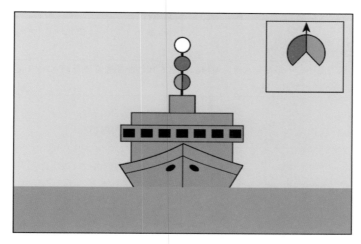

图 53　执行引航任务船舶（船长＜20 米）

（对水移动，正视图）

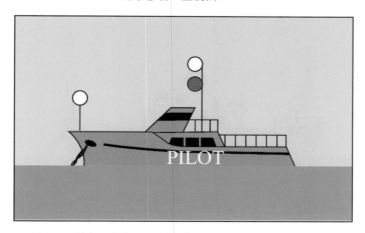

图 54　执行引航任务船舶（船长＜50 米）（不对水移动）

表 8 锚泊船舶和搁浅船舶的号灯号型

船舶种类		船舶动态			
		在　航		锚　泊	
		号　灯	号　型	号　灯	号　型
锚泊船	船长<50米			前部一盏环照白灯； 可使用工作灯或同等的灯照明甲板	前部一个球体（锚球）
	50米≤船长<100米			前部一盏环照白灯（前锚灯）； 船尾或接近船尾一盏环照白灯（后锚灯）； 可使用工作灯或同等的灯照明甲板	
	船长≥100米			前部一盏环照白灯（前锚灯）； 船尾或接近船尾一盏环照白灯（后锚灯）； 应使用工作灯或同等的灯照明甲板	
注：船长<7米的船舶，不是在狭水道、航道、锚地或其他船舶通常航行的水域中或其附近锚泊时，不要求显示上述号灯或号型，否则应显示					
搁浅船	船长<50米			前部一盏环照白灯； 垂直两盏环照红灯	最易见处垂直3个球体
	船长≥50米			前部一盏环照白灯（前锚灯）； 船尾或接近船尾一盏环照白灯（后锚灯）； 垂直两盏环照红灯	
注：长度<12米的船舶，不要求显示垂直两盏环照红灯或垂直3个球体，但仍应根据长度显示锚泊船的号灯或号型					

图 55 锚泊船（50米≤船长<100米）

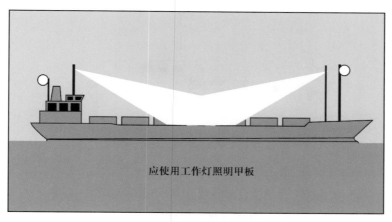

图 56　锚泊船（船长≥100 米）

图 57　锚泊船（船长＜50 米）

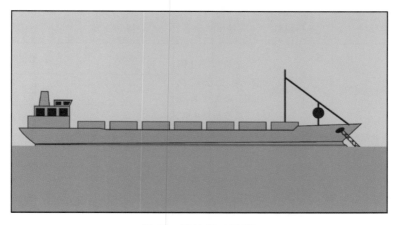

图 58　锚泊船（号型）

图 59　搁浅船（船长≥50 米）

图 60　搁浅船

声响和灯光信号

表 9　操纵和警告信号

适用时机	信号种类	适用船舶	使用时机	信号特征	信号意义
互见中	操纵行动信号	在航机动船	按《1972 年国际海上避碰规则》条款准许或要求进行操纵时	·（*）	我船正在向右转向
				··（**）	我船正在向左转向
				···（***）	我船正在向后推进
	追越信号	任何在航船舶	在狭水道或航道内	——·	我船企图从你船的右舷追越
				——··	我船企图从你船的左舷追越
				——·—·	同意他船追越

（续）

适用时机	信号种类	适用船舶	使用时机	信号特征	信号意义
互见中	怀疑与警告信号	任何船舶	无法了解他船的意图或行动，或者怀疑他船是否正在采取足够的行动时	至少····· （至少*****)	无法了解他船的意图或行动，或者怀疑他船是否正在采取足够的行动以避免碰撞
能见度良好	过弯道信号	任何船舶	驶近可能有其他船舶被居间障碍物所遮蔽的狭水道或航道的弯头或地段时	—	提醒他船注意，在弯头或居间障碍物的另一面有船正在驶近，并警告他船注意，会遇到将形成，须高度戒备并谨慎驾驶
			弯头另一面或居间障碍物后的来船听到声号时	—	已获悉在弯头或居间障碍物的另一面有船正在驶近，也警告鸣放声号的船注意本船动态并谨慎驾驶

注：①声号用号笛发出，灯号用操纵号灯发出；②符号"·"表示一声短声，"—"表示一声长声，"*"表示一次闪光（下同）。

表10　能见度不良时的声号

适用时机	适用船舶		信号特征	间隔时间（分钟）
在航	机动船（包括牢固组合体）	对水移动	—	2
		已停泊且不对水移动	——	
	失去控制的船舶、操纵能力受到限制的船舶、限于吃水的船舶、帆船、从事捕鱼的船舶、从事拖带或顶推他船的船舶		—·· （也表示从事捕鱼的船舶操纵能力受到限制的船舶锚泊中执行任务）	
	一艘被拖船或者多艘被拖船的最后一艘，如配有船员		—···	
锚泊	从事捕鱼的船舶、操纵能力受到限制的船舶、锚泊中执行任务时		—··	1
	船长＜100米		急敲号钟约5秒	
	船长≥100米		前部敲号钟约5秒，紧接钟声之后，在后部急敲号锣约5秒	还可鸣放·—·，以警告驶近的船舶

· 251 ·

（续）

适用时机	适用船舶	信号特征		间隔时间（分钟）
	搁浅船	按同长度锚泊船鸣放声号，并应在急敲号钟之前和之后，各敲分隔而清楚的号钟3下	还可鸣放合适的笛号，如发出"你正在临近危险中"的单字母信号∪（··—）	

注：①船长＜12米时，不要求鸣放上述所有声号，12米≤船长＜20米时，不要求鸣放上述锚泊船和搁浅船的号钟信号。但如不鸣放上述信号，则应以不超过2分钟的间隔鸣放其他种类有效的声号。②引航船当执行引航任务时，应按机动船或锚泊船鸣放规定的声号，还可鸣放····（四短声）识别声号。

表 11　声号设备的配备

船舶种类	号笛（个）	号钟（个）	号锣（面）
船长≥100 米	1	1	1 面
20 米≤船长＜100 米	1	1	不要求
12 米≤船长＜20 米	1	不要求	不要求
船长＜12 米	不要求备有，但应配置能够鸣放有效声号间隔不超过 2 分钟的他种设备		

注：①号锣的音调和声音不可与号钟的相混淆。②号笛、号钟和号锣应符合本规则附录三所载规格。③号钟、号锣或二者可用与其各自声音特性相同的其他设备代替，只要这些设备随时能以手动鸣放规定的声号（如雾角和手摇铃等）。④以号笛发出的雾号的时间间隔不超过2分钟；号钟和号锣的时间间隔不超过1分钟。

附录 2　船舶信号

图 1　长方旗（长与宽之比为 7∶6，也称方旗，用途为字母旗）

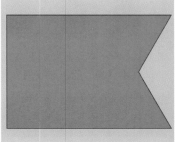

图 2　燕尾旗（缺口斜边的长度为旗长的 1/3，用途为字母旗）

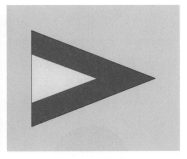

图 3　三角旗（长与宽之比约为 3∶2，用途为代旗）

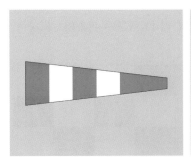

图 4　尖旗（长与宽之比约为 10∶3，旗尾宽为旗首宽的 1/4，也称梯形旗，用途为数字旗或回答旗）

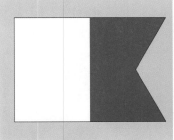

图 5　A——我下面有潜水人员，请慢速及远离我

图 6　B——我正在装卸或载运危险货物

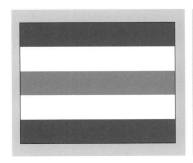

图 7　C——是

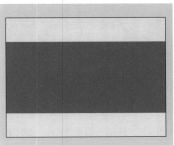

图 8　D——请让开我，我操纵有困难

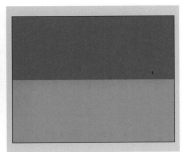

图 9　E——我正在向右转向

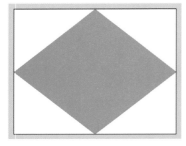

图 10　F——我操纵失灵，请与
　　　　我通信

图 11　G——本船需要引航员或
　　　　本（渔）船正在收网

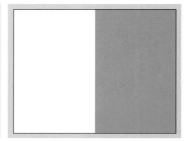

图 12　H——我船上有引航员

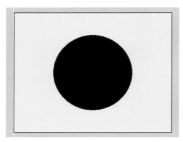

图 13　I——我正在向左转向

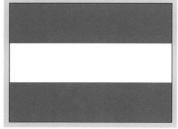

图 14　J——我船失火，并且船上
　　　　有危险货物，请远离我

图 15　K——我希望与你通信

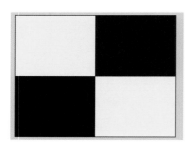

图 16　L——你应立即停船

图 17　M——我船已停，并已
　　　　没有对水速度

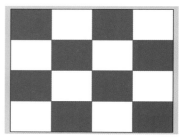

图 18　N——不

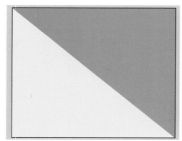

图 19　O——有人落水

图 20　P——召集所有（港内）
　　　　人员上船，本船即将启
　　　　航或（渔船上的）渔网
　　　　缠上了海底障碍物

图 21　Q——我船没有染疫，
　　　　请发给我进口检疫证

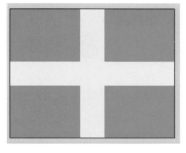

图 22　R——收到了，或已收到你
最后的信号（程序信号）

图 23　S——我正在向后推进

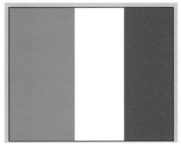

图 24　T——请让开我，我正在
对拖作业

图 25　U——我正临近危险中

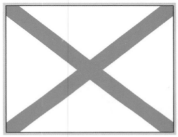

图 26　V——我船需要援助

图 27　W——我船需要医疗援助

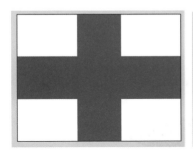

图 28　X——中止你的意图，并
注意我发送的信号

图 29　Y——我船正在走锚

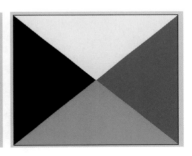

图 30　Z——我船需要一艘拖船
（在渔场由邻近一起作业
的渔船使用时，它的意
思是"我正在放网"）

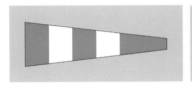

图 31　回答旗——回答旗代表
小数点，将回答旗全扬，
表示信号发送完毕

图 32　数字旗 1

图 33　数字旗 2

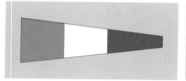

图 34　数字旗 3

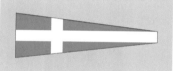

图 35　数字旗 4

图 36　数字旗 5

图 37　数字旗 6

图 38　数字旗 7

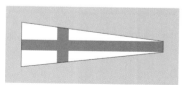

图 39　数字旗 8

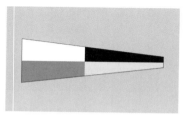

图 40　数字旗 9

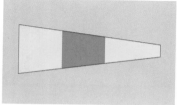

图 41　数字旗 0

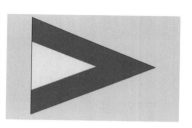

图 42　代一旗——是用来代替前面同类的第一面信号旗

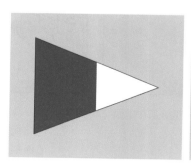

图 43　代二旗——是用来代替前面同类的第二面信号旗

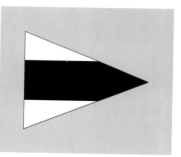

图 44　代三旗——是用来代替前面同类的第三面信号旗

附录 3　通信导航设备

图 1　MF/HF 通信设备

图 2　VHF 通信设备

图 3　NBDP

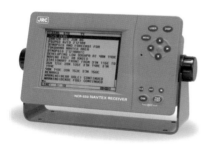

图 4　NAVTEX

图 5　VHF 双向对讲机

图 6　INMARSAT - B

图 7　INMARSAT - C

图 8　INMARSAT - F

图 9　SART

图 10　EPRIB

图 11　北斗导航船载终端

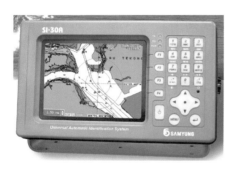

图 12　AIS 自动识别系统

图 13　GPS 卫星定位仪

图 14　船用雷达

图 15　气象传真机

附件4　消防救生设备

图1　全封闭式救生艇

图2　救助艇

图3　气胀式救生筏

图4　固有浮力式救生衣（1）

图5　固有浮力式救生衣（2）

图6　充气式救护雨裤

图 7　救生圈

图 8　手提式泡沫灭火器

图 9　手提式二氧化碳灭火器

图 10　手提式干粉灭火器

图 11　推车式泡沫灭火器

图 12　推车式二氧化碳灭火器

图 13　推车式干粉碳灭火器

图 14　消防人员装备